含铬冶金固体废弃物
处理与资源化

马国军　张　翔　郑顶立　编著

U0352878

北　京

冶　金　工　业　出　版　社

2023

内 容 提 要

本书系统地阐述了含铬固体废弃物的形成机理、浸出行为、典型处理技术及存在的问题，为其控制和资源化提供了理论基础和实践依据。全书共6章，主要内容包括铬冶金及含铬冶金固体废弃物、铬矿选矿尾矿处理与利用、铬铁合金冶炼固体废弃物处理与利用、不锈钢冶炼固体废弃物及其资源化、含铬耐火材料中六价铬的形成及其控制、焊接烟尘及其控制等。

本书可供铬矿采选、铬铁合金冶炼、不锈钢冶炼、耐火材料及不锈钢加工、安全环保及相关领域工程技术人员阅读，也可供高等院校相关专业师生参考。

图书在版编目（CIP）数据

含铬冶金固体废弃物处理与资源化/马国军，张翔，郑顶立编著．—北京：冶金工业出版社，2023.10
ISBN 978-7-5024-9647-0

Ⅰ.①含… Ⅱ.①马… ②张… ③郑… Ⅲ.①铬—冶金工业—固体废物处理—研究 ②铬—冶金工业—固体废物利用—研究 Ⅳ.①X756.5

中国国家版本馆 CIP 数据核字（2023）第 193950 号

含铬冶金固体废弃物处理与资源化

出版发行	冶金工业出版社	**电　话**	(010)64027926
地　　址	北京市东城区嵩祝院北巷 39 号	**邮　编**	100009
网　　址	www.mip1953.com	**电子信箱**	service@mip1953.com

责任编辑　杨　敏　　美术编辑　吕欣童　　版式设计　郑小利
责任校对　范天娇　　责任印制　窦　唯
三河市双峰印刷装订有限公司印刷
2023 年 10 月第 1 版，2023 年 10 月第 1 次印刷
710mm×1000mm　1/16；14.25 印张；280 千字；220 页

定价 89.00 元

投稿电话　(010)64027932　投稿信箱　tougao@cnmip.com.cn
营销中心电话　(010)64044283
冶金工业出版社天猫旗舰店　yjgycbs.tmall.com
（本书如有印装质量问题，本社营销中心负责退换）

前　言

钢铁工业是国民经济的重要基础产业，是建设现代化强国的重要支撑。在钢铁工业领域，铬元素有着不可或缺的作用。在含铬耐火材料中，三氧化二铬可增强耐火材料的耐侵蚀性，提高冶炼容器的使用寿命。在含铬合金钢中，铬元素可以提高钢材的加工和使用性能，尤其是在不锈钢中，铬是保证不锈钢制品具有不锈性的决定性元素。

铬元素的初始来源是存在于自然界中的含铬矿石。在钢铁生产流程中，有应用价值的含铬矿石经选矿后得到铬精矿，铬精矿用于冶炼含铬合金和制备含铬耐火材料，含铬合金用于生产各类含铬合金钢。在铬元素随钢铁生产流程的迁移过程中，会产生大量的含铬固体废弃物，如何处置和高效利用这些含铬固体废弃物是冶金行业迫切需要解决的问题。

含铬冶金固体废弃物中的铬元素以化合物的形式存在。大多数铬的化合物对人体健康和生态环境有极大危害，其中以 $Cr(Ⅵ)$ 的危害最大。$Cr(Ⅵ)$ 具有很强的氧化性，可致癌、致畸，对人、水体、土壤和植被具有严重的破坏性，是美国环境保护署公认的 129 种重点污染物之一。为此，世界各国和地区制定了大量与铬相关的法规政策，对与人类和自然密切相关的气、水、粉尘、土壤和废弃物等方面的铬含量做出了严格要求，旨在保护人类和生态安全。含铬冶金固体废弃物必须经无害化处理，降低有害元素的危害后才能排放。

同时，含铬冶金固体废弃物中含有的大量铬、铁等有价元素，具有较大的经济价值。我国高品位铁矿和铬矿资源都较为匮乏，国内铁矿和铬矿资源产量难以满足钢铁工业的需求，铁矿和铬矿进口量已连续多年位居世界第一。回收含铬冶金固体废弃物中的有价元素、实现其资源化和增值化利用不仅可以充分利用其中含有的有价成分、变废为宝、缓解我国铁矿和铬矿资源匮乏的困境，而且可以降低企业生产成本。

随着我国冶金行业的持续发展，含铬冶金固体废弃物的无害化处理和资源化利用是我国生态文明建设和可持续发展的必然要求。作者结合团队多年研究成果和相关文献资料编著了本书。首先，简单介绍了铬及其化合物的性质、含铬冶金固体废弃物的来源和处理技术现状，归纳了目前国内外与铬相关的规定和标准。然后，以钢铁制造过程中含铬固体废弃物的产生流程为主线，分别介绍了铬矿选矿尾矿、铬铁合金冶炼固体废弃物、不锈钢冶炼固体废弃物、含铬耐火材料和含铬焊接烟尘的来源、性质、无害化和资源化处理技术。本书可供冶金、环境等领域的教学、生产和管理人员阅读参考，旨在提高读者对冶金过程中产生的含铬固体废弃物的处理与资源化的认识，进一步增强环保和资源化综合利用意识，同时为开发更加环保、高值化的含铬冶金固体废弃物处理和资源化技术提供参考。

本书由武汉科技大学材料学部马国军、张翔和郑顶立编著。第1章和第2章由郑顶立撰写，第4章由张翔撰写，其余章节由马国军撰写，全书由马国军统稿。宋生强和李建立参与了书稿的讨论工作，刘孟珂、徐菊、海远浩、苏伟厚、范巍、金一标、李奇男、曹意峰、杜龙、黄源升、程普红、刘俊杰、王强、邹晶晶、李治桥等博士或硕士研究生参与了书稿的资料收集、文字录入、校稿及部分研究工作，在此一并表示感谢。此外，本书的撰写参考了有关文献资料，对这些文献资料的作者表示衷心的感谢。

由于作者水平所限，书中不当之处在所难免，敬请读者批评指正。

作　者
2023 年 3 月 30 日

目　录

1 铬冶金及含铬冶金固体废弃物

1.1 铬及其化合物

1.1.1 铬的性质

铬是在 1797 年由法国化学家 L. N. Vauquelin 从西伯利亚红铅矿（铬铅矿）中发现的。因为铬元素能够生成具有各种颜色的化合物，根据希腊语 chroma（颜色），将其命名为 Chromium。铬元素属于元素周期表第四周期第ⅥB族，原子序数是 24，相对原子质量是 51.996。金属铬在常温下是银白色光泽固体金属，无臭、无味、无毒，化学性质稳定，有延展性，是硬度最高的金属，含有氮、氢、氧和碳等杂质时硬而脆。金属铬的主要性质如表 1.1 所示。

表 1.1　金属铬的主要性质

性　质	参　数
密度（单晶，20℃/多晶，20℃）/g·cm^{-3}	7.22/7.14
莫氏硬度	5.3
原子体积/cm^3·mol^{-1}	7.29
熔点/℃	1857±10
沸点/℃	2672
熔化潜热/kJ·mol^{-1}	14.6
蒸发潜热/kJ·mol^{-1}	314.8
摩尔热熔(25℃)/J·mol^{-1}·K^{-1}	5.58(s)20.8(g)
线膨胀系数(20℃)	8.2×10^{-6}
电阻率(20℃)/Ω·cm	1.3×10^{-5}
热导率(β-Sn,20℃)/J·cm^{-1}·K^{-1}	0.67

金属铬的标准电位（Cr^{3+}/Cr）为 -0.74V，其氧化还原电位位于锌和铁之间，理论上金属铬能与稀酸反应，进一步腐蚀生锈。但是，在大部分酸、碱和气体中，金属铬极其稳定，这是由于金属铬能迅速被空气中的氧气氧化，在其表面生成一层致密的 Cr_2O_3 薄膜，这层薄膜阻止了内部金属铬与外部介质的化学反应，这就是金属铬的钝化作用。常温下，金属铬可以与氟反应生成 CrF_3。当温度高于

600℃时，铬可与水、氮、碳和硫发生反应，分别生成 Cr_2O_3 和 Cr_2N、CrN 和 Cr_7C_3、Cr_3C_2 和 Cr_2S_3。铬与氧反应时，开始时反应速率较快。当铬的表面生成致密氧化膜后，反应速率开始减慢。当温度高于 1200℃时，氧化薄膜被破坏，反应速率加快。当温度达到 2000℃时，铬在氧气中燃烧生成 Cr_2O_3。金属铬能溶于氢卤酸、硫酸、高氯酸以及草酸，与酸反应产生氢气，升高温度能加快溶解速度，遇冷硝酸后钝化，不再与酸反应。铬能与镁、钛、钨、锆、钒、镍、钽、钇等金属形成具有很强抗腐蚀能力的合金。

1.1.2　铬的主要化合物

1.1.2.1　氧化物

铬的价电子层构型为 $3d^5 4s^1$，由于 s 亚层和 d 亚层能量很接近，铬的最外层 s 电子和次外层 d 电子都可以参与构成化学键。因此，铬呈现多种价态，其中以 +2、+3 和 +6 最常见。铬在低氧化态时以 Cr^{2+} 和 Cr^{3+} 形式存在，高氧化态时则以 CrO_4^{2-} 和 $Cr_2O_7^{2-}$ 存在。铬在低氧化态呈强还原性，在高氧化态呈强氧化性。铬和氧可以形成 Cr：O（摩尔比）从 3：1 到 1：3 的多种氧化物。Cr-O 二元相图如图 1.1 所示。可以看出，温度超过 1663℃时，铬氧化物会变成液态；温度高于 1875℃时，富铬和富氧的两种液相共存于多种氧含量下。这些铬氧化物有不一样的热稳定性，铬氧化物的稳定性随着 Cr：O 的增加而增加，其中 Cr_2O_3 最为稳定。Cr_3O_4（金红石四方晶格结构，$a = 0.4421nm$，$c = 0.2916nm$）和 CrO（立方晶

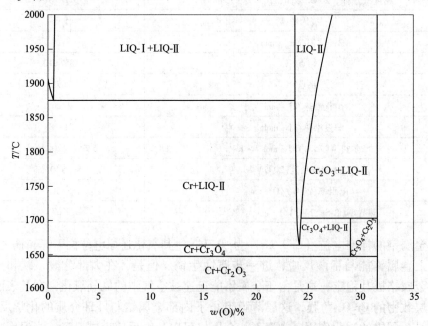

图 1.1　Cr-O 二元相图

格结构，$a=0.412nm$）只有在高温下才稳定存在，在冷却过程它们会转变成 Cr 和 Cr_2O_3。Cr_3O_4 也可被认为是一种铬酸铬，$CrCr_2O_4$ 或者 $CrO \cdot Cr_2O_3$。在生产铬铁合金和富铬钢时，CrO 可在酸性熔渣中稳定存在。氧含量高的铬氧化物（Cr：O<2：3，如 CrO_3、Cr_8O_{21}、Cr_5O_{12} 和 CrO_2）可以在含铬气体或烟尘的冷却过程以及富铬合金的氧化过程中形成，但是它们在较低温度下几乎会完全分解，这些中间铬氧化物可以被认为是铬酸盐和多铬酸盐的化合物，如 Cr_5O_{12} 可以表示为 $Cr_2(CrO_4)_3$、$Cr_6(Cr_{10}O_{30})$ 和 $Cr_4(Cr_7O_{27})$。典型铬氧化物的主要性质如表 1.2 所示。

表 1.2 典型铬氧化物的主要性质

名称	摩尔生成热 $-\Delta H_{298}/kJ \cdot mol^{-1}$	性质	密度/$g \cdot cm^{-3}$	熔点/℃	分解温度/℃
CrO	—	碱性		867	867
Cr_2O_3	578.5	酸性	2.8	167	434~511 （$4CrO_3 \rightarrow 2Cr_2O_3 + 3O_2$）
CrO_3	1129.5	两性	5.21	2265	—

CrO_3 又称铬酐，为暗红色或暗紫色斜方晶体，是一种强酸性且共价性较强的氧化物，有毒，易溶于水。CrO_3 晶体由共用顶点的 CrO_4 四面体组成的链构成。当加热至 CrO_3 的熔点时，CrO_3 转变成低价态的氧化物并分解出 O_2，最终产物是绿色的 Cr_2O_3。CrO_3 的用途包括：（1）无机工业生产铬化合物；（2）有机工业生产催化剂；（3）印染工业用作氧化剂；（4）颜料工业生产锌铬黄、氧化铬绿等；（5）电镀工业制备电镀铬；（6）生产木材防腐和防水剂等。

1.1.2.2 碳化物

碳在固体铬中的溶解度较低，铬和碳可以生成三种稳定的碳化物：$Cr_{23}C_6$、Cr_7C_3 和 Cr_3C_2，其主要性质如表 1.3 所示。其中，$(CrFe)_{23}C_6$ 是中、低和微碳铬铁中碳的主要存在状态；$(CrFe)_7C_3$ 是高碳铬铁中碳的主要存在状态；$(CrFe)_3C_2$ 是[C]>4%且[Si]>0.6%的高碳铬铁中碳的主要存在形态之一。

表 1.3 铬的碳化物的主要性质

名称	碳质量分数/%	摩尔生成热 $-\Delta H_{298}/kJ \cdot mol^{-1}$	密度/$g \cdot cm^{-3}$	熔点/℃
$Cr_{23}C_6$	5.7	410.9	7.0	1558
Cr_7C_3	9.01	177.7	6.9	1782
Cr_3C_2	13.34	87.8	6.7	1850

$Cr_{23}C_6$ 为复杂体心立方晶系结构（$a=1.066nm$），Cr_7C_3 为六方晶系结构（$a=1.066nm$，$c=0.425nm$），Cr_3C_2 为正交晶系结构（$a=1.147nm$，$b=$

0.5545nm，$c = 0.283$nm）。铬碳化物的晶体结构比钛、锆、钒或铌碳化物更复杂。在快速凝固或淬火的二元 Cr-C 合金中会形成亚稳碳化铬。图 1.2 为 Cr-C 二元相图，可以看出，生成 $Cr_{23}C_6$、Cr_7C_3 和 Cr_3C_2 所需的碳含量逐渐增加。

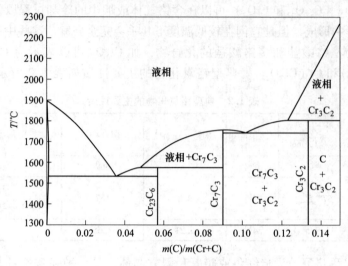

图 1.2　Cr-C 二元相图

1.1.2.3　硅化物

Cr-Si 二元相图如图 1.3 所示，铬和硅可以形成四种硅化物：Cr_2Si、Cr_5Si_3、

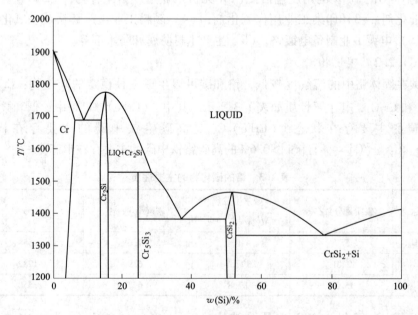

图 1.3　Cr-Si 二元相图

CrSi 和 CrSi$_2$，其主要物理化学性质如表 1.4 所示。铬在固体硅中的溶解度很低，在 1300℃下低于 $0.06×10^{-6}$，1650℃时，硅在固体铬中的溶解度约为 1.36%（质量分数）。

表 1.4 铬的硅化物的主要性质

名称	硅质量分数/%	摩尔生成热 $-\Delta H_{298}/kJ \cdot mol^{-1}$	密度/g·cm^{-3}	熔点/℃
Cr$_2$Si	15.25	140.9	6.52	1710
Cr$_5$Si$_3$	24.45	324.4	5.73	1597
CrSi	35.05	76.9	5.43	1590
CrSi$_2$	51.9	119.6	5.0	1550

在 Si-Cr-C 三元体系中，除碳化物和硅化物（包括 SiC）外，还会形成 Cr$_5$Si$_3$C$_x$ 相（Nowotny 相），Cr$_5$Si$_3$C$_x$ 的晶格缺陷更大，含有相当大的空洞。碳饱和的二元 Cr-Si 合金中除了 Cr$_5$Si$_3$C$_x$，还形成 Cr$_7$C$_3$ 和 Cr$_3$C$_2$ 碳化物。只有硅化物 CrSi 和 CrSi$_2$ 在渗碳后不会改变其结构。在碳饱和 Cr-Si 合金中，合金中碳的溶解度与硅含量在一定温度下呈线性关系。在存在铁的情况下，平衡态的碳饱和 Cr-Fe-Si 熔体中会形成 (Cr,Fe)$_{14}$Si$_4$C$_3$(w(Fe) = 15% ~ 18%) 相和 (Cr,Fe)$_5$Si$_3$C$_6$(w(Fe) = 23% ~ 30%) 相，这些相在涉及碳和硅还原制备铬铁合金的过程中起着重要作用。

1.1.2.4 氮化物

Cr-N 二元相图如图 1.4 所示，铬和氮可生成两种稳定的氮化物：CrN(γ 相，

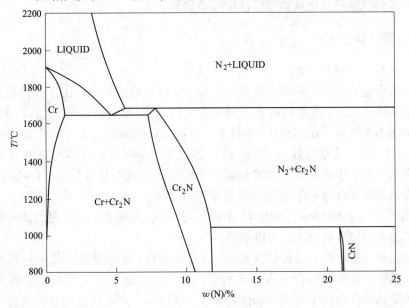

图 1.4 Cr-N 二元相图

立方结构，$a = 0.415\text{nm}$）和 Cr_2N（β 相，HCP 晶格类型，$a = 0.4582(\pm 3)\text{nm}$，$c = 0.4460(\pm 20)\text{nm}$），其主要性质如表 1.5 所示。氮可少量溶解于固态铬，液态铬中氮的平衡氮含量高于固态铬。氮在液态铬中的溶解热为 903.02kJ/mol，由于氮溶于铬熔体中会放热，氮在液态铬中的溶解度随着温度增加而降低，氮溶于铬后会降低熔体熔点。在 $960 \sim 1200℃$、$P_{N_2} = 1 \sim 2$ 的条件下，氮和铬会反应生成 $Cr_2N_x(x<1)$，Cr_2N_x 可认为是基于 Cr_2N 晶格形成贫氮固溶体时的 Cr_2N 不均衡产物。

表 1.5　铬的氮化物的主要性质

名称	摩尔生成热 $-\Delta H_{298}/\text{kJ} \cdot \text{mol}^{-1}$	密度/$\text{g} \cdot \text{cm}^{-3}$	分解温度/℃	熔点/℃
CrN	124.6	6.18	1500	—
Cr_2N	105.4	6.5		1700

1.1.2.5　硫化物

铬和硫可以组成 CrS、Cr_2S_3、Cr_3S_4 和 Cr_5S_4 等硫化物。CrS 的熔点为 1565℃，在低于 800℃ 时分解（$6CrS = Cr_5S_6 + Cr$）。Cr 与 S 的亲和力大于 Fe 与 S 的亲和力。液态铬铁中硫的溶解度可高达 2%，铬铁中的硫主要以 Cr_5S_6 存在。

1.1.2.6　磷化物

铬与磷可形成稳定的 Cr_3P、Cr_2P、CrP 和 CrP_2 等磷化物。磷在固态铬中的溶解度较低，通过氧化从富铬熔体中除磷效率不高。

1.1.3　铬合金

1.1.3.1　铬铁合金

铬铁合金是钢铁工业的重要原料，其主要成分是铬和铁，还含有碳和其他少量元素。Fe 与 Cr 在固态和液态下可完全互溶，能形成连续固溶体，Fe-Cr 二元相图如图 1.5 所示。在约 980℃ 条件下，铬在富铁的面心立方 γ 相中的溶解度最大，为 11.4%（质量分数）。当 $w(Cr)$ 超过 13.5% 时，只有体心立方 α 相是稳定存在的，合金中的杂质（如氮和碳）对相边界位置有显著影响。Fe-Cr 系的体心立方固溶体在等摩尔组成附近倾向于形成 σ 相。$w(Cr)$ 在 46.5% 时，σ 相呈四方晶格（$a = 0.8800\text{nm}$，$c = 0.4544\text{nm}$）。在富 Cr 钢和合金中应避免该 σ 相的存在，因为它会导致材料出现过度脆性。

根据碳含量不同，可将铬铁合金分为高碳铬铁、中碳铬铁、低碳铬铁和微碳铬铁。其中，高碳铬铁合金占主导地位，其产量占铬铁合金产品总量的 90% 以上。各类铬铁合金的主要成分和性质如表 1.6 所示。高碳铬铁主要作为含碳较高的工具钢、电解法生产金属铬、不锈钢、无渣法生产硅铬合金和较低碳铬铁等的

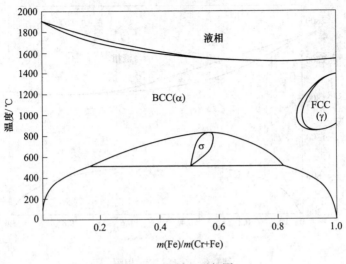

图 1.5　Cr-Fe 二元相图

含铬原料。中、低碳铬铁主要用作生产低碳结构钢、合金结构钢、制作齿轮和齿
轮轴的铬钢。微碳铬铁合金主要用于生产不锈钢、耐酸钢和耐热钢等。

表 1.6　铬铁合金的主要成分和性质

名称	主要成分/%	密度/$g \cdot cm^{-3}$	熔点/℃	其他
高碳铬铁	$w(Cr):60 \sim 72$；$w(C):4 \sim 10$；$w(Si) <1.5$	固态：≈ 7.0 液态：≈ 6.5	1520~1550	易破裂，但 Si 含量低时不易破碎
中碳铬铁	$w(Cr):65 \sim 75$；$w(C):0.5 \sim 4$	固态：≈ 7.28	1600~1640	难破碎，硬而韧
低碳铬铁	$w(Cr):65 \sim 75$；$w(C):0.15 \sim 0.5$	固态：≈ 7.29	1600~1650	难破碎，硬而韧
微碳铬铁	$w(Cr):65 \sim 75$；$w(C):\leqslant 0.15$	固态：≈ 7.35	1600~1690	难破碎，硬而韧

1.1.3.2　铬钼合金

铬钼合金一般用来替代昂贵的金属铬和金属钼。Cr-Mo 二元相图如图 1.6 所
示。可以看出，当 $w(Cr)$ 增加逐渐到 80%时，铬钼合金的熔点降低至 1870℃ 左
右，继续增加铬含量，铬钼合金的熔点稍有增加。

美国 MA104 规定的铬钼合金技术条件如下：（1）粒度小于 25.4mm；（2）化
学成分如表 1.7 所示。

表 1.7　铬钼合金的化学成分　　　　　　　　　　　（%）

产品名称	$w(Cr)$	$w(Mo)$	$w(C)$	$w(S)$	$w(P)$
30%Mo 级铬钼合金	68~72	28~32	<0.1	<0.03	<0.02

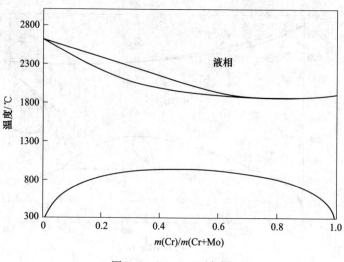

图 1.6　Cr-Mo 二元相图

1.1.3.3　铬锰铁合金

生产铬锰钢时，常采用低碳铬铁、低碳锰铁（或金属锰）分别作为铬元素和锰元素的添加剂。但是，低碳铬铁熔点高，在炼钢时需要较高的过热度才能保证低碳铬铁熔化。由于锰的蒸气压很高，低碳锰铁（熔点约 1310℃）和金属锰（熔点约 1250℃）熔点低，较高的炼钢温度会加剧锰的挥发、降低锰的收得率，最终使铬和锰的收得率分别不超过 75% 和 52%。当含 30%~35%Mn（质量分数）和 35%~40%Cr（质量分数）时，铬锰铁合金的熔点可降低到 1400~1500℃，在炼钢温度下可快速熔化，避免钢水过热严重以及铬和锰的损失。前苏联规定的铬锰铁合金的化学成分如表 1.8 所示，其中 ΦXM$_H$-40 和 ΦXM$_H$-50 是易熔合金，比 ΦXM$_H$-20 和 ΦXM$_H$-30 熔化更快。

表 1.8　铬锰铁合金的主要成分　　　　　　　　　　（%）

代号	$w(Mn)$	$w(Mn+Cr)$	$w(Si)$	$w(C)$
ΦXM$_H$-20	16~25	70	≤1.0	≤0.05
ΦXM$_H$-30	26~35	75	≤1.5	≤0.05
ΦXM$_H$-40	36~44	75	≤1.6	≤0.05
ΦXM$_H$-50	45	75	≤2.0	≤0.05

1.1.3.4　金属铬

金属铬的生产工艺主要有铝热还原法、水溶液电解法、离子液体电解法、电硅热还原法和真空碳热还原法等。

（1）铝热还原法。铝热法冶炼金属 Cr 是以 Cr$_2$O$_3$ 为含铬原料、Al 粉作还原剂制备金属铬，其产品为块状，呈银亮色金属光泽，主要反应式为：

$$2Al + Cr_2O_3 === 2Cr + Al_2O_3$$

$$\Delta G_T^{\ominus} = -539445 + 56.26T(J/mol)$$

铝热法可分为直接法和间接法。直接法是将铬铁矿与纯碱、白云石和石灰石混合后经过氧化焙烧制得铬酸钠溶液，采用硫酸去除硅、铝和铁等杂质后用硫黄还原得到氢氧化铬，氢氧化铬经煅烧后形成三氧化二铬，作为铝热法生产铬的原料。直接法的典型工艺基本流程如图1.7所示。间接法与直接法的区别在于，间接法是先将铬矿还原制成高碳铬铁，再加入纯碱进行氧化焙烧。间接法的优点是铬铁矿中的杂质大部分进入冶炼渣中，在氧化焙烧过程中消耗的纯碱较少。此外，高碳铬铁中的铁和碳等元素在氧化时会放出大量的热，可以降低氧化焙烧温度，缩短氧化焙烧时间。

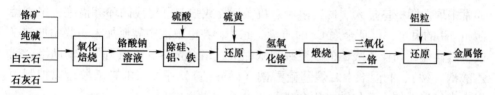

图 1.7 铝热还原法生产金属铬的基本工艺流程

铝热法冶炼金属Cr要求原料中Cr_2O_3含量不低于94%。Al还原Cr_2O_3过程炉渣主要成分为78%~82%Al_2O_3（质量分数）和12%~15%Cr_2O_3（质量分数），其熔化温度为2100~2150℃，Al还原Cr_2O_3反应放出的热量不足以使金属Cr和炉渣充分分离，需加入硝石或氯酸钾等发热剂来调节反应温度、促进炉渣熔化、增加炉渣流动性，进而实现金属Cr和炉渣较好的分层。

铝热法制得的金属Cr纯度通常在98%以上，铬的回收率可达88%左右。金属铬中的硅含量是影响金属铬产品质量的重要因素，采用铬铁矿足钙焙烧、浸出液中和除铝、铬冶炼渣砖替代黏土砖、合适的冶炼单位炉料发热量和合适的冶炼速度，可生产出$w(Si)<0.2\%$、$w(Cr)>99.0\%$的金属铬。因此，只要控制好相关原材料成分及冶炼操作，采用铝热法生产高纯度低杂质的金属铬是完全可行的，并且随着作为还原剂的铝粉的纯度进一步提高，制得的金属铬的品位可以得到进一步提升。

（2）水溶液电解法。水溶液电解法制备金属Cr包括铬铵矾电解法和铬酸酐电解法。制得的金属Cr产品通常呈片状，表面呈暗褐色，纯度在99%以上。

铬铵矾电解法目前已进行工业化应用，它可以分为两步：制取铬铵矾和电解。首先以高碳铬铁作原料，经化学浸出、除铁、结晶、陈化制得铬铵矾，再进行电解制得金属铬，其典型的工艺流程如图1.8所示。

高碳铬铁经破碎后缓慢加入装有电解阳极返回液、陈化母液与硫酸的容器内浸出。浸出后过滤得到含硫酸铬与硫酸亚铁的溶液。然后根据溶液中铬、铁和铵的含量加入硫酸铵，将铁以铁铵矾形式除去，硫酸铵的加入量必须比理论值高。除铁后液经陈化静置 13~15 天，铬以铬铵矾形式结晶析出，经冷水洗涤 2~3 次后用作电解原料，陈化母液则返回浸出工序。

电解在用隔膜将阳极液与阴极液隔开的电解槽中进行。采用不锈钢片或铝板作为阴极，铅银合金为阳极。阴极发生 Cr^{3+} 电还原沉积，阳极发生析氧反应。电解过程主要是铬铵矾中的硫酸铬电解，总的反应为：

$$3Cr_2(SO_4)_3 + 9H_2O === 6Cr + 9H_2SO_4 + 9/2O_2$$

在电解过程中，由于 Cr^{3+} 电化学析出电位较负（标准电极电位为 $-0.91eV$），且电解在酸性溶液中进行，阴极易还原析出 H_2，从而使阴极表面附近溶液 pH 升高，Cr^{3+} 水解产生 $Cr(OH)_3$。因此，阴极液 pH 值必须控制在非常窄的范围内。通常采取向阴极室加入缓冲剂溶液、机械搅拌或强制电解液循环等措施，来维持阴极 pH 的恒定，保证金属 Cr 的质量。此外，在电解液中需要加入一些添加剂以改善其性能，如亚硫酸钠的纸浆废液浓缩液、络合剂甲酸钠（铵）、辅助络合剂乙酸钠（铵）、润湿剂十二烷基硫酸钠（磺酸钠），并加入木素磺酸盐以抑制阴极产生气泡，加入溴化钠（溴化铵）防止在阳极生成 Cr^{6+}。

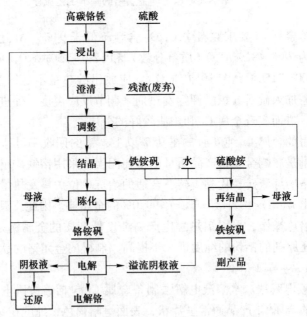

图 1.8　铬铵矾电解生产金属铬流程图

铬酸酐电解法是以铬酸酐水溶液作电解液，Cr^{6+} 在阴极还原析出金属 Cr 的方法。与铬铵矾电解法类似，Cr^{6+} 电化学析出电位较负，阴极产生大量 H_2，导致阴极表面附近溶液 pH 升高，当 pH>4 时，水解产生铬的氢氧化物使阴极局部钝化。此外，各价态的铬离子在阴阳极之间发生氧化还原循环使电解过程电流效率极低。更重要的是，铬酸酐水溶液具有致畸性和致癌性，电解过程中产生的铬雾、废水等严重污染环境。

（3）离子液体电解法。离子液体电解法指采用离子液体作为电解质制备金属 Cr 的电解方法。与采用常规水溶液作为电解质相比，离子液体电解法具有热稳定性高、电化学窗口宽和导电性好等优点，能避免电沉积过程析 H_2 等副反应的发生，极大提高电流效率、降低能耗。但是，离子液体电解法制得的金属 Cr 纯度低，主要应用在电镀领域。

（4）真空碳热还原法。真空碳热还原法是将沥青焦或木炭与 Cr_2O_3 放在高温真空炉中进行还原制备金属 Cr 的方法。专利 CN102965526 用碳黑还原 Cr_2O_3 得到粗铬，然后在高温 1300~1500℃ 用 CO 还原，最后在 CO_2 气氛下保温制得 Cr 含量高于 99.96%、C 含量低于 0.01% 的金属 Cr。专利 CN102876905A 将石墨粉、淀粉水和 Cr_2O_3 的混合料放在真空炉中，先在真空度 200Pa、1200~1300℃ 下保温，接着在 10Pa、1350~1450℃ 下保温，然后加热到 1450~1600℃ 在 H_2 下还原，最后降到 1300~1400℃ 保温，自然冷却后得到纯度高于 99.5% 的金属 Cr 产品。

（5）电硅热还原法。电硅热还原法以单质 Si 还原 Cr_2O_3 制备金属 Cr 产品。该工艺先将石灰和部分 Cr_2O_3 在敞口电炉内熔化，然后停止给电炉供电，将金属 Si 粉和剩余的 Cr_2O_3 加到炉内熔体中制备金属 Cr，得到的金属 Cr 中含有少量 Si。目前，电硅热还原法制备金属 Cr 在工业中应用较少。

1.2 铬矿资源及其应用

铬是构成地壳岩石的元素之一，铬在地壳中的含量为 0.03%，超过了铜、镍、钴、锌等金属的丰度，全球已探明的铬资源总体上较为丰富。在自然界中，没有游离状态的铬，绝大多数铬元素都以氧化物形式存在于铬矿中。

1.2.1 世界铬铁矿资源储量及分布

全球铬矿资源较为丰富，总资源量约 120 亿吨，主要分布在南非、津巴布韦、哈萨克斯坦、芬兰和印度等国家。其中，南非资源量最大，约为 55 亿吨，约占世界资源总量的一半；津巴布韦和哈萨克斯坦资源量均约为 10 亿吨；芬兰资源量约为 1.2 亿吨。截至 2020 年末，世界铬矿（商品级，Cr_2O_3 含量为 45%）已探明储量约为 5.7 亿吨，其中哈萨克斯坦储量 2.3 亿吨，占比 40%；南非储量 2 亿吨，占比 35%；印度储量 1 亿吨，占比 18%；全球其他国家和地区仅占比 7%。

表 1.9 为美国地质调查局公布的 2011~2020 年世界各国铬铁矿产量。可以看出，各国铬铁矿的产量都呈现增加的趋势，总年产量已增加到约 4000 万吨。其中，南非、哈萨克斯坦和印度是主要的铬铁矿生产国家，南非的铬铁矿产量最高，一直在 1000 万吨以上。自 2018 年以来，芬兰和土耳其也逐渐增加了铬铁矿产量。总体而言，世界上主要铬铁矿生产国的产量与其资源储量有一致性。但也有例外，特别是津巴布韦，津巴布韦的铬矿石呈致密块状、含铬量高、质量优异，是冶炼高碳铬铁合金的最佳原料。2021 年 8 月津巴布韦内阁批准立即全面禁止原铬矿石出口，且于 2022 年 7 月开始禁止铬精矿出口。按照目前铬铁矿的消耗速度，全世界铬铁矿资源可使用百年以上。由于全世界铬铁矿储量和产量都高度集中于少数国家，这就决定了铬铁矿是一种高度贸易性、货源难保长期稳定的稀缺资源。

表 1.9　2011~2020 年世界各国铬铁矿产量　　　　　　　（万吨）

国家及铬铁矿产量总量	2011 年	2012 年	2013 年	2014 年	2015 年	2016 年	2017 年	2018 年	2019 年	2020 年
芬兰	—	—	—	—	—	—	—	221	241.5	229
印度	385	390	295	350	320	320	350	430	413.9	250
哈萨克斯坦	380	400	370	380	549	540	458	669	670	700
南非	1020	1100	1370	1500	1400	1500	1650	1760	1639.5	1320
土耳其	—	—	330	360	350	280	650	800	1000	800
其他	545	670	515	460	422	420	458	425	511	398
铬铁矿产量总量	2330	2560	2880	3050	3041	3060	3566	4305	4475.9	3697

1.2.2　我国铬铁矿资源分布及特点

国外铬铁矿矿床主要以岩浆早期（分凝）矿床为主，易形成延伸稳定、规模巨大的矿体，而我国则几乎全部为岩浆晚期矿床，形成的矿体形态复杂、分散、规模小，除极少数矿床 Cr_2O_3 含量达到 40%、铬铁比大于 2.5 之外，多数矿床 Cr_2O_3 含量及铬铁比均很低，矿石产量和质量远远满足不了国内的需要。我国自然资源部公布的《中国矿产资源报告 2021》显示，我国铬铁矿储量仅约为 276.97 万吨，极为短缺，主要分布在西藏、新疆、青海、甘肃等几个西部边远地区，而且分布零散、床规模小、矿石品位贫瘠。2020 年我国铬矿资源分布如图 1.9 所示，西藏铬铁矿储量为 209.42 万吨，占比为 75.6%；甘肃储量为 49.1 万吨，占比为 17.7%；新疆储量为 15.52 万吨，占比为 5.6%；河北储量为 2.93 万吨，占比为 1.1%。2021 年，我国铬矿产量约为 10 万吨，国内规模较大的铬矿生产企业是西藏矿业发展股份有限公司，主要开采西藏罗布萨铬矿，其 2020

年生铬矿石产量为6.7万吨。

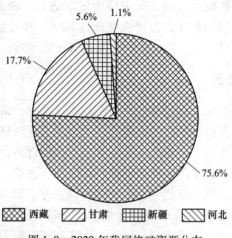

图 1.9 2020 年我国铬矿资源分布

钢铁工业快速发展促使我国对铬矿的需求急剧增长，国内铬矿资源难以满足需求，我国铬矿进口量已连续多年位居世界第一。图 1.10 为 2011~2021 年我国铬矿进口量，可以看出我国每年铬铁矿进口量达 1000 万吨以上，远高于国内铬铁矿的产量。2020 年，我国共从 24 个国家或地区进口铬矿砂及其精矿 1432.1 万吨，进口来源中，南非矿占有绝对优势，占进口总量的 81.9%。2021 年，我国累计进口铬矿 1492.4 万吨，南非仍然占有绝对优势，占进口总量的 80.4%。

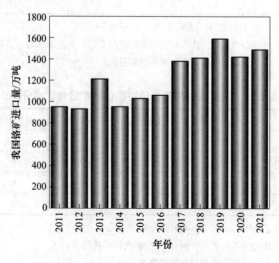

图 1.10　2011~2021 年我国铬矿进口量

我国铬矿资源供应体系存在以下几个问题：（1）国内铬矿资源极度缺乏，资源量和储量小，且主要位于偏远地区，开发条件总体不佳；（2）受制于国内资源条件，铬矿对外依赖度较高，几乎完全依靠进口，缺乏主动权；（3）进口来源高度集中，主要依靠南非，占比长期超过80%。在目前国际环境日趋复杂、矿产资源竞争加剧的局面下，铬矿生产和海运等面临风险，铬矿供应链脆弱。

1.2.3　铬矿的应用范围

铬铁矿主要用于冶金、耐火材料、化工行业。其中，铬铁矿在冶金工业中的应用最为广泛。随着不锈钢产品的迅速发展，冶金工业对铬铁矿消耗比例还将进一步提高。在冶金工业上，铬铁矿主要用来生产各种含铬合金和金属铬。这些含铬合金可作为钢的添加料生产多种高强度、抗腐蚀、耐磨、耐高温、耐氧化的特种钢，如不锈钢、耐酸钢、耐热钢、滚珠轴承钢、弹簧钢和工具钢等。金属铬主要用于与钴、镍、钨等元素冶炼特种合金。这些特种钢和合金是航空航天、汽车、造船，以及国防工业生产枪炮、导弹、火箭和舰艇等不可缺少的材料。冶金用铬铁矿的一般工业要求见表1.10，火法炼铬铁用铬铁矿富矿或精矿的品级划分见表1.11，耐火材料用各品级铬铁矿成分要求见表1.12。

表 1.10　冶金用铬铁矿一般工业要求　　　　　　　　　　　　（%）

类型		$w(Cr_2O_3)$		有害杂质平均允许含量		
		边界品位	工业品位	$w(SiO_2)$	$w(P)$	$w(S)$
原生矿	富矿	≥25	≥32	≤10	≤0.07	≤0.05
	贫矿	5~8	8~10	—	—	—
砂矿		≥1.5	≥3	—	—	—

注：1. 可采厚度为0.5~1.0m，夹石剔除厚度为0.3~0.5m；
　　2. 铬铁比在勘探中必须查清，具体要求与有关部门商定，火法冶炼时，为得到合格的铬铁，其比值最低在2以上，湿法提炼金属铬则不受其限制。

表 1.11　冶炼铬铁用各品级铬铁矿富矿或精矿成分要求　　　　（%）

品级	$w(Cr_2O_3)$	$w(Cr_2O_3)/w(FeO)$	$w(P)$	$w(S)$	$w(SiO_2)$	用途
I	≥50	≥3	—	—	<1.2	氮化铬铁
II	≥45	2.5~3	<0.03	<0.05	<6	中低碳和微碳铬铁
III	≥40	≥2.5	<0.07	<0.05	<6	电炉碳素铬铁
IV	≥32	≥2.5	<0.07	<0.05	<6	高炉碳素铬铁

注：1. 高炉冶炼碳素铬铁不小于20mm和不大于75mm；
　　2. 电炉冶炼铬铁合金不大于40~60mm（粉矿或精矿粉均可）；
　　3. 铬铁比中FeO表示所有铁的氧化物折算成FeO的重量。

表1.12 耐火材料用各品级铬铁矿成分要求 （%）

品级	$w(Cr_2O_3)$	$w(CaO)$	$w(SiO_2)$	用途
I	≥35	<2	<2	用作天然耐火材料
II	30~32	<11	<3	制造铬砖及铬镁砖

注：1. 块度要求50~300mm；

2. 矿石中不允许有5~8mm夹石。

随着钢铁工业的发展和冶炼新技术的应用，对耐火材料提出了更为苛刻的要求，优质镁、铝、铬系列耐火材料相继提出了铬精矿中SiO₂含量小于2%的要求。在镁铬砖高温烧成中，SiO₂含量过高，会增加镁橄榄石硅酸盐相，减少砖的直接结合程度，从而影响铬镁砖的一系列高温性能和使用寿命。

在化工行业，铬铁矿主要用来生产重铬酸钠，进而制取其他铬化合物，用于颜料、纺织、电镀、制革等工业，还可制作催化剂和触媒剂等。化工行业要求铬铁矿中：$w(Cr_2O_3) \geq 30\%$，$w(Cr_2O_3)/w(FeO)$ 在2~2.5之间，SiO₂含量低。

1.3 含铬冶金固体废弃物及其分类

在大自然中，有工业应用价值的含铬矿石以铬铁矿的形式存在，铬铁矿经选矿后得到铬精矿，在此过程中会形成选矿尾矿。在冶金行业，铬精矿用于制备含铬耐火材料和冶炼含铬合金。含铬耐火材料服役失效后变成含铬耐火材料废弃物。铬精矿生产含铬合金过程中会形成铬铁渣和粉尘这两类含铬固体废弃物。在利用含铬合金生产不锈钢的过程中会形成不锈钢渣、不锈钢粉尘和不锈钢酸洗污泥这三类含铬固体废弃物。在不锈钢产品焊接过程中，焊接材料端部和被焊接材料在高温电弧的作用下迅速熔化，会形成含铬的焊接烟尘。含铬冶金固体废弃物的产生流程见图1.11，根据该流程可将含铬冶金固体废弃物分为铬矿选矿尾矿、铬铁合金冶炼固体废弃物、不锈钢冶炼固体废弃物、含铬耐火材料和含铬焊接烟尘。

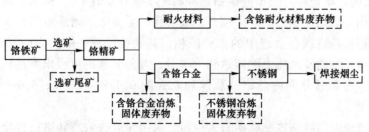

图1.11 含铬冶金固体废弃物的产生流程

1.3.1　铬矿选矿尾矿

在铬矿选矿过程中，铬矿含有的脉石矿物（如蛇纹石和橄榄石）必须要从矿石中分离出来。目前，普遍采用重选、磁选和浮选等选矿工艺来分离铬矿中的脉石，不可避免地会产生大量细粒度的铬尾矿，超细铬矿采用重选等常规选矿方法无法有效处理，最终被排放到铬矿选矿尾矿中。

尽管研究人员已努力减少铬矿损失或重新处理堆存的尾矿，但超细颗粒尺寸使铬矿尾矿的回收和管理变得十分困难。因此，每年都有大量的铬矿选矿尾矿在露天条件下堆放和储存。尾矿中铬含量高，这不仅大量占用土地资源，还造成铬矿中有价元素的浪费和严重的环境问题。

1.3.2　铬铁合金冶炼固体废弃物

铬铁合金冶炼过程中产生的含铬固体废弃物主要包括铬铁渣和粉尘。由于这些铬铁渣和粉尘中含有一定量的重金属离子，如六价铬、锌等，对环境会造成严重污染，国内外环保法都规定这些废弃物必须经过回收或无害化处理后才能够排放，尤其是六价铬，由于其化合物在水中具有很高的溶解度，而且它是一种致癌物质，不仅严重危害人体健康，还造成环境污染、破坏生态平衡。

1.3.2.1　铬铁渣

铬铁渣是冶炼铬铁合金产生的固体残渣，主要包括高碳铬铁渣、硅铬渣和微碳铬铁渣。每年冶炼铁合金产生大量的铬铁渣，以高碳铬铁冶炼为例，每生产 1t 高碳铬铁合金大约要产生 1.1~1.2t 废渣。2021 年中国和全球高碳铬铁的产量分别是 588.56 万吨和 1461.5 万吨。因此，仅 2021 年，中国和全球高碳铬铁渣的产量分别约为 700 万吨和 1700 万吨。各类铬铁渣主要含有 CaO、SiO_2、Al_2O_3、Cr_2O_3、MgO 和 FeO 等氧化物。由于冶炼铬铁合金原料成分和工艺的不同，产生的铬铁渣的化学成分和性质有较大差异。

高铬铁渣是埋弧电炉还原法（1700℃）生产高碳铬铁合金排出的尾渣，呈灰黑色，部分工厂产生的渣呈暗绿色和铁锈红色，质地坚硬，抗压强度在 100~200MPa 之间，难破碎。典型高碳铬铁渣的化学成分如表 1.13 所示。高碳铬铁渣的主要物相有镁铝尖晶石、镁橄榄石、玻璃相、金属珠、钙镁橄榄石和铬尖晶石等。尖晶石相是铬合金渣中的主要矿相，其晶粒尺寸一般为 20~2000μm。铬铁合金渣中元素的浸出能力除钾达到 16% 外，其他元素的可浸出率都较低，其中可浸出铬、镍和锌分别占总铬、总镍和总锌的 0.03%~1.7%、4.6%~6.4% 和 3.3%~5.9%。

硅铬渣是以高碳铬铁和硅矿石为原料，采用无渣法生产硅铬合金产生的废渣。目前采用铁粉磁取技术回收铁粉后进行堆弃，堆弃后的尾渣呈深灰色。典型硅铬铁渣的化学成分如表 1.14 所示。硅铬渣的主要物相为镁橄榄石、镁铝尖晶石和镁铁橄榄石。

表 1.13 典型高碳铬铁渣的化学成分 （%）

成分	$w(CaO)$	$w(SiO_2)$	$w(Cr_2O_3)$	$w(Al_2O_3)$	$w(MgO)$	$w(Fe_2O_3)$
土耳其	0.5	28.89	5.20	29.64	31.51	1.40
印度	2.16	30.53	8.73	23.91	29.85	4.82
巴西	2.96	28.87	5.69	22.84	30.32	1.99

表 1.14 典型硅铬铁渣的化学成分 （%）

成分	$w(CaO)$	$w(SiO_2)$	$w(Cr_2O_3)$	$w(Al_2O_3)$	$w(MgO)$	$w(Fe_2O_3)$
1号	2.22	35.54	5.16	20.13	33.32	1.97
2号	20.05	43.76	2.40	9.70	5.86	2.46

1.3.2.2 粉尘

铬铁合金粉尘是在铬铁合金埋弧炉冶炼过程中，由于元素的高温蒸发、电极孔飞溅出的渣铁和装料过程中炉料细小颗粒随尾气排出而产生的。每生产 1t 铬铁合金大约产生 25kg 粉尘。铬铁合金粉尘的尺寸为 $0.1\sim100\mu m$，一般分为粗粉尘和细粉尘两类。粗粉尘由旋风除尘器收集，颗粒尺寸较大，呈黑色。细粉尘由布袋除尘器捕集，呈浅灰色，颗粒细小，极易凝聚成团。铬铁合金粗粉尘含有大量的铬、硅、铁、铝、镁和碳，细粉尘则富含硅、锌、钠、钾、镁、硫和氯。与粗粉尘相比，细粉尘中铬、铁和碳含量较低。铬铁合金粗粉尘的主要物相为铬尖晶石、石英、钙长石和非晶型碳质材料，细粉尘的主要物相与氯化钠、氧化锌等的挥发以及二氧化硅、氧化镁等氧化物的高温还原紧密相关。

1.3.3 不锈钢冶炼固体废弃物

典型的不锈钢冶炼含铬固体废弃物包括：不锈钢渣、不锈钢粉尘和不锈钢酸洗污泥。

1.3.3.1 不锈钢渣

不锈钢渣主要包括 EAF 渣和 AOD 渣。不锈钢 EAF 渣颜色呈现黑色，渣粒粒径较大，性能较为稳定。不锈钢 AOD 渣由于金属含量较少而呈灰白色，冷却过程中易粉化而呈粉尘状。尽管不锈钢渣具体的化学成分会随着冶炼工艺和不锈钢品种等因素不同而存在差异，但不锈钢渣中都含有 Cr 元素，这也是不锈钢渣与其他冶金渣的最大不同之处。随着不锈钢产量的增加，不锈钢渣的产量随之增加。每生产 3t 不锈钢约产生 1t 废渣。以 2021 年为例，我国和全球不锈钢渣的产生量分别达到约 1021 万吨和 1943 万吨。不锈钢渣化学成分和组成范围如表 1.15

所示。可以看出，不锈钢渣的主要金属元素为 Ca、Si、Mg，还含有一定量的 Al、Mn、Cr 和 Fe 等元素。与不锈钢 AOD 渣相比，不锈钢 EAF 渣中 Cr_2O_3 含量更高。

表 1.15　不锈钢渣的化学组成及范围　　　　　（%）

钢渣	$w(CaO+MgO)$	$w(SiO_2)$	$w(MnO)$	$w(Al_2O_3)$	$w(FeO)$	$w(Cr_2O_3)$	$w(P_2O_5)$	$w(Ni)$
EAF 渣	40~50	20~30	2~3	5~10	8~22	2~10	2~5	<0.1
AOD 渣	50~60	约30	<1	约1	<2	<1	—	<0.1

不锈钢渣的矿物组成如表 1.16 所示。可以看出，不锈钢 EAF 渣的主要矿物相为硅酸二钙（Ca_2SiO_4）和镁蔷薇辉石（$Ca_3MgSi_2O_8$），还有铬尖晶石相、镁黄长石（$Ca_2MgSi_2O_7$）、金属矿物（Ni-Fe-Cr 合金）及 RO 相等。不锈钢 AOD 渣的主要矿物相为硅酸二钙（Ca_2SiO_4），还含有方解石（$CaCO_3$）、氢氧钙石（$Ca(OH)_2$）和枪晶石（$Ca_4Si_2O_7F_2$）等。

表 1.16　不锈钢渣的矿物组成

钢渣	主要矿物	次要矿物
EAF 渣	硅酸二钙（Ca_2SiO_4）、 镁蔷薇辉石（$Ca_3Mg_2SiO_8$）	铬尖晶石相、镁黄长石（$Ca_2MgSi_2O_7$）、 金属矿物（Ni-Fe-Cr 合金）及 RO 相
AOD 渣	硅酸二钙（Ca_2SiO_4）	方解石（$CaCO_3$）、氢氧钙石（$Ca(OH)_2$）、 枪晶石（$Ca_4Si_2O_7F_2$）、镁硅钙石

1.3.3.2　不锈钢粉尘

不锈钢粉尘指不锈钢冶炼过程中冶炼炉内的高温液体在强搅动下带入烟道并被除尘器收集的金属、渣等的混合物。由于不锈钢的冶炼温度较高，一般为 1550~1700℃，部分低熔点金属形成挥发相，金属蒸气进入通风系统并进一步被氧化，同时通风系统中还存在部分卷杂在热气流中的炉渣，金属蒸气和炉渣最终都沉积在布袋除尘器中形成不锈钢粉尘。

不锈钢粉尘作为不锈钢冶炼的伴生产物之一，其中 EAF 粉尘约为装炉量的 1%~2%，AOD 粉尘量约为装炉量的 0.7%~1%，其产量取决于操作工艺和冶炼手段。因冶炼周期和熔炼物料的不同，所排放的不锈钢粉尘的化学成分也不尽相同，其成分复杂，主要含有 Mg、Si、Cl、Cr、Fe、Zn、Ni 和 Mn 等元素，其中 Fe、Ni、Cr 等金属以多种氧化物的形式存在。

1.3.3.3　不锈钢酸洗污泥

不锈钢酸洗指利用酸溶液对不锈钢进行处理，以去除在轧制和热处理等工序中在不锈钢表面形成的氧化层，同时提高不锈钢的抗蚀性。这是不锈钢表面形成防锈膜的最后一道工序。在酸洗过程中会产生含有高浓度铁、锰、镍和铬等金属离子的强酸性废水。目前，不锈钢企业普遍采用化学还原沉淀法处理不锈钢酸洗废水，将废水中的绝大部分 Cr^{6+} 还原成 Cr^{3+} 后，加碱性物质（包括石灰、碳酸钠或氢氧化钠等）对废水进行中和，在一定的 pH 值范围内使金属离子沉淀，在反应澄清池内完成泥水分离，污泥经浓缩和压滤得到红褐色泥饼，即酸洗污泥。

不锈钢酸洗污泥的产量约为不锈钢产量的 2.5%~5%。以 2021 年为例，我国不锈钢酸洗污泥的产量在 75 万~150 万吨。因不锈钢品种和酸洗工艺的差异，各企业的不锈钢酸洗污泥成分波动较大，主要化学成分如表 1.17 所示。

表 1.17　典型不锈钢酸洗污泥的化学成分　　　　　　（%）

编号	$w(Cr_2O_3)$	$w(NiO)$	$w(Fe_2O_3)$	$w(CaO)$	$w(CaF_2)$	$w(CaSO_4)$	$w(SiO_2)$	$w(MgO)$
1 号	11.5	3.0	25.8	7.3	47.5	3.0	1.8	0.7
2 号	6.0	3.4	28.0	11.0	51.0	0.5	1.9	0.5
3 号	7.1	3.1	31.0	5.5	34.0	11.4	2.49	0.73

1.3.4　含铬耐火材料

自 1879 年法国直接以铬矿作为耐火材料以来，含铬耐火材料因其良好的高温抗侵蚀性能已经在冶金行业中应用了一百多年，这是因为 Cr_2O_3 能够和耐火材料中一些主要的氧化物相互作用形成的化合物熔点都较高，或形成的低共熔点温度高，同时 Cr_2O_3 能够降低熔渣对耐火材料的润湿性，使熔渣对耐火材料的侵蚀降低。Cr_2O_3 和其他耐火氧化物的二元系性质如表 1.18 所示。目前已开发的含铬耐火材料主要有 $MgO\text{-}Cr_2O_3$ 系、$Al_2O_3\text{-}Cr_2O_3$ 系、$MgO\text{-}Al_2O_3\text{-}Cr_2O_3$ 系、$Al_2O_3\text{-}ZrO_2\text{-}Cr_2O_3$ 系和 $Cr_2O_3\text{-}SiO_2$ 系。需要指出的是，虽然含铬耐火材料是以含 Cr^{3+} 的 Cr_2O_3、$(Al_{1-x}, Cr_x)_2O_3$ 固溶体或 $MgCr_2O_4$ 等为原料，但是在含铬耐火材料的制备与服役过程中，Cr^{3+} 可能会被氧化为 Cr^{6+}，因此，含铬耐火材料也面临非常严峻的环保问题。

表 1.18　Cr_2O_3 与一些耐火氧化物形成的二元系

体系	形成的化合物及其熔点	共晶成分	Cr_2O_3 的含量	共晶熔化温度/℃
$MgO\text{-}Cr_2O_3$	$MgCr_2O_4$ （约 2350℃）	$Cr_2O_3\text{-}MgCr_2O_4$	约 90%	2150
		$MgCr_2O_4\text{-}MgO$	约 63%	2330
$CaO\text{-}Cr_2O_3$	$CaCr_2O_4$ （约 2170℃）	$Cr_2O_3\text{-}CaCr_2O_4$	85%	2100
		$CaCr_2O_4\text{-}CaO$	50%	1930
$La_2O_3\text{-}Cr_2O_3$	$LaCrO_3$ （约 2430℃）	$La_2O_3\text{-}LaCrO_3$	78%	2080
		$LaCrO_3\text{-}Cr_2O_3$	20%	2060
$Al_2O_3\text{-}Cr_2O_3$	连续固溶体	—	—	—
$ZrO_2\text{-}Cr_2O_3$	无	$ZrO_2\text{-}Cr_2O_3$	66%	2090
$SiO_2\text{-}Cr_2O_3$	无	$SiO_2\text{-}Cr_2O_3$	1%	1720

含铬浇注料以含 Cr_2O_3 或含铬刚玉的刚玉质耐火材料浇注料为主，具有抗渣

性好、热震稳定性好和抗剥落性强的特点，主要应用在大型有芯工频炉和炉外精炼吹氩喷枪等设备上。在制备 Al_2O_3-Cr_2O_3 质耐火浇注料时，Al_2O_3 和 Cr_2O_3 可以以任意比例混合物，由于 Cr_2O_3 粉体难以大量掺入，如需要提高 Cr_2O_3 含量，必须掺入含 Cr_2O_3 的粒状料。掺加含铬材料的刚玉质耐火浇注材料，由于 Cr_2O_3 与基质形成固溶体，使渣的黏度增加，因此熔渣渗透通道减少、浇注料的变质层较薄。与纯刚玉质耐火材料浇注料相比，Al_2O_3-Cr_2O_3 质耐火浇注料具有更好的抗渣性和抗剥落性。

1.3.5　含铬焊接烟尘

焊接烟尘的形成是一个过热—蒸发—氧化—凝聚的过程。在高温电弧的作用下，焊接材料端部和被焊接材料熔化，形成高温高压蒸气。蒸气中混合着液态金属、熔渣、粉尘颗粒。当蒸气进入四周的空气时，被冷却并氧化，部分凝结成固体微粒，这种由气体和固体微粒组成的混合物就是焊接烟尘。焊接烟尘颗粒由 $0.1\mu m$ 左右的球状颗粒集聚而成，而且这些球状颗粒物在空气中浮游，常会集聚成互相连锁的树枝状微粒。焊接烟尘具有粒子小、黏性大、温度高和发尘量大的特点。

焊接烟尘中的 Cr 主要以 Cr^{3+} 和 Cr^{6+} 存在。在高温下，蒸气态的 Cr 先与 O_2 反应生成次氧化物 CrO 和 CrO_2。由于 CrO 和 CrO_2 极不稳定，会迅速被氧化生成稳定的 Cr_2O_3 和 CrO_3。在温度低于 1500K 时，Cr_2O_3 是主要的产物，温度高于 1700K 时，CrO_3 为主要的产物。Na 和 K 可促进在 Cr^{6+} 的形成，起着催化作用，将药芯焊丝中 K_2O、Na_2O 的质量分数控制在 0.4% 以下可得到较少的 Cr^{6+} 排放量。

焊接烟尘中的 Cr^{6+} 主要以颗粒的形式悬浮于作业空间，并以金属氧化物的形式存留，其成分复杂、粒径不统一，焊工作业期间接触 Cr^{6+} 最多的是呼吸道和肺部细胞。为了减少焊接烟尘中的 Cr^{6+}，目前常从改善焊接工艺和焊接材料入手。焊接工艺包括焊接方法，焊接热输入及焊接参数。焊接材料包括焊条药皮的成分、焊丝钢带、药粉化学成分和保护气体成分等。

1.3.6　含铬冶金固体废弃物的危害

在铬化合物中，铬可呈现多种价态。所有铬化合物浓度过高都具有毒性，但它们的毒性强弱不同。Cr(Ⅱ)有较强的还原性，但极不稳定，一般认为是无毒的。Cr(Ⅲ)具有生物活性，是动植物所需的营养元素，但是摄入量过多，也会对健康带来危害。Cr(Ⅵ)具有很强的氧化性，毒性很强，是美国环境保护署公认的 129 种重点污染物之一。含铬冶金固体废弃物对人体、动植物、水体、土壤和大气都具有严重的危害。因此，对含铬冶金固体废弃物的排放，无论是预防性监督还是日常性监督都必须严格执行国家排放标准。

（1）对人体的危害。铬同铁、锌、锰、铜、钴等元素一样，是人体必需的微量元素。Cr（Ⅲ）是人体内葡萄糖耐量因子（glucose tolerance factor，GTF）的必要成分，具有恢复糖耐量正常的作用。铬作为胰岛素的一种"协同激素"，参与人体的糖和脂肪的代谢。铬利用胰岛素来维持稳定的血糖水平，促使胰岛素 A 链上的硫与细胞膜上胰岛素发挥作用。缺铬时，机体会产生葡萄糖耐量降低的有关症状，如血糖升高、出现尿糖等。铬能增加胆固醇的分解和排泄，缺铬会引起脂肪代谢紊乱，出现高脂血症，特别是高胆固醇血症，诱发动脉硬化和冠心病。

过量的铬会通过呼吸和皮肤接触对人体造成伤害。铬化合物可以蒸气或粉尘方式通过消化道和黏膜进入人体。通过呼吸道进入人体时，会刺激和腐蚀呼吸道，引起鼻炎、咽炎、喉炎、支气管炎等。经消化道进入人体可引起恶心、呕吐和腹痛。进入人体后的铬化合物会引起鼻中隔穿孔、肠胃疾患、白细胞下降及类似哮喘的肺部病变，体内积累大量铬易导致肝癌。受伤的皮肤接触铬化合物会出现红肿并伴随瘙痒感，随后变成愈合极慢的"铬疮"。铬还会引起对眼睛的损害，主要表现为眼皮及角膜接触铬化合物时引起的刺激及溃疡。当食用含Cr（Ⅵ）的食物和水时，铬可刺激和腐蚀消化道，引起呕吐、腹痛、腹泻以致脱水，同时有头痛、头昏、四肢发凉、肌肉痉挛等严重中毒症状，如抢救不及时，很快陷入休克昏迷状态。

（2）对动植物的危害。铬是植物和动物体中必需的微量元素。铬对植物的危害主要是由 Cr（Ⅵ）引起的。Cr（Ⅵ）是可溶性的，主要分布在土壤表层，活性较大，易被植物吸收。被吸收的 Cr（Ⅵ）主要保留在植物的根部，其次是茎、叶中，少量转移到籽粒中。Cr（Ⅵ）对植物生长的抑制作用十分明显。当 Cr（Ⅵ）为微量时，会造成植株矮小、叶片内卷、根系变褐、变短，作物的产量有明显的下降。过量的铬还干扰植物对其他元素的吸收和运输，从而破坏植物的正常生理功能。Cr（Ⅵ）还可以和氨、尿素、有机酸以及蛋白质等物质形成配合物被植物吸收，造成对农作物和蔬菜的污染，同时在食物链中富集积累，进而危害到人体健康。

铬对动物体的危害主要表现为 Cr（Ⅵ）的强氧化作用。进入动物体内的铬会影响动物体内氧化、还原和水解过程，并使蛋白质变性、沉淀核酸和核蛋白，干扰酶系统。铬进入血液后形成氧化铬，致使血红蛋白变成高铁血红蛋白，红细胞携带氧的功能发生障碍，导致细胞内窒息。Cr（Ⅵ）还可被碳酸盐、硫酸盐和磷酸盐载体系统转入动物细胞，在谷胱甘肽等酶作用下迅速被还原为具有活性的中间物质（如 Cr^{5+} 和 Cr^{4+}），这些中间物质具有较强的 DNA 破坏能力和细胞毒性。Cr（Ⅲ）和 Cr（Ⅵ）均有致癌作用，并且可诱发细胞染色体畸变。Cr（Ⅵ）有较强的致突变性，而 Cr（Ⅲ）则甚弱。但是 Cr（Ⅲ）可透过胎盘屏障，抑制胎儿生长并产生致畸作用。

（3）对水体的危害。对水体的污染主要来自废弃物中铬向水体中的渗透，引起水污染的铬主要有 Cr(Ⅲ)和 Cr(Ⅵ)两种价态。进入水体中的 Cr(Ⅲ)会在水解作用下生成 $Cr(OH)_3$ 沉淀，部分以 Cr^{3+} 和 $Cr(OH)_2^+$ 等阳离子形式存在，使水体变浑浊。Cr(Ⅲ)的碳酸盐、氢氧化物均难溶于水，被吸附在固体物质上面或附着在沉积物上进入水底，减小了其毒害作用。Cr(Ⅲ)由于水解作用和溶解度小，在 pH 大于 5.0 的水体中不会达到有害的浓度。Cr(Ⅵ)可使水体呈黄色并具有异味，在水体中能以铬酸根和重铬酸根的形式能稳定存在，在水体中可达到较高浓度。在不同氧化还原性、温度和 pH 值的水体中，不同价态的铬可相互转化。在水中缺氧或存在 S^{2-}、Fe^{2+} 和有机物等时，Cr(Ⅵ)可被还原为 Cr(Ⅲ)。在水中有溶解氧和 Fe^{3+} 等氧化剂时，被沉淀或吸附的 Cr(Ⅲ)会被氧化为 Cr(Ⅵ)而被释放出来，从而增加铬的毒性。此外，铬对水中微生物有明显的抑制和致死作用，影响水体的自净化功能。

（4）对土壤的危害。对土壤的危害主要来源于废弃物中铬的溶出。土壤中铬主要是 Cr(Ⅲ)和 Cr(Ⅵ)。绝大部分 Cr(Ⅲ)进入土壤会迅速被土壤吸附固定，以铬和铁氢氧化物的混合物稳定存在，且难溶，因此毒性较弱。Cr(Ⅵ)进入土壤后主要以 CrO_4^{2-} 和 $Cr_2O_7^{2-}$ 形式存在，大部分游离于土壤溶液中，仅有少量能被土壤吸附固定，具有较高的活性，毒性强。Cr(Ⅲ)和 Cr(Ⅵ)在土壤中可以相互转化，在土壤中有机质的主导作用下，Cr(Ⅵ)可被还原为 Cr(Ⅲ)。存在 MnO_2 等氧化性氧化物时，土壤中的 Cr(Ⅲ)可以被氧化成转化 Cr(Ⅵ)，土壤中的 Cr(Ⅲ)存在潜在危害。随着土壤中铬的累积，当 Cr(Ⅲ)的积累量超过土壤的自净化作用时，土壤中微生物的生存环境会遭到破坏，给自然生态系统带来危害。

（5）对大气的危害。在含铬冶金固体废弃物的堆放、运输和处理过程中，以微粒存在的废弃物在风力吹动的作用下，在空气中扩散，造成粉尘弥漫，不仅污染环境，而且容易被人吸入体内，给人体健康带来巨大危害。

1.4　相关法规与政策

1.4.1　相关国际法规与政策

世界范围内，与铬相关的法规政策旨在保护健康、安全和环境。1992 年 4 月，国际铬业发展协会（International Chromium Development Association）首次发行了《国际铬业发展协会（ICDA）铬工业指导纲要》，在之后进行了多次修订并发行指导文件《铬的健康安全和环境指南》，这些指南以公开发表的相关数据及国际专家和监管机构的论述为依据，旨在指导和帮助企业实施相应的措施和规程，以保护员工、地方社区及整体环境等。美国、欧盟、英国和日本等国家和地区都以这些指南为指导制订了在空气、粉尘、废水、饮用水、土壤和废弃物等方面与铬相关的规定。

铬的毒性与铬化合物中铬元素的氧化性密切相关。具有强氧化性的是铬化合物中六价铬，在酸性条件下容易被有机物还原成三价铬，从而损伤有机物。铬酸酐、铬酸盐及重铬酸盐是六价铬化合物中毒性最大的，其中重铬酸盐的毒性大于铬酸盐，尤以钠盐的毒性最大。三价铬化合物在浓度较低的情况下毒性较小，在皮肤表面附着时只是与表皮蛋白结合，而不会产生溃疡；有些三价铬可以认为是无毒的，例如氧化铬及其水合物。金属铬对人体几乎是无害的。不锈钢餐厨具中的铬一般不会迁移到食物里，不会引起铬中毒。但是，酸性物质对不锈钢有腐蚀性，会使不锈钢里的铬溶出，使用不锈钢餐厨具时应加以防范。

食物中的允许最高含铬量未定，根据国外研究报告建议，食物中含铬量最高允许浓度为 0.1mg/kg。食物中含铬浓度见表 1.19。

表 1.19　食物中含铬浓度　　　　　　　　　　　　　（mg/kg）

食　物	浓度范围	平均浓度
谷物	0.017～0.16	0.07
豆、树籽、水果	0.078～0.66	0.38
叶菜	0.065～0.182	0.12
根菜	0.098～0.277	0.16
海菜	1.1～3.4	2.0
鱼、贝	0.202～0.393	0.31
肉、卵、乳制品	0.058～0.208	0.14

美国职业安全与健康管理局规定所有含铬的物质和混合物都必须贴上危险标签，$Cr(Ⅵ)$ 应包含癌症危险警告。针对各行业的主要区域 Cr 排放源制定"最大可实现控制技术"（MACT）的规定。在大多数情况下，将针对 $Cr(Ⅲ)$ 和 $Cr(Ⅵ)$ 确定不同的标准。这些法规基于《1990 年 CAA》法案，该法案在其有害空气污染物清单中确定了"铬化合物"。MACT 标准未涵盖的来源将按照国家机构设定的水平进行监管。

欧盟综合污染预防和控制（IPPC）条例（96/61/EC）规定了行业应用最佳可用技术（BAT）来控制所有环境介质（空气、水和土地）的排放。指令 84/360/EEC、89/369/EEC 分别规定了工业厂房和城市垃圾焚烧厂对大气污染的要求。指令 76/464/EEC "水生环境中危险物质排放"将 Cr 列入 20 种金属的"灰名单"中。第 2001/118/CE、91/689EEC 和 94/31/EC 号决议以及委员会第 94/904/EC 号决议修订的指令 78/319/EEC（危险废物指令）提供了详细的废物清单和与产品和制剂分类原则相一致的废物分类系统基础。垃圾填埋指令（1999/31/EC）根据所存放的废物类型或类别规定了垃圾填埋场的准备、操作、监控和关闭标准。

日本的《大气污染防治法》通过控制工厂和其他商业场所的烟尘、烟雾和颗粒物的排放、保护公众健康和维护大气污染的生活环境，控制建筑物拆除时的颗粒物排放，推动采取多种措施限制有害空气污染物的排放，制定汽车尾气最大允许限值等。《废物处理和公共清洁法》通过限制废物排放，控制废物的适当分类、储存、收集、运输、回收和处置，以及保护生活环境和改善公众健康。以《环境基本法》为基础，对 Cr(Ⅵ) 等 27 项环境质量标准进行了界定。这些环境质量标准值在必要时根据积累的科学数据进行审查。

1.4.2　相关国内法规与政策

我国也一直重视与铬相关的环境污染问题，国家相关部门陆续颁布了一系列相关的指导性文件。1992 年 5 月 5 日，原化工部颁布《关于防治铬化合物生产建设中环境污染的若干规定》，要求有组织有计划地发展铬化合物生产，防止铬化合物生产过程的有害物质污染环境和危害人体健康，严格控制新污染源的产生，加快治理老污染源。2003 年 6 月 18 日，原国家环境保护总局发布《关于加强含铬危险废物污染防治的通知》（环发〔2003〕106 号），要求加大含铬危险废物的安全处置和综合利用力度，加强铬化合物和铬铁合金生产企业的污染防治，加快铬渣的环境无害化处置，地方各级人民政府环境保护行政主管部门应当加强对产生含铬危险废物企业的监督管理。2010 年 9 月 21 日，工信部发布了《铬化合物生产建设许可管理办法》，加强对铬化合物生产建设许可的管理，保障公民生命健康安全，保护生态环境，规范铬化合物生产建设活动。2013 年 10 月 11 日，工信部与环保部联合发文（工信部联原〔2013〕327 号），关于加强铬化合物行业管理的指导意见，提出铬化合物生产厂点进一步减少，工艺技术装备达到国际先进水平，形成布局合理、环境友好、监管有力的铬化合物行业健康发展格局。2015 年 9 月 1 日工信部制定了《促进绿色建材生产和应用行动方案》（工信部联原〔2015〕309 号），建议全面推广无铬耐火材料，从源头消减重金属污染。于 2016 年 1 月 21 日经工信部公布，并于 2016 年 7 月 1 日起施行的《电器电子产品有害物质限制使用管理办法》明确规定六价铬化合物属于电器电子产品中含有的有害物质，禁止进口和销售不符合电器电子产品有害物质限制使用国家标准或行业标准的电器电子产品。2016 年 7 月 18 日，工信部印发《工业绿色发展规划（2016—2020 年）》（工信部规〔2016〕225 号）的通知，要求推广无铬耐火材料，推广三价铬电镀、电镀铬替代等清洁涂镀技术，到 2020 年减排工业特征污染物中总铬 15t/a。2018 年 10 月 22 日，工信部制定了《铬化合物项目建设规范条件》，要求铬化合物行业结构调整和产业升级，新建项目建设需按照"科学选址、技术先进、资源节约、安全环保"的可持续发展原则。2022 年 3 月 3 日，生态环境部发布《关于进一步加强重金属污染防控的意见》，要求对重点行业中含铬污染物排放量实施总量控制。2022 年 12 月 16 日，环保部发布了国家生态环境标准《含铬皮革废料污染控制技术规范》，规定了含铬皮革废料在收集、贮存、转移、利用和处置过程中的污染控制技术要求，以及污染物排放控制与环境监测要求和环境管理要求。

为了响应《中华人民共和国环境保护法》《中华人民共和国水污染防治法》《中华人民共和国大气污染防治法》《中华人民共和国固体废物污染环境防治法》和《国务院关于落实科学发展观加强环境保护的决定》等相关法律规定，国内各部门和行业出台了与铬相关的国家标准，对与人类和自然密切相关的大气、水、土壤和废物等方面的铬含量做了严格要求。典型的相关现行标准如下：

（1）《工业炉窑大气污染物排放标准》（GB 9078—1996）；

（2）《工业企业设计卫生标准》（GBZ 1—2010）；

（3）《农用污泥污染物控制标准》（GB 4284—2018）；

（4）《海水水质标准》（GB 3097—1997）；

（5）《城镇污水处理厂污染物排放标准》（GB 18918—2002）；

（6）《城市污水再生利用绿地灌溉水质》（GB/T 25499—2010）；

（7）《再生铜、铝、铅、锌工业污染物排放标准》（GB 31574—2015）；

（8）《农田灌溉水质标准》（GB 5084—2021）；

（9）《生活饮用水卫生标准》（GB 5749—2006）；

（10）《污水综合排放标准》（GB 8978—1996）；

（11）《地表水环境质量标准》（GB 3838—2002）；

（12）《地下水质量标准》（GB/T 14848—2017）；

（13）《水稻生产的土壤镉、铅、铬、汞、砷安全阈值》（GB/T 36869—2018）；

（14）《种植根茎类蔬菜的旱地土壤镉、铅、铬、汞、砷安全阈值》（GB/T 36783—2018）；

（15）《危险废物鉴别标准 浸出毒性鉴别》（GB 5085.3—2007）；

（16）《危险废物填埋污染控制标准》（GB 18598—2019）。

1.4.3 铬排放的相关标准

鉴于铬对人体和环境的危害作用，世界许多国家和地区对空气、水和土壤中铬的含量均有严格要求。表 1.20～表 1.24 列出了世界各国和地区的相关标准。美国对大气飘尘的规定：工业区在 0.1mg/m³ 以下，郊区在 0.05mg/m³ 以下。日本对大气质量标准见表 1.20，粉尘又分为普通粉尘和特定粉尘（石棉）。普通粉尘的限制标准不以排放标准的形式，而是以设备的结构、使用和管理标准的形式制定，特定粉尘则用大气中的允许浓度表示。

表 1.20 日本对大气环境质量标准

有害物质	每天内平均每小时最高值	每小时最高值
二氧化硫	$0.04×10^{-6}$	$0.1×10^{-6}$
一氧化碳	$10×10^{-6}$	连续 8h 内 $20×10^{-6}$
悬浮固体（10μm 以上）	0.10mg/L	0.20mg/L
氮氧化物（以 NO_2 计）	0.04~0.06mg/L	—
光化学氧化剂	—	每小时值 $0.06×10^{-6}$

表 1.21 环境空气法规

规定对象	国家	限定值/mg·m^{-3}
再生有色金属企业总 Cr	中国	1.0
车间以 Cr_2O_3 存在的 Cr^{6+}	中国	0.05
居住区中 Cr^{6+}	中国	0.016
以 $SrCrO_4$ 存在的 Cr^{6+}	丹麦	0.0005
以 $SrCrO_4$ 存在的 Cr^{6+}	美国	0.0005
以 $CaCrO_4$ 存在的 Cr^{6+}	美国	0.001
以 H_2CrO_4 和 CrO_4^{2-} 存在的 Cr^{6+}	丹麦	0.005
Cr^{6+}	哈萨克斯坦	0.01
不溶性 Cr^{6+} 化合物	美国	0.01
以 $PbCrO_4$ 存在的 Cr^{6+}	美国	0.01
以 H_2CrO_4 存在的 Cr^{6+}	冰岛	0.01
以 CrO_4^{2-} 存在的 Cr^{6+}	冰岛	0.02
以 H_2CrO_4 和 CrO_4^{2-} 存在的 Cr^{6+}	挪威	0.02
以 $PbCrO_4$ 存在的 Cr^{6+}	挪威	0.02
以 CrO_4^{2-} 存在的 Cr^{6+}	瑞典	0.02
以 H_2CrO_4 存在的 Cr^{6+}	瑞典	0.02
Cr^{6+} 化合物	德国	0.02
Cr^{6+} 化合物	欧盟	0.025
Cr^{6+} 化合物	芬兰	0.05
Cr^{6+} 化合物	法国	0.05
以 H_2CrO_4 存在的 Cr^{6+}	法国	0.05

规 定 对 象	国 家	限定值/mg·m⁻³
Cr^{6+} 化合物	德国	0.05
Cr 元素、Cr 金属和 Cr^{3+} 化合物	冰岛	0.05
Cr^{6+} 化合物	日本	0.05
Cr^{6+} 化合物	南非	0.05
Cr^{6+} 化合物短期暴露值极限值	瑞典	0.05
$Cr(VI)$ 化合物最大接触限值（MEL）	英国	0.05
以 $ZnCrO_4$ 存在的溶解 Cr^{6+}	美国	0.05
铬矿加工的 Cr	美国	0.05
$ZnCrO_4$	德国	0.05(Cr)
Cr^{6+} 化合物（不溶物除外）	德国	0.05(Cr)
含 Cr^{6+} 化合物的焊烟	德国	0.05(Cr)
Cr^{6+} 化合物	德国	0.1
以 $ZnCrO_4$ 存在的 Cr^{6+}	德国	0.1(CrO_3)
Cr^{6+} 化合物（不溶物除外）	德国	0.1(CrO_3)
含 Cr^{6+} 化合物的焊烟	德国	0.1(CrO_3)
Cr^{6+} 化合物短期暴露值极限值	法国	0.1
H_2CrO_4 和 CrO_3	美国	0.1
Cr 作为粉末/可溶性 Cr^{2+} 和 Cr^{3+} 盐	丹麦	0.5
Cr、Cr^{2+} 和 Cr^{3+} 化合物	英国	0.5
Cr、Cr^{2+} 和 Cr^{3+} 化合物	欧盟	0.5
Cr^{3+} 化合物	南非	0.5
Cr^{2+} 和 Cr^{3+} 化合物	美国	0.5
Cr 元素和 Cr 金属	法国	0.5
Cr 元素和 Cr 金属，Cr^{2+} 和 Cr^{3+}	挪威	0.5
Cr 元素和 Cr 金属	南非	0.5
Cr 元素和 Cr 金属	瑞典	0.5
Cr 元素和 Cr 金属	英国	0.5
Cr 元素和 Cr 金属及 Cr^{3+}	美国	0.5
Cr 金属	美国	1.0
Cr	哈萨克斯坦	1.0

表 1.22　废水法规

规 定 对 象	国 家	限定值/mg·L^{-1}
重有色金属工业污染物中 Cr^{6+}	中国	0.5
污水综合排放总 Cr	中国	1.5
污水综合排放 Cr^{6+}	中国	0.5
再生有色金属企业总 Cr	中国	0.5
Cr^{6+}	哈萨克斯坦	0.005~0.03
淡水中 Cr^{6+}（最大值）	美国	0.01(0.015)
皮革工业用 Cr^{6+}	德国	0.05
盐水中 Cr^{6+}（最大值）	美国	0.05(1.1)
Cr^{6+}（总质量流量>1g/天）	法国	0.1
Cr^{6+} 在冶金和化工应用	德国	0.1
Cr^{3+} 4 天平均值（最大值）	美国	0.18(0.55)
含 Cr 化合物（总质量流量5g/天）	法国	0.5
金属或化学工业 Cr 最大值	德国	0.5
公共供水系统中 Cr^{6+} 值	日本	0.5
总 Cr	南非	0.5
皮革行业中 Cr 最大值	德国	1
公共供水系统中 Cr^{6+} 值	日本	2

表 1.23　生活用水法规

规 定 对 象	国 家	限定值/mg·L^{-1}
农田灌溉水 Cr^{6+}	中国	0.1
地表水（源头水，国家自然保护区）Cr^{6+}	中国	0.01
地表水（集中式生活饮用水一级保护区）Cr^{6+}	中国	0.05
地表水（集中式生活饮用水二级保护区区）Cr^{6+}	中国	0.05
地表水（工业用水及非人体直接接触用水区水域区）Cr^{6+}	中国	0.05
地表水（农业用水以及一般景观要求水域区）Cr^{6+}	中国	0.1
海水（渔业水域，自然保护区和珍稀濒危生物保护区）Cr/Cr^{6+}	中国	0.05/0.005
海水（水产养殖区，海水浴场，海上娱乐区）Cr/Cr^{6+}	中国	0.1/0.01
海水（一般工业用水区，滨海风景旅游区）Cr/Cr^{6+}	中国	0.2/0.02
海水（海洋港口水域，海洋开发作业区）Cr/Cr^{6+}	中国	0.5/0.05
饮用水 Cr^{6+}	中国	0.05
饮用水总 Cr	哈萨克斯坦	0.0031
饮用水总 Cr	德国	0.05

规 定 对 象	国 家	限定值/mg·L^{-1}
饮用水 Cr^{6+}	日本	0.05
饮用水总 Cr	英国	0.05
饮用水总 Cr	南非	0.1
饮用水总 Cr	美国	0.1

表1.24 土壤法规

规 定 对 象	国 家	限定值/mg·kg^{-1}
农业污泥（耕地、园地、牧草地）总 Cr	中国	500
农业污泥（园地、牧草地、不种植食农作物的耕地）总 Cr	中国	1000
Cr^{6+}	哈萨克斯坦	0.558
总 Cr 极值	英国	25
全 Cr 极值（且随土壤类型而变化）	德国	30~100
基于吸入的草坪土壤筛选值总 Cr	美国	140
总铬（花园和分配地）	英国	150
基于摄入的草坪土壤筛选值总 Cr	美国	390
总 Cr	哈萨克斯坦	400
总铬（无花园住宅、公园、开放空间）	英国	1000
总铬（商业和工业领域）	英国	3800

我国对飘尘的规定：中国环境空气质量标准应按 GB 3095—2012 执行，且根据《工业企业设计卫生标准》（GB Z1—2010）规定，空气中含铬最高允许浓度为：居住区大气中（以六价铬计）：0.016mg/m^3；车间空气中（六价铬以 Cr$_2$O$_3$计）：0.05mg/m^3。

我国制定的大气污染物排放标准 GB 16297—1996 规定，在大气中铬最高允许排放浓度为：0.08mg/m^3（现有污染源）；0.07mg/m^3（新污染源）。同时制定了《工业炉窑大气污染物排放标准》（GB 9078—1996），对各种工业炉窑烟尘及生产性粉尘最高允许排放浓度和烟气黑度限值做出了相应的规定。

美国对还原电炉烟尘限量为：生产高硅合金时，0.45kg 每 100kW·h；生产铬合金时 0.23kg 每 100kW·h。日本铁合金烟尘排放标准分为一般排放标准和特殊排放标准，其中一般排放标准为大型炉 0.2g/cm^3（标态）和小型炉 0.4g/cm^3（标态）；特殊排放标准为大型炉 0.1g/cm^3（标态）和小型炉 0.2g/cm^3（标态）。德国冶金工业电炉排放标准：150mg/m^3。

英国向内陆河道排放污水的规定：污染物铬酸排放的允许浓度低于 1mg/L。我国陆续颁布实施了水污染防治标准，如《生活饮用水卫生标准》（GB 5749—

2022）规定含铬最高允许浓度为：六价铬 0.05mg/L；《农田灌溉水质标准》（GB 5084—2021）规定含铬最高允许浓度为：六价铬 0.1mg/L；2002 年颁布实施的《地表水环境质量标准》（GB 3838—2002）将地表水的六价铬浓度限值分为五类，其中六价铬浓度≤0.01mg/L（Ⅰ类：源头水，国家自然保护区）、≤0.05mg/L（Ⅱ类：集中式生活饮用水一级保护区等；Ⅲ类：集中式生活饮用水二级保护区等；Ⅳ类：工业用水及非人体直接接触用水区）、≤0.1mg/L（Ⅴ类：农业用水以及一般景观要求水域）。海水水质标准 GB 3097—1997 将海水总铬浓度以及六价铬浓度限值分为四类，其中总铬浓度≤0.05mg/L/六价铬浓度≤0.005mg/L（第Ⅰ类：海洋渔业水域，海上自然保护区和珍稀濒危海洋生物保护区）、总铬浓度≤0.1mg/L/六价铬浓度≤0.01mg/L（第Ⅱ类：水产养殖区，海水浴场，人体直接接触海水的海上运动或娱乐区等）、总铬浓度≤0.2mg/L/六价铬浓度≤0.02mg/L（第Ⅲ类：一般工业用水区、滨海风景旅游区）、总铬浓度≤0.5mg/L/六价铬浓度≤0.05mg/L（第Ⅳ类：海洋港口水域、海洋开发作业区）。

　　我国规定的《重有色金属工业污染物排放标准》（GB 4913—1985）要求六价铬含量小于 0.5mg/L。在《污水综合排放标准》（GB 8978—1996）中将工业废水中污染物分为两类：第一类污染物能在环境或动植物体内积蓄，对人类健康产生长远的不良影响。含此类污染物的污水一律在车间或车间处理设施排放口处取样分析；第二类污染物的长远影响小于第一类，规定的取样地点为排污单位的排出口，其最高允许排放浓度要按地面水使用功能的要求和污水排放去向，分别执行。铬属于第一类污染物，要求总铬含量小于 1.5mg/L，六价铬含量小于 0.5mg/L。2015 年，我国制定了《再生铜、铝、铅、锌工业污染物排放标准》（GB 31574—2015），规定了再生有色金属（铜、铝、铅、锌）工业企业生产过程中水污染物和大气污染物总铬排放限值，水污染中总铬浓度不高于 0.5mg/L；大气污染中总铬排放浓度不高于 1mg/L。

　　据日本有害工业废渣处理价标准，铬渣中六价铬含量为：掩埋小于 1.5mg/kg，投海（集中型）小于 0.5mg/kg，投海（扩散型）小于 25mg/kg。我国制定了《农用污泥污染物控制标准》（GB 4284—2018）规定铬及其化合物（以 Cr 计）：总铬浓度小于 500mg/kg（A 级污泥：耕地、园地、牧草地）；总铬浓度小于 1000mg/kg（B 级污泥：园地、牧草地、不种植食用农作物的耕地）。

1.5　含铬冶金固体废弃物的处理与资源化现状

　　发达国家在固体废弃物处理方面已经取得很大进展并积累了丰富的相关经验，已逐步形成对固体废弃物从产生、收集、运输、贮存、处理和处置等全过程中各个环节进行污染控制和管理的理念，固体废弃物从产生到处置的全过程得到标准化和规范化管理。我国在固体废弃物处置方面还存在处理技术水平低、制度不完善等问题，仍需在实践中不断探索以建立完整的固体废弃物管理体系。目前，世界范围内对固体废弃物管理需要遵循"3R原则"：减量（reduce）、再利用（reuse）、回收利用（recycle）。首先通过避免减少产生，然后尽量重复再利用，最后进行分类回收再利用。

（1）减量（reduce）。减量化原则要求用较少的原料和能源投入来达到既定的生产目的或消费目的，从经济活动的源头就注意节约资源和减少污染。在生产中，减量化常表现为要求产品小型化和轻型化。此外，减量化原则要求产品的包装应该追求简单朴实而不是豪华浪费，从而达到减少废物排放的目的。

（2）再利用（reuse）。再利用原则要求制造产品和包装容器能够以初始的形式被反复使用，要求抵制当今世界一次性用品的泛滥，生产者应该将制品及其包装当作一种日常生活器具来设计，使其像餐具和背包一样可以被多次使用，还要求制造商应该尽量延长产品的使用期，而不是非常快地更新换代。

（3）回收利用（recycle）。回收利用要求生产出来的物品在完成其使用功能后能重新变成可以利用的资源，而不是不可回收利用的垃圾。按照循环经济的理念，回收利用有两种情况，一种是原级再循环，即废品被循环用来产生同种类型的新产品，例如报纸再生报纸、易拉罐再生易拉罐等等；另一种是次级再循环，即将废物资源转化成其他产品的原料。原级再循环在减少原材料消耗上面达到的效率要比次级再循环高得多，是循环经济追求的理想境界。

依据上述原则，固体废弃物从产生到处置的过程可分为五个环节：

（1）废弃物的产生：通过优化固体废弃物产生的工艺流程，力求减少或避免废弃物的产生。

（2）系统内部的回收利用：对生产过程中产生的废弃物，应推行系统内的回收利用，尽量减少废弃物外排。

（3）系统外的综合利用：通过系统外的废物交换、物质转化、再加工等措施，实现废弃物的综合利用。

（4）无害化/稳定化处理：对于不可避免、且难以实现综合利用的废弃物，通过无害化、稳定化处理，破坏或消除有害成分。

（5）最终处置与监控：对废弃物进行长期监控，确保不会对环境和人类造成危害。

随着铬元素在冶金工业中的需求量逐渐增加，冶金过程产生的含铬固体废弃物日益增多，这对生态环境造成了巨大的压力，对含铬冶金固体废弃物的处理尤为重要。含铬冶金固体废弃物的管理首先应进行废弃物的最小量化，通过改进含铬冶金固体废弃物产生的工艺流程，尽可能少地产生含铬冶金固体废弃物，其次是对产生的含铬冶金固体废弃物进行最终的处理。目前，对产生的含铬冶金固体废弃物的处理方式可归纳为无害化处理和资源化利用。

1.5.1　无害化处理

（1）干法还原法。干法还原处理主要是指在含铬废渣中添加一定量的还原剂，在高温条件下将 Cr(Ⅵ) 还原为 Cr(Ⅲ)，从而形成稳定的含铬化合物。干法还原法以高温碳还原为主。高温还原法以炭粉、木屑和稻壳等作为还原剂，利用碳与含铬冶金固体废弃物进行高温焙烧，将 Cr(Ⅵ) 还原成 Cr(Ⅲ)。干法处理的反应见式 (1.1)、式 (1.2)：

$$4CrO_3 + 3C =\!=\!= 2Cr_2O_3 + 3CO_2 \tag{1.1}$$
$$2CrO_3 + 3CO =\!=\!= Cr_2O_3 + 3CO_2 \tag{1.2}$$

干法还原处理工艺解毒较为彻底，可得到有高附加值的产品，但此处理成本高，处理量小，且容易产生二次污染。

（2）湿法还原法。湿法还原法是将含铬冶金固体废弃物在酸性或者碱性溶液中进行消解，使固废中的铬大部分转移到水溶液中，再将含有 Na_2S 或 $FeSO_4$ 等的还原剂加入混合液中，将 Cr(Ⅵ) 还原成 Cr(Ⅲ)，在碱性溶液中沉淀析出 $Cr(OH)_3$，反应公式见式 (1.3)：

$$CrO_4^{2-} + 3Fe^{2+} + 4OH^- + 4H_2O =\!=\!= Cr(OH)_3\downarrow + 3Fe(OH)_3\downarrow \tag{1.3}$$

湿法还原处理后含铬污泥中 Cr^{6+} 的含量较低，含铬冶金固体废弃物中含铬量相对不高，湿法还原法需要消耗大量的酸碱溶液，处理费用高，同时会产生大量的含铬废水，造成严重的二次污染，且不适合进行大批量处理。

（3）固化法。固化法处理是利用稳定化物质来固定有害物质，主要是通过形成稳定的晶格结构和化学键，将有害组分固定或包封在惰性固体基材中，从而降低危险废物的浸出毒性。根据所用固化剂的不同，可将固化法分为水泥固化、石灰固化、玻璃固化、化学试剂固化等，一般采用水泥固化法和玻璃固化法。

水泥固化通过向含铬冶金固体废弃物中加入一定量的无机酸或硫酸亚铁做还原剂，将其中的 Cr(Ⅵ) 还原成 Cr(Ⅲ)，再加适量的水泥熟料，然后加水搅拌、凝固，随着水泥的水化和凝固，铬化合物同其他物质形成稳定的晶体结构或化学键被封闭在水泥基体中不易溶出，从而达到解毒的目的。处理料可作为路基料或直接填埋、投海。玻璃固化主要通过快速冷却的方式使熔渣形成玻璃态，通过在表面形成稳定晶体结构，将有害物质包裹到晶格中，使其不容易被浸出。在快速冷却条件下，从液态到固态的凝固转变过程中能够抑制熔渣的结晶，可有效抑制 Cr(Ⅵ) 在低温条件下的形成。

固化法处理量大，抑制了铬的溶出，处理成本较低。但是固化体的长期稳定性不好，解毒不彻底且不能真正发挥含铬冶金固体废弃物的资源化价值，浪费了其中含有的铬、镍、铁、钙和硅等有价资源。

1.5.2 资源化利用

含铬冶金固体废弃物的资源化利用可以充分利用其中含有的有价元素，不仅可以变废为宝、保护环境，而且可以降低企业的生产成本。当前，其资源化利用技术主要包括：

（1）回收有价金属元素：含铬冶金固体废弃物中含有大量的铬、铁等有价金属元素，回收其中的有价金属元素可进一步提高含铬冶金固体废弃物的经济价值。例如，采用多重力分选、选择性絮凝等技术处理铬矿选矿尾矿得到高品位的铬精矿；通过火法还原、湿法-火法联合和生物淋滤等技术处理不锈钢酸洗污泥制备 Ni-Cr-Fe 合金等。

（2）制备功能材料：充分利用含铬冶金固体废弃物中含有的 Cr_2O_3、Fe_2O_3 和 SiO_2 等组元，用作制备陶粒、陶瓷骨架和微晶玻璃等，应用在建材、农业等领域。但需通过固化、还原等方法降低废弃物中 Cr^{6+} 的含量，使材料中各有害元素含量指标达到国家标准。

（3）作为冶金原料：含铬冶金固体废弃物中含有的 FeO、CaO、MgO、CaF_2 等是冶金工序中辅料的主要组元，作为冶金原料使用可实现含铬冶金固体废弃物在冶金行业的闭路循环利用，节省钢铁生产原料成本，符合循环经济的理念。例如，不锈钢渣中的 CaO 和 MgO 可充当助熔剂改善高炉渣的流动性；利用 LF 精炼的高温还原性气氛，将不锈钢 EAF 渣和 AOD 渣同 LF 渣混合制备精炼渣；不锈钢酸洗污泥作为转炉、电弧炉炼钢及 AOD 精炼等环节的造渣剂等。但是，存在有害元素累积、操作成本提高和工艺程序增加等问题。

参 考 文 献

[1] Sully A H, Brandes E A. Chromium [M]. London: Butterworths Scientific Publication, 1967.

[2] Sully A H. Metallurgy of the rarer metals [M]. London: Butterworths Scientific Publication, 1954.

[3] Marvin J U. Metallurgy of chromium and its alloys [M]. New York: Reinhold Publishing Corporation, 1956.

[4] Gasik M I. Technology of chromium and its ferroalloys [M]. Elsevier Ltd, 2013.

[5] Lyakishev N P, Gasik M I. Metallurgy of Chromium [M]. New York: Allerton Press, 1998.

[6] 王忠涛，池延斌. 铬系铁合金冶炼工艺设备与分析技术 [M]. 陕西：陕西科学出版社，2006.

[7] Bolgar A S, Turchanin A E, Fesenko V V. Thermodynamic properties of carbides [M]. Kyiv: Naukova Dumka, 1973.

[8] Inoue A, Matsumoto T. Formation of non-equilibrium Cr_3C carbide in Cr-C binary alloys quenched rapidly from the melt [J]. Scripta Metallurgica and Materialia, 1979, 13 (8): 711-715.

[9] 蒋仁全. 铬系合金生产新进展概述 [J]. 铁合金，2005 (4): 44-49.

[10] 仉宏亮. 铬铁精矿球团烧结-电炉冶炼高碳铬铁合金工艺及机理研究 [D]. 长沙：中南大学，2010.

[11] 张雪芳. 微波加热高碳铬铁粉喷动流化气-固相脱碳的动力学研究 [D]. 太原：太原理工大学，2015.

[12] 阎江峰，陈加希，胡亮. 铬冶金 [M]. 北京：冶金工业出版社，2007.

[13] 唐华应，郑再春，杨君臣，等. 铬锰铁合金的试验研究 [J]. 铁合金，2004（4）：45-47.

[14] 吴慎初. 用铬铁生产金属铬（铬盐）新工艺研究 [J]. 铁合金，1995（2）：35-38.

[15] 陈英华. 降低铝热法金属铬硅含量的探讨 [J]. 铁合金，2002（5）：10-12.

[16] 明宪权，葛军，黎明. 铝热法冶炼低气金属铬提高产品质量的探讨 [J]. 铁合金，2000，1（2）：5-9.

[17] 邸万山. 低温熔盐法制备高纯铬 [J]. 科技创新导报，2015（29）：129-130.

[18] Wise S S, Wise C, Xie H, et al. Hexavalent chromium is cytotoxic and genotoxic to American alligator cells [J]. Aquatic Toxicology, 2016, 171: 30-36.

[19] Abbott A P, Capper G, Davies D L, et al. Ionic liquid analogues formed from hydrated metal salts [J]. Chemistry-A European Journal, 2004, 10 (15): 3769-3774.

[20] 崔焱，华一新. ChCl/CrCl$_3$-6H$_2$O 体系中 Cr(Ⅲ) 的电化学成核机理 [J]. 材料科学与工程学报，2010（3）：323-326.

[21] 林文汉，林晨星，张海涛，等. 一种利用碳热还原法生产高纯金属铬的方法 [P]. 中国发明专利，CN 102965526A.

[22] 朱刚强，李建明. 一种单台真空炉生产高纯金属铬的方法 [P]. 中国发明专利，CN 102876905A.

[23] 国土资源部信息中心. 世界矿产资源年评 [M]. 北京：地质出版社，2013.

[24] Weber P, Eric R H. The reduction of chromite in the presence of silica flux [J]. Minerals Engineering, 2006, 19 (3): 318-324.

[25] 中华人民共和国国土资源部. 中国矿产资源报告 [M]. 北京：地质出版社，2021.

[26] Gvney A, Onal G, Atmaca T. New aspect of chromite gravity tailings reprocessing [J]. Minerals Engineering, 2001, 14: 1527-1530.

[27] Cicek T, Cocen I. Applicability of mozley multigravity separator (MGS) to fine chromite tailings of Turkish chromite concentrating plants [J]. Minerals Engineering, 2002, 15 (1): 91-93.

[28] Cicek T, Cocen I, Engin V T, et al. Technical and economical applicability study of centrifugal force gravity separator (MGS) to Kef chromite concentration plant [J]. Mineral Processing and Extractive Metallurgy, 2008, 117 (4): 248-255.

[29] Dwari R K, Angadi S I, Tripathy S K. Studies on flocculation characteristics of chromite's ore process tailing: Effect of flocculants ionicity and molecular mass [J]. Colloids and Surfaces A: Physicochemical and Engineering Aspects. 2018, 537 (20): 467-477.

[30] Kairakbaev A K, Abdrakhimova Y S, Abdrakhimov V Z. Innovative approaches to using Kazakhstan's industrial ferrous and nonferrous tailings in the production of ceramic materials [J]. Materials Science Forum, 2020, 989: 54-61.

[31] 刘世明. 碳铬渣综合利用初探 [J]. 铁合金, 2003 (3)：35-37.

[32] 张艳. 从碳素铬铁渣中回收铬矿及金属的试验研究 [J]. 铁合金, 1997 (6)：25-29.

[33] 马国军, 倪红卫, Garbers-Craig A M. 铬铁合金电炉烟尘的性质及形成机理研究 [J]. 武汉科技大学学报（自然科学版）, 2006, 29 (5)：443-445.

[34] 汪发红, 刘连新. 铬铁渣的类型及应用探索性研究 [J]. 混凝土与水泥制品, 2017 (8)：24-27.

[35] Jena S, Panigrahi R. Performance assessment of geopolymer concrete with partialreplacement of ferrochromium slag as coarse aggregate [J]. Construction and Building Materials, 2019, 220 (30)：525-537.

[36] Karhu M, Talling B, Piotrowska P, et al. Ferrochromium slag feasibility as a raw material in refractories: Evaluation of thermo-physical and high temperaturemechanical properties [J]. Waste and Biomass Valorization, 2020, 11 (12)：7147-7157.

[37] 马国军, 薛正良, 程常桂. 铬铁合金厂固体废弃物的特性及处理技术 [J]. 铁合金, 2009, 40 (2)：40-46.

[38] 冯泽成, 赵惠忠, 韩欢师, 等. 高碳铬铁渣制备镁橄榄石-尖晶石复相材料的性能研究 [J]. 耐火材料, 2021, 55 (6)：491-497.

[39] Das B, Mohanty J K, Reddy P S R, et al. Characterisation and beneficiation studies of charge chrome slag [J]. Scandinavian Journal of Metallurgy, 1997, 26：153-157.

[40] Lind B B, Fallman A M, Larsson L B. Environmental impact of ferrochrome slag in road construction [J]. Waste Management, 2001, 21：255-264.

[41] 张潇, 水中和, 汪发红. 以硅铬渣为细骨料的混凝土性能研究 [J]. 混凝土与水泥制品, 2016 (3)：13-16.

[42] 霍冀川, 赵新玉, 卢忠远. 微铬渣作水泥混合材的研究 [J]. 西南工学院学报, 2000 (1), 50-52.

[43] 刘柏杨, 马力强, 杨玉飞, 等. 铬铁渣重金属浸出特性及环境风险研究 [J]. 环境工程技术学报, 2016, 6 (4)：407-412.

[44] Berryman E J, Paktunc D. Cr (Ⅵ) formation in ferrochrome-smelter dusts [J]. Journal of Hazardous Materials, 2022, 422：126873.

[45] Ma GJ, Garbers-Craig A M. Cr (Ⅵ) containing electric furnace dusts and filter cake from a stainless steel waste treatment plant: Part 2-Formation mechanisms and leachability [J]. Ironmaking and Steelmaking, 2006, 33 (3)：238-244.

[46] Shen HT, Forssberg E, Nordstrom Ulf. Physicochemical and mineralogical properties of stainless steel slags oriented to metal recovery [J]. Re-source Conservation &. Recycling, 2004, 40 (3)：245-271.

[47] 操龙虎. 不锈钢渣的污染性分析及其处理方法 [J]. 炼钢, 2019, 35 (2)：75-78.

[48] 吴春丽, 谢红波, 陈哲, 等. 不锈钢渣理化性质分析与应用研究 [J]. 硅酸盐通报, 2018, 37 (4)：1225-1230.

[49] 兰树伟, 张志伟, 洪奥越, 等. 不锈钢渣资源综合利用研究现状 [J]. 冶金工程, 2019, 6 (1)：34-39.

[50] Adegoloye G, Beaucour A L, Ortola S, et al. Mineralogical composition of EAF slag and stabilised AOD slag aggregates and dimensional stability of slag aggregate concretes [J]. Construction and Building Materials, 2016, 115: 171-178.

[51] Adegoloye G, Beaucour A L, Ortola S, et al. Concretes made of EAF slag and AOD slag aggregates from stainless steel process: Mechanical properties and durability [J]. Construction and Building Materials, 2015, 76: 313-321.

[52] 彭兵, 彭及. 不锈钢电弧炉粉尘的物理化学特性及形成机理探讨 [J]. 北方工业大学学报, 2003 (1): 34-40.

[53] Guézennec A G, Huber J C, Patisson F, et al. Dust formation in electric arc furnace: Birth of the particles [J]. Powder Technology, 2005, 157 (1-3): 2-11.

[54] 许亚华. 电炉粉尘的处理和综合利用 [J]. 钢铁, 1996 (6): 42, 66-69.

[55] Nolasco-Sobrinho P J, Espinosa D C R, Tenorio J A S. Characterization of dusts and sludges generated during stainless steel production in Brazilian industries [J]. Ironmaking and Steelmaking, 2003, 30 (1): 11-17.

[56] 马国军, 翁继亮, 薛正良, 等. 不锈钢电炉烟尘的环境浸出行为研究 [J]. 过程工程学报, 2009, 9 (1): 254-257.

[57] 魏芬绒, 张延玲, 魏文洁, 等. 不锈钢粉尘化学组成及其 Cr、Ni 存在形态 [J]. 过程工程学报, 2011, 11 (5): 28-35.

[58] Laforest G, Duchesne J. Characterization and leachability of electric arc furnace dust made from remelting of stainless steel [J]. Journal of Hazardous Materials, 2006, 135 (1): 156-164.

[59] Lobel J, Peng B, Kozinski J A, et al. Pilot-scale direct recycling of flue dust generated in electric stainless steelmaking [J]. Iron & Steelmaker, 2000, 27 (1): 41-45.

[60] Sofilic T, Mioc A R, Stefanovic S C, et al. Characterization of steel mill electric-arc furnace dust [J]. Journal of Hazardous Materials, 2004, 109 (1-3): 59-70.

[61] 高亮. 不锈钢酸洗废水处理中的污泥减排技术 [J]. 中国给水排水, 2009, 25 (10): 83-86.

[62] 赵由才, 牛冬杰, 柴晓利. 固体废物处理与资源化 [M]. 北京: 化学工业出版社, 2012.

[63] 房金乐, 杨文涛. 不锈钢酸洗污泥的处理现状及展望 [J]. 中国资源综合利用, 2014, 32 (11): 24-28.

[64] Li X M, Mousa E, Zhao J X, et al. Recycling of sludge generated from stainless steel pickling process [J]. Journal of Iron and Steel Research International, 2009, 16: 480-484.

[65] 钱跃进, 任海军. 含铬耐火材料的应用及前景 [J]. 洛阳理工学院学报 (自然科学版), 2007, 17 (5): 6-9.

[66] Xia B, Yang L, Huang H, et al. Chromium (Ⅵ) causes down regulation of biotinidase in human bronchial epithelial cells by modifications of histone acetylation [J]. Toxicology Letters, 2011, 205 (2): 140-145.

[67] 栗卓新, 白建涛, Tillmann W. 不锈钢焊接烟尘中 Cr(Ⅵ) 的研究进展 [J]. 北京工业大学学报, 2014, 40 (11): 1751-1758.

［68］ Chen J, Jiao F, Zhang L, et al. Use of synchrotron XANES and Cr-doped coal to further confirm the vaporization of organically bound Cr and the formation of chromium（V）during coal oxy-fuel combustion ［J］. Environmental Science & Technology, 2012, 46（6）: 3567-3573.

［69］ Tetsunao I, Kangawa F S. Stainless steel flux cored wired: EP, 2361719 ［P］. 2011-8-31.

［70］ Kimura S, Kobayabhi M, Godai T, et al. Investigations on chromium in stainless steel welding fumes ［J］. Welding Journal, 1979, 58（7）: 195-203.

［71］ 栗卓新, 高丽脂, 李国栋. 不锈钢焊接烟尘中 Cr(Ⅵ)及环保型焊材的研究进展 ［J］. 中国材料进展, 2013, 32（4）: 249-253.

2　铬矿选矿尾矿处理与利用

铬矿经采选得到各种品级的矿产品，可满足不同工业应用领域的生产需要。在铬矿选矿过程中不可避免的会产生大量的尾矿，铬矿选矿尾矿的处理利用是目前亟须解决的关键问题之一。

2.1　铬　矿　物

2.1.1　铬的工业矿物

自然界中没有纯铬，已发现的含铬矿物有 50 余种，主要有氧化物类、铬酸盐类和硅酸盐类，还有少数氮化物和硫化物。其中铬酸盐类含铬矿物多见于超基性岩体的地表氧化带，硅酸盐类含铬矿物多见于超基性岩体的接触带、变质带、蚀变带和地表氧化带，硫化铬和氮化铬矿物只见于陨石中。大部分含铬矿物中铬含量较低，分布较分散，工业利用价值较低。工业上广泛使用的含铬矿物都是铬尖晶石亚族矿物，属于氧化物类含铬矿物，其矿物结构式为 $(Mg, Fe)(Cr, Al, Fe)_2O_4$ 或 $(Fe, Mg)O(Cr, Al, Fe)_2O_3$，包括 Cr_2O_3、Al_2O_3、FeO、MgO 和 Fe_2O_3 等 5 种基本成分，其中 Cr_2O_3 含量在 18%~62%。按铬矿石 Cr_2O_3 品位和铬铁比可将铬矿石分为富铬矿石和贫铬矿石，我国规定富铬矿石的 $w(Cr_2O_3) \geqslant 32\%$、$w(Cr_2O_3)/w(FeO) > 2.5$，贫铬矿石的 $w(Cr_2O_3)$ 在 12%~32%。此外，原生富矿中允许有害杂质 $w(SiO_2) \leqslant 8\%$、$w(P) \leqslant 0.07\%$、$w(S) \leqslant 0.05\%$。有工业价值的铬矿物主要有铬铁矿、铝铬铁矿、高铁铬铁矿和富铬尖晶石等。

（1）铬铁矿。铬铁矿为等轴晶系，八面体晶类，黑色粒状集合体，是铬铁矿亚族中的一种，化学式为 $FeO \cdot Cr_2O_3$。在铬铁矿的化学组成中，三价阳离子以 Cr^{3+} 为主，二价阳离子 Mg^{2+} 和 Fe^{2+} 被完全类质同象代替，可分为镁铬铁矿、铁镁铬铁矿、镁铁铬铁矿和铁铬铁矿，这 4 种铬铁矿中 Mg^{2+} 和 Fe^{2+} 的占比如表 2.1 所示。其中镁铬铁矿和铁铬铁矿极少见，通常所说的铬铁矿物多指镁铁铬铁矿和铁镁铬铁矿。此外，铬铁矿物中广泛存在 Cr^{3+} 被 Al^{3+} 和 Fe^{3+} 替代的现象，替代量不超过 1/3，且随着 Al^{3+} 替代数量的增加，Fe^{3+} 的替代量有限。铬铁矿的比重随着 Al^{3+} 替代量的增加而减小，随着 Fe^{3+} 和 Fe^{2+} 替代量的增加而增加，铁镁铬铁矿的比重为 5.09，镁铬铁矿的相对密度为 4.43。

表 2.1 各类型铬铁矿中 Mg^{2+} 和 Fe^{2+} 的占比

阳离子	镁铬铁矿	铁镁铬铁矿	镁铁铬铁矿	铬铁铁矿
Mg^{2+}	$0.75 \sim 1$	$0.75 \sim 0.5$	$0.5 \sim 0.25$	$0.25 \sim 0$
Fe^{2+}	$0 \sim 0.25$	$0.25 \sim 0.5$	$0.5 \sim 0.75$	$0.75 \sim 1$

（2）铝铬铁矿。铝铬铁矿产于富铝的超基性岩中，如二辉橄榄岩、斜方辉橄榄岩等。与铬铁矿不同的是铝铬铁矿的三价阳离子中 Al^{3+} 替代 Cr^{3+} 的数量在 $1/3 \sim 1/2$ 之间，仍以 Cr^{3+} 为主，可分为铝铁镁铬铁矿（$(Mg,Fe)(Cr,Al)_2O_4$）和铝镁铬铁矿（$(Fe,Mg)(Cr,Al)_2O_4$）。铝铬铁矿为等轴晶系，六八面体晶类，粒状集合体，半金属光泽，硬度大于 5.5，相对密度在 $4.19 \sim 4.448$ 之间。

（3）高铁铬铁矿。高铁铬铁矿产于纯橄榄岩和斜方辉橄岩中，其三价阳离子中 Fe^{3+} 替代 Cr^{3+} 的数量在 $1/3 \sim 1/2$ 之间，仍以 Cr^{3+} 为主。在二价阳离子中，Mg^{2+} 替代 Fe^{2+} 不超过 $1/4$，仍以 Fe^{2+} 为主。高铁铬铁矿为等轴晶系，六八面体晶类，呈黑色粒状集合体，具有金属光泽，硬度为 5.5，相对密度为 4.73。

（4）富铬尖晶石。富铬尖晶石的三价阳离子中有更多 Cr^{3+} 替代尖晶石中的 Al^{3+}，二价阳离子中有更多的 Fe^{2+} 替代 Mg^{2+}，甚至超过 $3/4$。富铬尖晶石中的 Cr_2O_3 含量可达到工业应用要求。

2.1.2 铬矿的物化特征

全球铬矿资源主要分布在南非、津巴布韦、哈萨克斯坦、芬兰和印度等国家。我国铬矿主要分布在西藏、新疆、青海、甘肃等几个西部边远地区。表 2.2 为国内外主要铬产地所产铬铁矿的化学组成。由表 2.2 可见，各地的铬铁矿化学组成差异极大，特别是其中的 Cr_2O_3、FeO、MgO、Fe_2O_3 和 Al_2O_3，波动很大，Cr_2O_3 含量（质量分数）高者可达 64.8%，而含量低者仅为 31.04%。表征天然铬铁矿质量的重要标志性参数 Cr/Fe 比相差也悬殊，高者可达 4.52，低者仅为 0.52。国内存在 Cr_2O_3 含量达 55.19% 的铬矿，但整体品位偏低。南非铬矿中 Cr_2O_3 平均含量为 45.91%，Cr/Fe 为 1.53，铬铁比低，其他脉石成分相对较少，适合用于冶金行业。津巴布韦铬矿中 Cr_2O_3 平均含量为 57.8%，Cr/Fe 为 4.07，其他杂质较低，具有较高的工业价值。

铬矿物化学组成和晶体结构的差异对其物理化学性质有明显影响，如相对密度、比导电系数、比磁化系数、光学特性和零电点等。其中，铬矿石中所含 FeO 含量增加会使其相对密度增大，同时其反射率也增大，如表 2.3 所示。

世界各地铬铁矿的比磁化系数如表 2.4 所示，铬铁矿的比磁系数为 $(2.5 \sim 5.0) \times 10^{-5}$ cgsm，属于弱磁性矿物，但伴生的脉石（如橄榄石和蛇纹石）的比磁化系数更低。因此，可以通过强磁型选矿机将脉石和有用矿石分离。铬矿磁性可以为用弱磁、强磁分离铬矿物时选择永磁体提供指导。为了获得高的铬铁比，可利用强磁磁场将磁感矿物减小到最低。在磁场的作用下，铬矿粒受到磁力作用被磁体依附。但是磁场强度增加到一定程度后，得到的铬矿石品位会下降，这是因为脉石也会被磁力吸附。

表 2.2　国内外主要铬产地所产铬铁矿的化学组成

产　地		化学成分/%							
		$w(Cr_2O_3)$	$w(Fe_2O_3)$	$w(FeO)$	$w(MgO)$	$w(Al_2O_3)$	$w(SiO_2)$	$w(CaO)$	Cr/Fe
国内	甲地	55.19	4.90	18.60	9.26	8.69	0.62	0.45	2.27
	乙地	44.12	11.54	25.45	6.79	15.01	—	—	1.17
	丙地	45.70	10.20	9.9	—	19.08	—	—	2.70
	丁地	31.04	33.86	26.42	1.99	0.67	0.12	0.07	0.52
国外	南非	45.91	6.13	20.71	10.90	14.47	1.72	—	1.53
	印度	54.77	—	16.57	11.47	10.31	3.65	0.32	2.91
	巴基斯坦	46.16	—	14.15	16.17	10.40	6.64	1.32	2.87
	哈萨克斯坦	44.4	—	11.50	22.70	6.10	10.70	0.19	3.40
	津巴布韦	57.8	—	12.50	15.80	9.20	4.10	0.60	4.07
	芬兰	33.6	—	17.50	18.20	11.70	11.60	1.40	1.69
	土耳其	33.14	—	9.08	24.97	8.54	14.11	0.40	3.21
	菲律宾	64.80	—	15.10	15.10	6.00	0.74	—	4.52
	伊朗	48.83	4.05	10.60	15.69	9.14	6.72	2.26	3.01

表 2.3　FeO 的含量与铬铁矿密度和反射率的关系

$w(FeO)/\%$	反射率/%	$n\lambda = 589.3$	晶胞参数 $d_0 \pm 0.005/nm$	密度/g·cm^{-3}
31.1	11.6	2.04	0.8257	4.37
31.9	11.5	2.03	0.8253	4.45
35.3	12.3	2.08	0.8254	4.39
35.4	12.4	2.09	0.8257	4.48
39.5	12.8	2.11	0.8256	4.60
42	12.3	2.08	0.8278	4.61
50	13.3	2.15	0.83	4.72

表 2.4　世界各地铬矿的比磁化系数

产　地	伴生矿物	比磁化系数/cgsm
加拿大	绿泥石、蛇纹石	28.07×10^{-6}
蒙大拿	橄榄石、透辉石	30.30×10^{-6}
阿扎尼亚	绿泥石、透辉石	28.65×10^{-6}

产地	伴生矿物	比磁化系数/cgsm
巴基斯坦	橄榄石、石英、绿泥石	27.34×10^{-6}
澳大利亚	绿泥石	25.62×10^{-6}
巴基斯坦（79号矿）	蛇纹石、绿泥石、方解石	27.34×10^{-6}
土耳其	绿泥石	29.04×10^{-6}
芬兰	蛇纹石、磁铁矿	$40 \times 10^{-6} \sim 60 \times 10^{-6}$

铬矿物化学组成的差异也影响着其可浮性，尤其是其表面电化学特性，如零电点，世界各地铬铁矿的零电点见表2.5。

表2.5　世界各地铬铁矿的零电点

产　地	零电点（pH）
前苏联	7.7
古巴	7.4
阿尔巴尼亚	7.2
土耳其	7.1
美国	7.0

铬矿石由造矿矿物铬尖晶石和脉石矿物组成，铬尖晶石以各种空间方式镶嵌在铬矿物中。铬尖晶石的镶嵌特性差别较大，如伟晶>5mm、粗粒2~5mm、中粒1~2mm、细粒0.5~1mm和微粒<0.5mm均可见，常见的为中细粒和中粗粒。铬尖晶石的空间分布形式有聚粒、粒状和致密集合结构。铬尖晶石在不同矿床中结晶形态和浸染状态也不同，有的颗粒周围镶有磁铁矿，环状边缘宽窄不一，有的存在岩裂隙。各地区铬矿石的浸染状态不同，可能呈现稠密浸染、中等浸染、稀疏浸染等状态，也可能有条带状、网状、斑状和瘤状等多种状态。铬铁矿石选矿时需注意铬铁矿的形态特征差异对选矿工艺的影响，铬铁矿中脉石的特性也会使矿石在初次筛选时较为复杂。目前普遍认为，铬铁矿石的纯度和 Cr/Fe 比、铬铁矿石与其他脉石的单体解离度，以及其他脉石的种类和数量是影响铬铁矿石物理选别难度的主要因素。

铬矿石不易溶解于醋酸和硼酸等弱酸溶液中，也不溶于 1：1HCl、1：1HNO$_3$、1：1H$_2$SO$_4$ 和氢氟酸中，但能溶于比例为 1：1 的磷酸和硫酸的混酸中。在低温煅烧状态下，铬铁矿会脱水，颜色由黑褐色变为蓝黑色；在高温下，铬铁矿石可与纯碱或过氧化钠相互作用，将 Cr^{3+} 转化为 Cr^{6+}。铬铁矿石的这些化学特性是其在选矿中的基础。

铬矿物是由各种高熔点尖晶石相（$FeO \cdot Cr_2O_3$、$Al_2O_3 \cdot Cr_2O_3$、$FeO \cdot Al_2O_3$、

$MgO \cdot Al_2O_3$、$MgO \cdot Fe_2O_3$、$FeO \cdot Fe_2O_3$）按照不同比例形成的固溶体。表 2.6 为几种尖晶石生成反应的 $\Delta G^{\ominus}$。可以看出，在 1600℃ 下，尖晶石相中稳定性由强到弱依次为 $MgO \cdot Al_2O_3$、$FeO \cdot Cr_2O_3$、$FeO \cdot Al_2O_3$、$MgO \cdot Fe_2O_3$。铬矿尖晶石种类和数量越多，铬矿中铁将越难被还原，而氧化镁含量越多，也会导致氧化铬的还原难度增大，这是因为氧化镁和氧化铝易生成致密难熔的镁铝尖晶石反应层，阻止还原反应的进一步进行。加速铬矿熔解的有效方法是在渣中加入助熔剂，如常见的 CaF_2 等。在实际生产中，要求铬矿中铁和铬的含量较高，而脉石主要成分 Al_2O_3 和 MgO 要低，S、P 含量较少。在保持合铬量高的情况下，Cr/Fe 比要低（即含铁高），含铁高的铬铁矿熔化温度低、还原性好。

表 2.6　几种尖晶石生成反应的 $\Delta G^{\ominus}$

化学反应	$\Delta G^{\ominus}/\mathrm{kJ \cdot mol^{-1}}$	1600℃ 下 $\Delta G^{\ominus}/\mathrm{kJ \cdot mol^{-1}}$
$FeO + Cr_2O_3 \longrightarrow FeO \cdot Cr_2O_3$	$-52700 + 8.00T$	-37.72
$MgO + Cr_2O_3 \longrightarrow MgO \cdot Cr_2O_3$	$-42900 + 7.11T$	-29.58
$MgO + Al_2O_3 \longrightarrow MgO \cdot Al_2O_3$	$-35600 - 2.09T$	-39.52
$FeO + Al_2O_3 \longrightarrow FeO \cdot Al_2O_3$	$-25200 - 4.80T$	-34.19
$MgO + Fe_2O_3 \longrightarrow MgO \cdot Fe_2O_3$	$-19250 - 2.01T$	-23.02

2.2　铬矿选矿方法

铬矿选矿方法取决于矿床的矿物特征、脉石矿物组合和组成矿物的分散程度。目前常用的铬矿选矿方法可分为物理选矿和化学选矿，主要有重选法、磁（电）选法、浮选法、化学法。由于铬矿石密度大且多成块状、条状和斑状粗粒浸染，目前实际生产中主要采用摇床、跳汰等重选法。

2.2.1　重选法

重选法因其生产成本低、对环境污染小而受到重视。它利用被分选的矿物颗粒之间的特性差异，如相对密度、形状、相对运动速度，使有用矿石与其他脉石分离。待分选物料在分选设备上因重力、流体浮力、流体动力、惯性或其他机械力的作用下松散，进而使不同密度的颗粒发生分层，分层后的物料或是在机械力的作用下分别排除，或是密度不同的颗粒由于自身运动轨迹的差异而分别截取，从而实现分选。铬铁矿重选设备中，跳汰机和摇床是最常用的设备，跳汰机适用于处理粗、中粒度铬铁矿石，摇床适用于细粒铬铁矿石。在铬铁矿重选厂中，跳汰机和摇床联合使用可以获得最佳的选矿效果和选矿指标。

重选法存在的主要困难有：（1）铬铁矿易碎，在破碎过程中会产生大量难以用重选方法回收的细粒级铬铁矿；（2）铬铁矿粒度差异很大，导致需采用多种不同的重选设备（如跳汰机、摇床和螺旋选矿机等）构成复杂的工艺流程才能取得较好的选别效果。

石贵明等对国外某块状铬铁矿原矿（Cr_2O_3 品位为 28.43%，铁品位为 9.23%）进行物理分选探索试验，研究铬铁矿在不磨细条件下进行强磁选、重选跳汰、重选摇床试验，摇床磨矿细度试验，重选中矿回收试验，重选尾矿强磁选回收铬铁矿试验，螺旋溜槽重选粗选—重选中矿摇床精选试验及实验室扩大试验等，发现采用螺旋溜槽粗选抛尾—粗精矿摇床精选再选的工艺流程，可获得铬精矿产率为 45.59%、Cr_2O_3 品位为 51.37%、Cr_2O_3 回收率为 82.38% 的选别指标，精矿产品里有害杂质硫、磷和二氧化硅含量不超标，分别为 0.003%、0.011% 和 4.78%，Cr_2O_3/FeO 为 9.80，完全能达到冶金用铬精矿工业指标要求。

阎赞等采用"重选前分级—两段螺旋溜槽—粗细分级—两段摇床"工艺流程（如图 2.1 所示）处理某低品位微细粒铬铁矿，Cr_2O_3 品位较低（6.82%）且泥化现象严重，最终可以获得含 49.2% Cr_2O_3、回收率为 54.39% 的精矿。尾矿中 TFe 品位为 43.11%，回收率为 94.74%。对最终尾矿中的铁进行回收，经过两段强磁选试验，所得精矿中 TFe 品位为 45.25%，回收率为 27.51%。

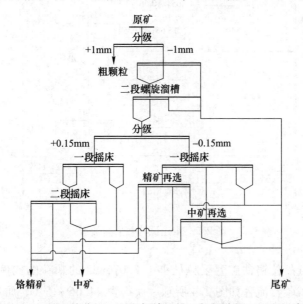

图 2.1 重选前分级—两段螺旋溜槽—粗细分级—两段摇床

包钢矿山研究所选矿室对索伦山铬铁矿矿石进行过重力选矿的试验研究，含 24.76% Cr_2O_3（质量分数）的原矿经如图 2.2 所示工艺流程，得到 Cr_2O_3 品位为 41.55%，回收率为 87.91% 的精矿。

针对南非某铬铁矿原矿 Cr_2O_3 质量分数为 40.37%、嵌布粒度粗的特点，采用高压辊磨闭路循环，粒径小于 2mm 的产品直接用螺旋溜槽重选，再经摇床分选工艺流程（如图 2.3 所示）。可分别得到含 50.64% Cr_2O_3（质量分数）、回收率为 50.69% 和含 48.36% Cr_2O_3（质量分数）、回收率为 17.90% 两种铬精矿，选别指标良好。

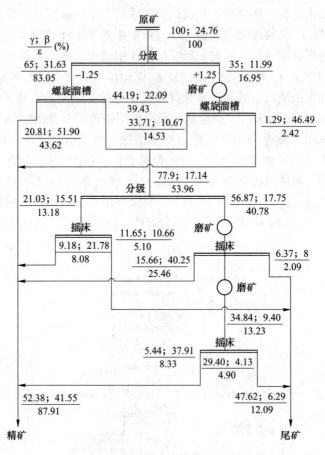

图 2.2　重选试验数质量流程

将印尼某低品位铬铁矿磨至粒径小于 0.076mm 的颗粒的比例占 65%，进行螺旋溜槽重选试验，流程如图 2.4 所示。获得含 44.66% Cr_2O_3（质量分数）、回收率为 40.31% 的铬精矿，产品质量达到冶金用铬精矿工业指标要求。

通过采用筛分分级—粗粒摇床重选—细粒螺旋溜槽重选—中矿再磨螺旋溜槽重选工艺流程（如图 2.5 所示），可获得 Cr_2O_3 品位为 44.89%、回收率为 10.01% 的粗粒精矿和 Cr_2O_3 品位为 46.45%、回收率为 83.17% 的细粒精矿，选别指标较好，达到了当地合金厂的产品质量要求。

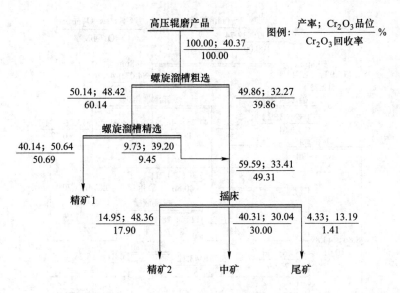

图 2.3 重选数质量流程

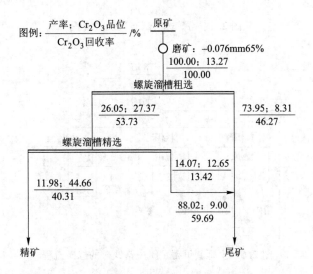

图 2.4 矿样—磨矿—重选数质量流程

土耳其贝蒂·凯夫铬铁矿的选矿流程如图 2.6 所示。矿石经自磨，自磨机与 0.85mm 筛孔的筛分机闭路工作，筛下产物经水力分级机分为三种产物，即 -0.925+0.197mm、-0.197+0.074mm 和 -0.074mm，筛下产物经水力旋流器脱泥后分别送威尔福雷摇床选别，产出耐火材料级精矿。其实验室试验与工业实践表明，自磨后床选较棒磨后床选的指标高。

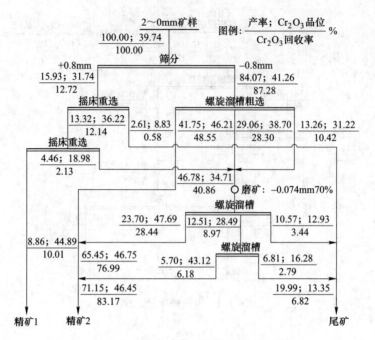

图 2.5　铬矿选矿试验数质量流程

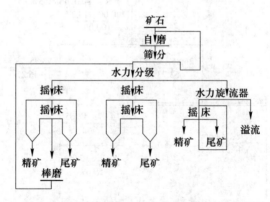

图 2.6　土耳其贝蒂·凯夫铬铁矿的选矿流程

2.2.2　磁（电）选

　　磁选法利用矿石的磁吸原理，让原矿石经过永磁体或电磁体表面，借助矿物在外磁场作用下根据矿物间的磁化强度的不同来实现分选。物料进入磁选机的非均匀磁场中，颗粒同时受到磁力和阻力的作用，其阻力为重力和摩擦力的合力。对于磁性较强的颗粒，磁力超过阻力。对于磁性较弱或非磁性颗粒，磁力弱于阻力。两者的合力决定了颗粒的运动轨迹。磁力占优势的颗粒成为磁性产品；阻力占优势的颗粒成为非磁性产品。

电选法基于被分离物料在电性质上的差异，利用电选机使物料颗粒带电，在电场中颗粒受到电场力和机械力（重力、离心力）的作用，不同带电性的颗粒运动轨迹发生差异而使物料得到分选。入选物料经干燥后进入电场使导体和非导体都能吸附负电荷，负电荷全部放完后又得到正电荷被滚筒排斥，在电力、重力和离心力的作用下，其轨迹偏离滚筒进入导体产品区。非导体颗粒进入电场后，由于剩余电荷多，在静电场中产生的吸力大于矿粒的重力和离心力，吸附于滚筒上面，直至被刷下后进入非导体产品区。

世界上第一个采用磁选法处理铬矿石的是芬兰的凯米选矿厂，该厂采用 5 台琼斯高场强磁选机，选出含 45% ~ 47% Cr_2O_3（质量分数，下同）的精矿供作铸砂原料和含 42% ~ 44% Cr_2O_3 精矿用于铬铁厂，磁选回收率超过 90%。南斯拉夫拉杜沙选矿厂采用重-浮-磁联合流程处理原矿含 31.68% Cr_2O_3 的铬矿石，采用"得约沙"高场强磁选机可使选厂的总回收率达到 97%。

对高铁铬矿先进行弱选回收磁铁矿、后采用强磁选回收铬铁矿，磁选试验流程如图 2.7 所示。发现选矿的关键在于铬铁矿、磁铁矿和脉石矿物三者之间的磁性差异，磁场强度是影响选别指标的主要因素，原矿无需磨矿。在弱磁选磁场强度为 0.12T、滚筒转速为 50r/min 时，可以获得 TFe 品位为 55.89%、回收率为58.71% 的磁铁矿；弱磁选尾矿经磁场强度为 0.9T 的强磁选，所得铬精矿 Cr_2O_3品位为 41.43%、回收率为 79.31%，实现了铬铁矿与磁铁矿的综合利用。

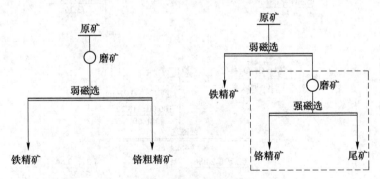

图 2.7 磁选试验流程

对阿尔巴尼亚库克斯铬铁矿采用磁选，工艺流程如图 2.8 所示。强磁选工艺抛尾量大，尾矿品位低，通过一粗一扫强磁选，最终可获得了精矿 Cr_2O_3 品位为47.61%、回收率为96.26%的精矿。

采用分级—干式强磁选和磨矿—强磁选—弱磁选除铁工艺处理印尼某低品位铬铁矿，工艺流程如图 2.9 所示。采用分级、干式强磁选工艺对 Cr_2O_3 品位为13.24% 的矿样进行选别，可获得 Cr_2O_3 品位为 22.36%、回收率为 26.74% 的铬精矿。采用磨矿、强磁选、弱磁选除铁工艺对 Cr_2O_3 品位为 13.22% 的矿样进行选别，可获得 Cr_2O_3 品位为 25.40%、回收率为 60.29% 的铬精矿。

以四川大槽低品位含铬矿石（Cr_2O_3 平均含量为 8.57%）为研究对象，采用强磁—摇床—中矿再磨—强磁—摇床选矿工艺流程（如图 2.10 所示）不但可获得含 40.75%Cr_2O_3、回收率为 78.53% 的铬精矿，而且可抛去产率为 33% 左右的尾矿，减少摇床台数，节省用地面积和生产成本。

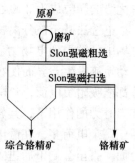

图 2.8　强磁试验流程

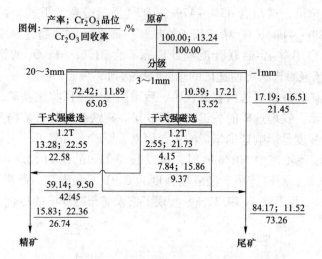

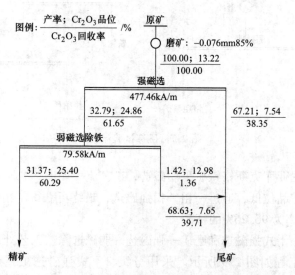

图 2.9　分级—干式强磁选和磨矿—强磁选—弱磁选除铁工艺

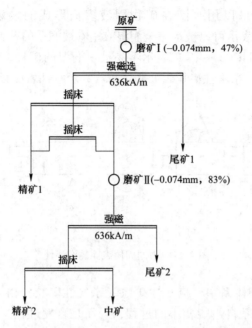

图 2.10 强磁—摇床—中矿再磨—强磁—摇床工艺流程

重-电选别流程可以获高品位铬精矿，例如含 39.85% Cr_2O_3 床选精矿经电选后得到含 50.31% Cr_2O_3、回收率为 95.6% 的精矿。森栋隆弘用电选处理日本北海道的铬铁矿，原矿含 5.5% Cr_2O_3，得到含 46% Cr_2O_3、回收率为 88% 的精矿。对美国俄亥冈州的铬铁矿砂矿（含 10%~20% Cr_2O_3），用重选、重-磁和重-磁-电选试验，结果以重-磁-电联合流程为最佳，得到含 42.1% Cr_2O_3、回收率为 92.6% 的精矿。1977 年美国矿务局研制一种利用电介特性的连续分选矿物的装置，将铬铁矿石品位由 43% 提高到 72%，回收率为 90%。克盆诺夫等研究了铬矿石的摩擦电性与摩擦电选（铬铁矿与蛇纹石），将矿石预热到 170℃ 时，铬铁矿的导电率无明显变化，但蛇纹石导电率明显下降，然后用电选将两种矿物分离。

2.2.3 浮选法

重选法虽已广泛用于铬铁矿的选别，但这种方法不能回收粒级在约 100μm 以下的颗粒。对细粒浸染的矿石，从细粒级中的回收特别重要。浮选法是选别微细粒级铬铁矿的方法。如南斯拉夫的拉杜莎选矿厂采用浮选法，从含 30.86% Cr_2O_3 的铬矿石中，获得产率为 46.4%、品位为 54%、回收率为 80% 的精矿。浮选法根据矿物表面的物理化学性质（特别是表面润湿性）的差异，在固-液-气三相界面选择性地富集一种或几种目的矿物。尤其是对 20~200μm 的矿物，浮选法更为有效。

　　润湿程度通常可以用水滴在矿物固液表面形成的接触角 θ 来表示。图
2.11（a）和（b）表示可以被水完全润湿或基本被润湿的颗粒，此时 $\theta<90°$，属
于亲水矿粒。图 2.11（c）~（e）表示不易被水润湿的矿粒，此时 $\theta\geqslant90°$，属于
疏水性矿粒。相反，亲水性矿粒表面必然疏气，疏水性表面必然亲气。

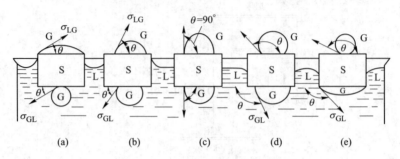

图 2.11　不同固体表面的润湿性

　　在固-液-气三相体系中，疏水性矿粒（亲气性矿粒）由固-液接触面转变为
固-气接触面，是体系自由能变小的过程，因而是自发过程。疏水矿粒可以黏附
于气泡上，使矿粒上浮。相反，亲水性矿粒不会黏附于气泡上，因而下沉为槽内
产品。浮选过程要求矿物具有一定的疏水性，一般要求接触角应为 $50°$ ~ $75°$。自
然界中天然的疏水性矿物不多，常通过添加特定的浮选药剂的方法来扩大不同矿
粒的润湿性差异。各种浮选药剂的主要作用如下：（1）捕获剂：分子结构一端
是亲矿基团，另一端是烃链疏水基团，主要作用是使目标矿物疏水，增加可浮
性，使其易于向气泡附着；（2）起泡剂：主要作用是促使泡沫形成，增加分选
界面；（3）调整剂：主要作用是调整捕获剂的作用及介质条件，使目标矿物与
捕收剂作用的为活化剂，抑制非目标矿物可浮性的为抑制剂，调整介质 pH 值的
为 pH 调整剂。

　　浮选法常用的捕收剂有可可伯胺醋酸盐、油酸、塔尔油、十二烷基氯化铵、
C_{16} ~ C_{18} 混合胺、N-油酸氨基吗啉氯代醇、糖质酸的二烯丙基甲醇加合物等。用
糖质酸的二烯丙基甲醇加合物选别含 $26\%\,Cr_2O_3$ 的铬矿石（脉石为蛇纹石），可
得含 $46\%\,Cr_2O_3$，回收率为 94.1% 的精矿。

　　在较低品位的铬矿石中，造矿矿物和脉石矿物之间具有细粒嵌布结构，需要
细磨才能使有用矿物单体解离，采用浮选法会产生大量的矿泥。用阳离子捕收剂
在碱性矿浆中浮选铬矿时，预先脱出的细泥中铬矿的损失很大，损失率甚至高达
40%，且浮选药剂耗量太大、成本高。矿泥受各种物质的抑制，对铬铁矿石进行
优先浮选，采用氟化物离子和阴离子（脂肪酸）捕收剂，对矿砂、重选厂尾矿
以及其他脱泥矿石有效，对脉石而言，还需另加分散抑制剂。铬铁矿浮选工艺研
究中的问题之一，是矿石本身的变化。由于脉石组成以及铬尖晶石组成的不同，

对一种矿石研制的方法，对其他来源的矿石不一定取得最佳效果。

浮选铬矿流程如图 2.12 所示。发现用阴离子捕收剂在碱性介质中不预先脱泥，优先浮选铬铁矿只有 pH 在 11.0~11.5 之间，矿浆经预先分散后，添加致甲基纤维素选择絮凝脉石矿物才行。分散剂和絮凝剂的浓度是浮选过程的主要参数。当分散剂和絮凝剂的耗量小于适宜耗量时，浮选过程的选择性变差，精矿质量也受影响。矿浆中分散剂和絮凝剂过量，铬铁矿的回收率下降。在选别铬矿石时，应根据具体情况来确定这两种药剂的适宜耗量或浓度。

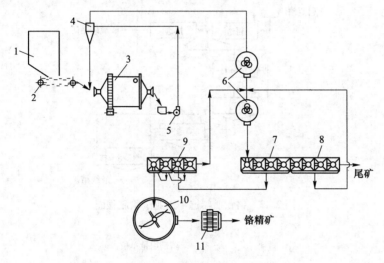

图 2.12　浮选铬矿流程图

1—矿仓；2—板式给矿机；3—球磨机；4—水力旋流器；5—砂泵；6—搅拌槽；

7—粗选；8—扫选；9—精选；10—浓密机；11—过滤机

加拿大 P. R. A. 安德鲁斯对产自加拿大马尼托巴省伯德里弗的低品位铬铁矿石进行浮选，流程如图 2.13 所示。采用 Aramc C（椰子油胺的醋酸盐）作捕收剂，硫酸作 pH 值调整剂，在 pH=2 条件下，浮选效果最好。为解离矿物，矿石需要磨至 150μm 以下。用顶先脱泥的方法，可使浮选的选择性明显提高。含 6.05%Cr_2O_3 的矿石经三段精选，可获得 24.2%Cr_2O_3、回收率为 90.2% 的精矿。

采用如图 2.14 所示的磁选和浮选联合工艺，先利用弱磁选将矿样中的强磁性矿物脱除，回收磁铁矿；再对弱磁选尾矿进行湿式强磁场磁选试验，获得 Cr_2O_3 品位为 42.37%，回收率为 81.34% 的铬精矿。

2.2.4　化学选矿

采用化学选矿是为了提高物理法产出的精矿中 Cr/Fe 比，还可以直接处理某些不能用物理法处理或用物理法处理不经济的铬矿石。物理化学联合法和用化学

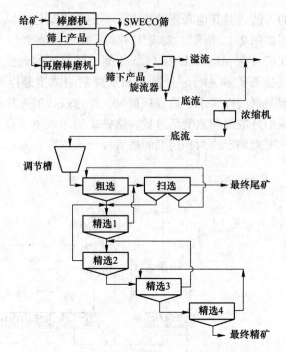

图 2.13　铬铁矿浮选半工业试验流程图

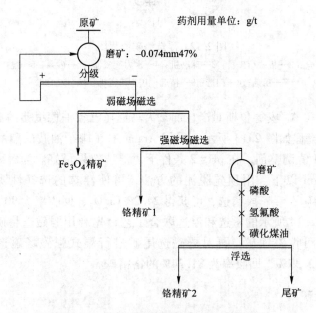

图 2.14　铬铁矿石磁浮联合工艺流程试验

法直接处理铬矿石是现今铬铁矿选矿的主要趋势之一，化学法能从矿石中直接提取铬、制取碳化铬和氧化铬等。化学法包括：选择浸出，氧化还原，熔融分离，硫酸及铬酸浸出，还原及硫酸浸出等。

加拿大矿冶研究中心对加拿大的曼尼托巴乌河铬铁矿（主要铬矿床）进行重选只能选出 Cr/Fe 比为 1.1～1.48、仅含 35.5%～41.6% Cr_2O_3 的铬精矿（低于冶金用铬精矿的要求）。采用氧化还原法生产氧化铬的工艺流程如图 2.15 所示。流程产出含 90% Cr_2O_3 的氧化铬，回收率为 93%。将重选的低品位铬精矿（含 39% Cr_2O_3）与氧化还原法产的高品位氧化铬（含 90% Cr_2O_3）按 2：1 混合，得含 57% Cr_2O_3、Cr/Fe＝3 的满足生产铬铁合金的原料。

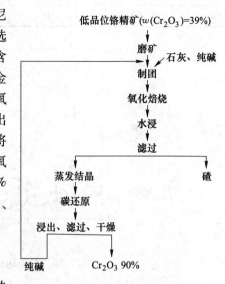

图 2.15　从铬铁精矿氧化还原法生产氧化铬流程

2.2.5　其他选矿

英国与南非联合研制出一种光电拣选机，扫描系统以激光作光源，拣选铬矿时，准确度超过 98%；前苏联列宁格勒选矿研究院采用 γ 射线吸收法选别铬矿，从含 49.6% Cr_2O_3 的 100mm 矿块中，选得含 55.7% Cr_2O_3 的精矿，尾矿含 18.25% Cr_2O_3，回收率为 94%；阿扎良研究一种 PAC-型工业试验用辐射选矿机来分选铬矿石，铬铁矿块的慢射强度为 3.10 脉冲/s，而蛇纹石为 7.9×10^{-3} 脉冲/s，从而将它们分离。

2.3　选矿尾矿的性质

在铬矿选矿过程中，会产生大量细粉（无法有效选矿的超细铬铁矿颗粒），即尾矿，其具有重要的经济价值。此外，尾矿的安全储存和处理现在正成为矿业领域的一个挑战。除了土地征用问题，这些大量的尾矿还可能造成环境问题。

2.3.1　选矿尾矿特性

铬矿选矿尾矿的化学成分随铬矿来源和选矿工艺不同而变化，主要元素组成为 Cr 和 Fe，典型的铬矿选矿尾渣成分如表 2.7 所示，可以看出铬矿选矿尾矿的主要成分是 Fe_2O_3、Cr_2O_3、SiO_2 和 Al_2O_3。如图 2.16 所示，选矿尾矿中的主要物相为铬铁矿、针铁矿、赤铁矿、三水铝矿、石英和高岭石。

表 2.7　典型的铬矿选矿尾渣成分

成分	Al$_2$O$_3$	SiO$_2$	Cr$_2$O$_3$	TFe	烧失量
w/%	13.61	5.35	24.26	23.51	7.6

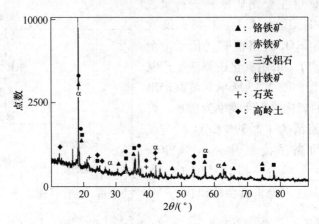

图 2.16　典型选矿尾矿的 XRD 衍射图

图 2.17 为典型铬矿选矿尾矿的粒度分布图。可以看出，d_{10}、d_{20}、d_{50}、d_{80} 和 d_{90} 分别为 1.59μm、3.01μm、10.72μm、32.75μm 和 55.01μm，表明该尾矿中的颗粒非常细小。从图 2.18 的铬矿选矿尾矿的 SEM 照片可以看出，尾矿颗粒尺寸超细，表面结构复杂，表现出良好的结晶性，在广泛的基底表面上有纳米岛和纳米微晶，尾矿颗粒边缘和破碎边缘呈多个台阶，表面粗糙度高。

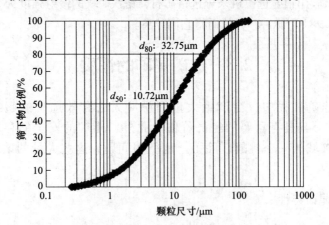

图 2.17　铬矿选矿尾矿的粒径分布

从铬铁矿尾矿样品的粒度、化学成分和密度上看（如表 2.8 所示）。粒径 < 260μm 的颗粒占总重量的 80%，粒径 < 190μm 的颗粒占总重量的 50%。随着粒径

(a)

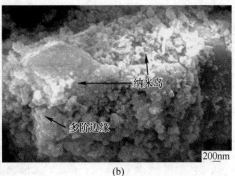
纳米岛
多阶边缘
(b)

图 2.18 铬矿选矿尾矿的 SEM 照片

的减小，尾矿中 Cr_2O_3 含量增加，当粒径<37μm 后，尾矿中 Cr_2O_3 含量下降。粒径>355μm 的尾矿密度小于 3.0g/mL，这是因为这部分尾矿中含有大量的脉石，而粒径<355μm 的尾矿均具有较高的密度，都大于 3.0g/mL。

表 2.8 铬铁矿尾矿样品的粒度、化学成分和密度变化

尺寸/μm	质量分数 /%	密度 /g·mL^{-1}	成分测量值/%			
			Cr_2O_3	$Fe_{(T)}$	Al_2O_3	SiO_2
+500	10.1	2.88	10.6	26.7	27.8	14.4
-500+355	5.6	2.95	10.9	25.1	28.2	12.6
-355+250	17.7	3.41	11.8	25.5	27.6	12.3
-250+150	27.5	3.40	17.1	21.8	23.6	12.8
-150+105	16.4	3.51	23.2	21.5	23.2	10.7
-105+75	5.8	3.64	24.8	26.5	22.0	8.8
-75+53	2.5	3.61	23.2	22.1	24.0	7.4
-53+37	4.6	3.70	23.9	22.1	23.2	7.7
-37+25	1.8	3.45	16.1	38.3	14.4	8.6
-25	7.9	3.23	16.7	25.4	20.6	6.9

从失重曲线上看（如图 2.19 所示），在温度高于 200℃ 的区域 a，失重在 2% 左右，主要是尾矿中水分挥发造成的。温度高于 200℃ 后，约有 6% 的失重，这是针铁矿和三水铝矿分别被还原为赤铁矿和勃姆石造成的。在这段温度区域内，高岭石也分解为偏高岭石。当温度高于 700℃ 后，无明显失重。因此，铬矿选矿尾矿的总重量损失约为 8%。

使用溴仿（密度为 2.88g/mL）定量尾矿中的重（>2.88g/mL）和轻（<2.88g/mL）矿物含量的研究表明（如表 2.9 所示），尾矿中轻质矿物的含量为

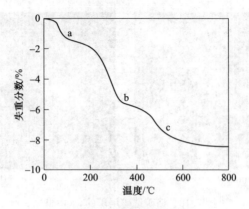

图 2.19　尾矿的失重曲线

28.17%，低密度矿物的含量随着粒度的增加而降低。浮子的最大量（51.8%）大于 500μm，表明尾矿中存在数量较多的低密度脉石，而最小量（0.4%）小于 25μm。漂浮物主要由游离石英、三水铝石、高岭石、硅酸铁矿物（橄榄石族矿物）和蛇纹石组成，这些矿物与铬铁矿、赤铁矿、针铁矿等其他矿物按不同比例呈锁定形式。

表 2.9　用溴仿对尾矿进行重液分离的结果

尺寸/μm	质量分数/%	浮子量/%	浮子量（相对于进料）/%
+500	10.1	51.8	5.2
−500+250	23.3	37.3	8.6
−250+150	27.5	26.8	7.4
−150+105	16.4	25.6	4.2
−105+75	5.8	29.7	1.7
−75+53	2.5	20.2	0.5
−53+37	4.6	6.7	0.3
−37+25	1.8	6.4	0.2
−25	7.9	0.4	0.1
总计	100		28.2

2.3.2　选矿尾矿中铬的浸出行为

众所周知，Cr^{6+} 具有高流动性、可溶性和毒性，对环境有一定的危害。在铬矿石中，铬矿颗粒被锁定在铁矿石矿物（鹅卵石/赤铁矿）和硅酸盐中，或者被锁定在铬矿中含有的硅酸盐包裹体中。硅酸盐比铬铁矿更容易风化，是铬铁矿纳米颗粒（主要含有 Cr^{3+}）的来源，溶解的 Cr^{3+} 可被氧化为 Cr^{6+}。铬矿开采产生的

含 Cr^{6+} 废弃物的去向可分为三类：（1）在加工过程中回收；（2）在其他用途中重新利用；（3）认定为危险废物。铬矿选矿尾矿属于铬矿开采产生的第三类危险废弃物。

2.3.2.1 化学浸出

在矿浆密度为 30g/L 的情况下，用 pH 值为 2 的蒸馏水（用 H_2SO_4 调整）和 pH 值为 9（用 NaOH 调整）的蒸馏水对铬铁矿和选矿尾矿进行化学浸出。将 1g 的土壤悬浮液与 25mL 的反应物（蒸馏水或 0.1mol/L KH_2PO_4）搅拌 1h，上清液在 2500r/min 下离心 15min，然后用 0.22μm 孔径的 PES 过滤器过滤分离。最后，用 ICP-AES 测定上清液中总铬浓度。通过比色技术（二苯碳化物（DPC））分析六价铬浓度。

铬铁矿和尾矿中铬的化学浸出结果如表 2.10 所示。对于铬铁矿的矿石样品，总铬含量在 203~236g/kg 之间。对于 1 号铬矿，用蒸馏水提取的 Cr^{6+} 相当于用 KH_2PO_4 提取的总铬，约为 3.4mg/kg，而用 KH_2PO_4 提取的 Cr^{6+} 浓度仍然较低，为 2.3mg/kg。对于 2 号铬矿，用蒸馏水和 KH_2PO4 提取的 Cr^{6+} 浓度一样，都为 1.6mg/kg，相当于用 KH_2PO_4 提取总铬的 50%。对于新尾矿，总铬含量（96mg/kg）约为铬矿样本中总铬含量的 50%。用 KH_2PO_4 萃取 Cr^{6+} 浓度占 KH_2PO_4 萃取总铬的 93%，达到铬铁矿的 100 倍。

对于储存的旧尾矿，总铬浓度随储存深度的增加没有明显变化（（102±3）g/kg），但用 KH_2PO_4 萃取的 Cr^{6+} 浓度随储存深度的增加有所下降。对于用蒸馏水萃取的 Cr^{6+}，其变化范围从表面的 36mg/kg 到最深层的 3.7mg/kg，对于用 KH_2PO_4 萃取的 Cr^{6+}，其变化范围从表面的 149mg/kg 到最深层的 31mg/kg，萃取的 Cr 基本上以 Cr^{6+} 的形式存在。

表 2.10 尾矿和铬矿样品的化学浸出结果

试样号		总铬浓度 /g·kg^{-1}	蒸馏水萃取 Cr^{6+} 浓度/mg·kg^{-1}	KH_2PO_4 萃取 Cr^{6+} 浓度/mg·kg^{-1}	KH_2PO_4 萃取总铬浓度/mg·kg^{-1}
铬铁矿 1 号		203	3.5	2.3	3.4
铬铁矿 2 号		236	1.6	1.6	3.1
新尾矿		96	63	223	240
旧尾矿	7~10cm	99	36	149	158
	15~20cm	105	19	85	89
	>30cm	101	3.7	31	31

2.3.2.2 生物浸出

在间歇式反应器中，在 5g/L、10g/L 和 30g/L 三种矿浆密度下测试新鲜尾矿的细菌生物浸出活性。所有材料在使用前都在 121℃ 高压下灭菌 20min，用消毒后棉塞封闭 500mL 消毒后的反应器，并置于 190r/min 和 30℃ 的轨道振动器中。在 4h、1d、2d、5d、6d、8d、10d、12d、15d 和 30d 后收集样品。共收集 20ml 浸出液，并用新鲜的无菌培养基替换，以保持固液比。在收集的样品中，使用 WTW 3410 Set 2 多参数探头（Xylem Inc., Rye Brook, NY, USA）监测溶解氧、pH 值和电导率。

　　铬铁矿选矿尾矿中铬的浸出结果如图 2.20 所示。三种不同浓度矿浆在蒸馏水中浸出铬的浓度在浸出前 3 天达到最大值，分别为 94.8（+1.41）mg/kg、74.45（+0.35）mg/kg 和 62.70（+8.87）mg/kg。第 3 天后，铬的提取量逐渐增加直到第 34 天。

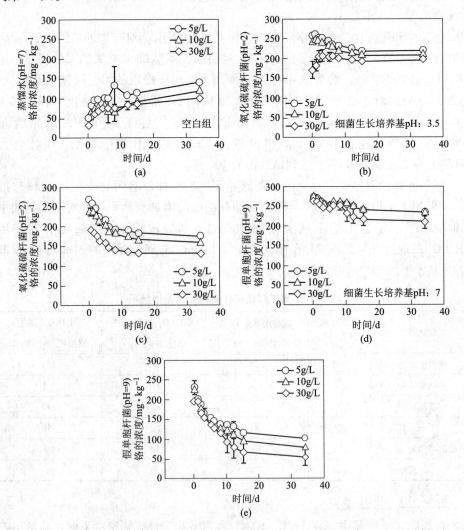

图 2.20　铬铁矿选矿尾矿中铬的生物浸出量

当 A. thiooxidans 存在于反应器中时，铬在最开始几个小时从新鲜尾矿样品中浸出，然后曲线下降。在 5g/L 的矿浆密度下呈现出最高的铬含量（174～268mg/kg），其次是 10g/L（159～236mg/kg）和 30g/L（130～191mg/kg）。对于 5g/L（259mg/kg）和 10g/L（245mg/kg）的矿浆密度下提取的最大铬浓度与用 A. thiooxidans 培养的批次相似。对于 30g/L 的矿浆密度，浸出前两天，溶液中的铬浓度从 170mg/kg 略增加到 202mg/kg，然后趋于不变。

对于用 P. putida 培养的尾矿样品中，在前几个小时内，铬的提取量达到最大值，平均约为 217mg/kg，然后铬的浓度逐渐下降。从第 10 天开始，铬的提取量随着矿浆密度差异变化较明显，在矿浆密度为 5g/L（135mg/kg）时，提取的铬量更多。从第 1 天到第 34 天，与矿浆密度为 5g/L 相比，矿浆密度为 10g/L 时铬的提取量减少了 15%，矿浆密度为 30g/L 时铬的提取量减少了 20%。

2.4 选矿尾矿再利用

在高品位铬矿资源日益减少的情况下，铬矿选矿尾矿的回收利用势在必行。目前，铬矿选矿尾矿再利用主要是进一步提高铬的品位，制备铬精矿，这也一直是研究热点。针对南非某 Cr_2O_3 品位为 23.07% 的铬铁矿尾矿，采用如图 2.21 的磨矿—分级—摇床重选工艺流程，可以获得 Cr_2O_3 品位为 46.36%、回收率为 81.21% 的铬精矿。由于尾矿是铬矿选矿过程无法有效选别的剩余矿物，在大多

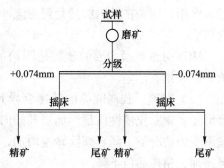

图 2.21 磨矿—分级—摇床重选工艺流程

数情况下，采用与铬矿选矿类似的工艺处理尾矿已无法获得高品位的铬精矿。研究者们根据尾矿粒径细小的特点，针对不同性质的尾矿开发了多种多重力分选和选择性絮凝的回收再利用技术。

2.4.1 多重力分选

多重力分选采用基于重力分离的细粒矿物选矿机。通过调整选矿机的滚筒速度、倾角、振动幅度、振动频率、冲洗水流速和进料固体来处理尾矿，该技术的成功取决于选择合适的操作条件和矿物固体。莫兹利公司开发的多重力分选机（Multi-Gravity Separator，MGS）示意图如图 2.22 所示，其工作原理可以看作是把一个传统的水平面摇床"卷绕"放进一个圆筒内，再将这个圆筒旋转，当矿粒在横过表面的水层中流动时，在给矿颗粒上就施加了多倍于正常重力的作用

力。在这个离心力的作用下，高比重颗粒贯穿矿浆而形成半固态的底层，黏附在圆筒内表面，其上形成一个包含有相对稀薄的较低比重颗粒和泥浆组成的悬浮中间层，顶层主要是相对清洁的水。圆筒在旋转的同时，还有一个轴向对称的正弦波摇动，这种摇动作用给流膜中的粒子提供一个附加的剪切力，改善分离效果。专门设计用来输送精矿的刮板在圆筒表面横向运动，连续地调整颗粒的空间位置，使之重新分层，

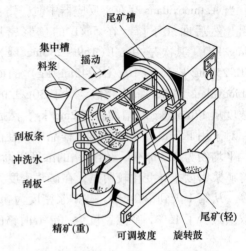

图 2.22 莫兹利多重力分选机示意图

从而将脉石的夹杂减至最低程度。大比重颗粒黏附在圆筒表面，借助刮板的清扫运输作用，精矿在排出前又受到逆流冲洗，较低比重矿物则随冲洗水顺流排出成为尾矿。

MGS 分选机最主要的参数是圆筒的转速、摇动频率、冲洗水量、倾斜角和给矿矿浆量。

（1）转速。提高圆筒的转速会导致流向圆筒尾矿端的矿浆流基增加，同时会增加矿物颗粒惯性质量，加强其倾向于粘着到圆筒内侧，形成固体层。在其他量不变的情况下，随着圆筒转速增加，处理矿物的总量增加，精矿中重矿物的重量增加，精矿品位下降。

（2）摇动频率。摇动的作用是把一个附加剪切力传递给矿粒，改善分离过程。对于细粒给矿，适合采用高摇动频率。随着摇动频率的增加，精矿品位增加，而固体量和回收率下降。

（3）冲洗水量。冲洗水添加在靠近圆筒的精矿排出端。其作用是借助刮板的刮刨作用，冲洗和清洁精矿，带走脉石颗粒或低比重矿物。冲洗水量是控制精矿品位的一个重要因素，也取决于给矿矿浆的浓度。给矿浓度高时，冲洗水需求量就大。

（4）倾料角。倾料角取决于被处理物料的性质，细粒、低比重矿物只需要小角度。提高倾斜角和转速会提高矿物品位与回收率，但倾斜过大会造成重矿物的回收率下降。

（5）给矿矿浆量。决定给矿矿浆量的最重要因素是圆筒直径。直径为463mm 的单筒实验室/半工业型 MGS 的处理能力可达 0.2t/h，直径为 1200mm 的工业型双筒设备处理能力最高达 5t/h。

采用多重力分选机处理粒径<100μm 和 100~150μm 的 Kef 细铬矿重力尾矿，该矿含 24.7%Cr$_2$O$_3$。结果表明，Kef 尾矿的多重力分离在技术上和经济上都是可行的。降低分选机滚筒速度，得到的精矿品位增加，但 Cr$_2$O$_3$ 的产率降低。在最佳操作条件（滚筒速度：140~150r/min；滚筒坡度：6°）下，可生产出粒径为<100μm、含 43.7%Cr$_2$O$_3$ 的精矿，铬矿产率为 65.0%。粒径为 100~150μm 的精矿中 Cr$_2$O$_3$ 含量为 30.5%，产率为 83.3%。由于联锁颗粒浓度较高，尾矿中的粗粒部分不能进一步富集，需将粗尾矿进一步研磨至 100μm 以下。此外，对处理 KOP 选矿厂铬铁矿重选尾矿的多重力分选机（MGS）进行升级试验，工艺流程如图 2.23 所示。试验用尾矿的粒径<1μm，Cr$_2$O$_3$ 含量为 14.4%。试验结果表明，KOP 尾矿的多重力分离在技术上可行且经济上可行。在最佳操作条件下，可生产粒度<100μm、含 48%Cr$_2$O$_3$ 的精矿，铬矿产率为 70%。粒度为 100~150μm 的精矿中 Cr$_2$O$_3$ 含量为 42%，铬铁矿的产率为 76%。

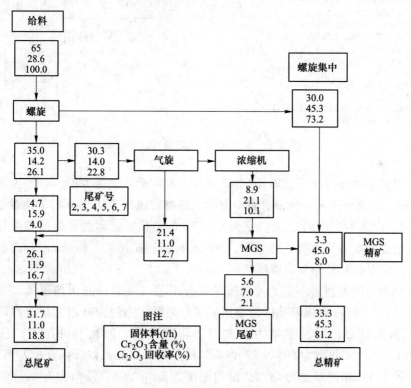

图 2.23   MGS 细粒回收装置的流程图和质量/金属平衡

对处理 Etibank Üçköprü Karagedik 选矿厂铬铁矿重选尾矿的年产 8 万吨的多重力分选机进行升级试验，工艺流程如图 2.24 所示。在连续试验中，采用该多重力分选技术可以回收 Etibank Üçköprü Karagedik 选矿厂 100μm 以下的细粒铬矿。含 13.2% Cr_2O_3 的尾矿经分选后可获得含 48% Cr_2O_3 细精矿，回收率达 51.6%。

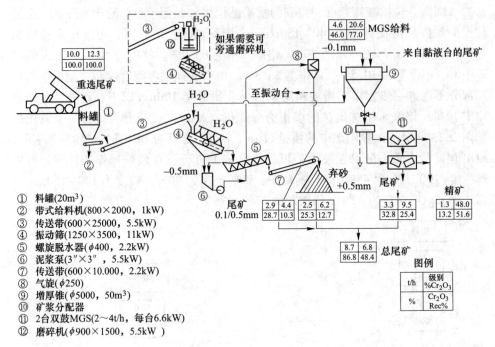

① 料罐(20m³)
② 带式给料机(800×2000，1kW)
③ 传送带(600×25000，5.5kW)
④ 振动筛(1250×3500，11kW)
⑤ 螺旋脱水器(ϕ400，2.2kW)
⑥ 泥浆泵(3″×3″，5.5kW)
⑦ 传送带(600×10.000，2.2kW)
⑧ 气旋(ϕ250)
⑨ 增厚锥(ϕ5000，50m³)
⑩ 矿浆分配器
⑪ 2台双鼓MGS(2~4t/h，每台6.6kW)
⑫ 磨碎机(ϕ900×1500，5.5kW)

图 2.24　8 万吨/年 MGS 装置流程图

采用多重力分离技术处理 Kef 铬矿尾矿，在洗涤水流量为 3L/min、振动振幅为 15mm、振动频率为 4.8cps、倾角为 4°、滚筒转速为 220r/min 的最佳参数条件下，得到含 52.14% Cr_2O_3、回收率为 69.57% 的铬精矿。印度奥迪沙矿业有限公司采用增强型重力分离器处理含 20.23% Cr_2O_3 的铬矿尾矿，得到 Cr_2O_3 含量高于 40.0%、回收率大于 68% 的铬精矿。

采用水力旋流器和多重力分离技术联合工艺（装置示意图如图 2.25 所示）对土耳其乌科普鲁/费提耶地区的铬尾矿进行处理，通过改变水力旋流器的顶点直径和涡流直径，以及多重力分离器的转鼓速度、倾角和冲洗水，获得含 48.18% Cr_2O_3、回收率为 69.79% 的商业精矿。当水力旋流器顶点直径为 4.8mm、涡流直径为 11mm，多重力分选机滚筒速度为 140r/min、倾角为 6°、洗涤水为 7L/min 时，铬精矿的品位达最大，为 45.76%。当水力旋流器顶点直径为 3.2mm、涡流直径为 14mm，多重力分选机滚筒转速为 210r/min、倾角为 2°、洗涤水为 3L/min 时，铬精矿的回收率最大，达 81.38%。

采用多重力分离技术处理土耳其 Uckopru 矿山的铬尾矿，在滚筒坡度为 6°、摇动频率为 5.7cpm、振幅为 15mm、滚筒速度 230r/min 的最佳条件下，可获得

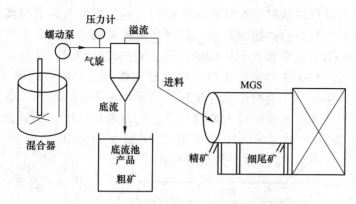

图 2.25　水力旋流器和 MGS 组合试验装置

含 47%Cr$_2$O$_3$、回收率为 72%、粒径小于 38μm 铬精矿。

用颚式破碎机和棒磨机将取自土耳其 Kayseri 地区的铬铁矿研磨至 150μm 以下，进行多重力分选（试验装置示意图如图 2.26 所示），可将铬铁矿的品位和回收率分别提高到 47.74% 和 73.71%。

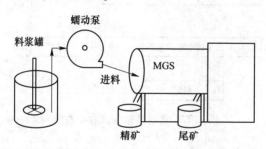

图 2.26　多重力分选器试验装置示意图

2.4.2　选择性絮凝

选择性絮凝是 20 世纪 60 年代发展起来的一种新工艺，是超细颗粒矿物的可选选矿方法之一，目的是更有效地选别细粒矿物。选择性絮凝指在含有两种或多种矿物的稳定悬浮（分散）矿浆中，因各矿物表面性质的差异性，加入高分子絮凝剂与某种矿物表面发生选择性吸附，通过桥联作用生成粗粒级的絮凝产物，最终通过磁选、浮选或脱泥作业使其与另一部分仍处于稳定分散的颗粒分离。选择性絮凝工序必须满足三个条件：（1）在矿浆中至少有一种矿物离子呈现良好的分散状态；（2）絮凝剂必须有很好的选择性，即絮凝剂仅仅吸附在被絮凝的矿粒上；（3）絮凝完成后，可以有效地分离絮凝物。

淀粉对铬铁矿具有特殊的亲和力，可以用于选择性絮凝分选铬铁矿。由于淀粉对蛇纹石没有亲和力，单独的蛇纹石保持分散。理论上，可以采用淀粉作为絮凝剂处理铬铁矿和蛇纹石的混合物，但是蛇纹石含量较高会导致拥挤，会完全阻止絮凝后矿物的分离。只有当铬铁矿和蛇纹石混合物中蛇纹石的量低于30%且存在分散剂如硅酸钠或进行超声波处理时，才能成功分离铬铁矿和蛇纹石。铬矿在油酸钠水溶液中的剪切絮凝可以回收超细（<10μm）铬矿颗粒。采用选择性絮凝技术（流程示意图如图2.27所示），以降解小麦淀粉为絮凝剂处理铬矿和高岭土的超细混合物，通过改变絮凝剂剂量、分散剂（六偏磷酸钠）剂量和pH值等选择性絮凝过程工艺参化，得到含41.86%Cr$_2$O$_3$、回收率为69.73%的铬精矿。

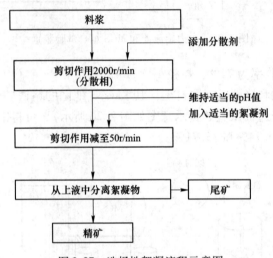

图 2.27 选择性絮凝流程示意图

Dwari 等研究聚丙烯酰胺絮凝剂对铬尾矿沉降行为及其絮凝固结特性的影响。发现低离子强度和分子量的阴离子絮凝剂、高离子强度和分子量的阳离子絮凝剂具有较高的沉降效率，非离子聚丙烯酰胺对尾矿颗粒絮凝无效。阴离子聚丙烯酰胺絮凝机理如图 2.28 所示。阴离子型 Alstafloc 40、60 和阳离子型 Alstafloc 155XX 在 15g 聚合物/吨固体剂量下实现 19.5cm/min 的高沉降速率。使用 Alstafloc 40 聚丙烯酰胺可将水分含量降低至 22%。

2.4.3 制备功能材料

除了提纯尾矿中 Cr$_2$O$_3$ 得到高品位的铬精矿，也有少量研究利用铬矿选矿尾矿中的有价组元制备功能材料。通过提取和提纯土耳其阿达纳区阿拉达格县铬铁矿选矿厂尾矿中的镁，从这些尾矿中制备合成光卤石，工艺流程如图 2.29 所示。此外，可通过盐酸浸取从浸取残渣获得高品位无定形二氧化硅(w(SiO$_2$)>96%)，

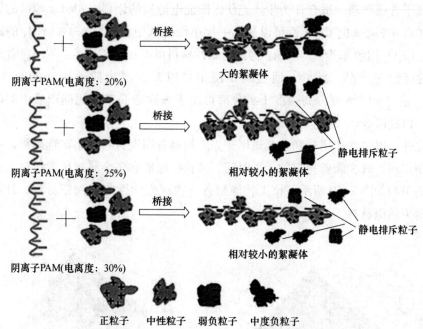

阴离子PAM(电离度：20%)

桥接

大的絮凝体

阴离子PAM(电离度：25%)

桥接

静电排斥粒子

相对较小的絮凝体

阴离子PAM(电离度：30%)

桥接

静电排斥粒子

相对较小的絮凝体

正粒子　　中性粒子　　弱负粒子　　中度负粒子

图 2.28　阴离子聚丙烯酰胺絮凝机理图

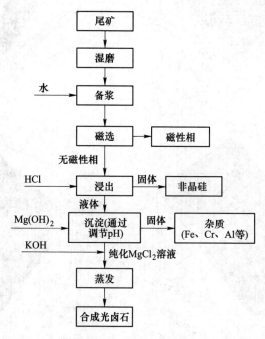

图 2.29　铬矿选矿尾矿制备合成光卤石的工艺流程示意图

因为其不含硼和磷，适合作为生产光伏太阳能电池板的原料。Aladag 地区的铬铁矿尾矿含 4%~5% 的 Cr_2O_3，可以从第一次单级磁选中获得含 6.1% Cr_2O_3 的磁性材料，Cr_2O_3 回收率为 85.75%。得到的磁性材料可以在选矿厂生产 Cr_2O_3 含量为 46% 的可销售产品。此外，通过高压浸出可以减少浸出阶段所需的额外 Mg$(OH)_2$ 量和 HCl 浓度，高强度干磁分离可用于去除非晶二氧化硅产品中的磁性颗粒，以提高 SiO_2 含量。

此外，以铬铁矿尾矿和多金属尾矿为原料制备陶瓷材料，铬矿选矿尾矿可起贫化剂作用，减少陶瓷材料的干燥时间，铬铁矿尾矿和多金属尾矿含量对陶瓷砖性能的影响如图 2.30 所示。该工艺能制备高物理力学性能的陶瓷材料，且不使用其他天然原材料。

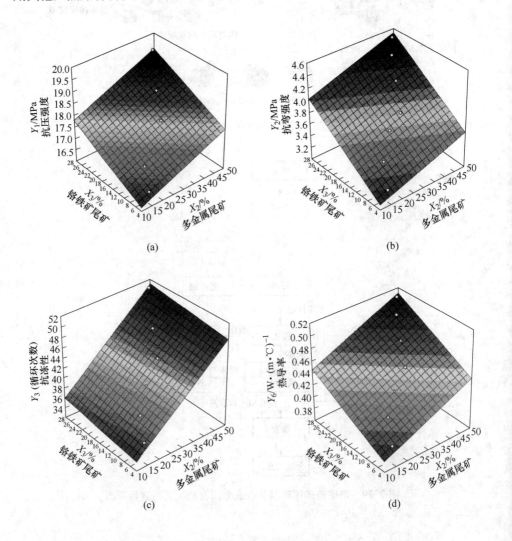

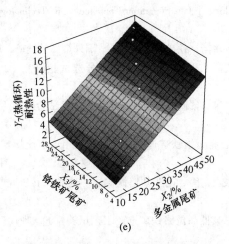

(e)

图 2.30　铬铁矿尾矿和多金属尾矿含量对陶瓷砖性能的影响

(a) 抗压强度；(b) 抗弯强度；(c) 抗冻性；(d) 导热性；(e) 耐热性

参 考 文 献

［1］Dowling M J. Application of non-stationary analysis to machinery monitoring ［C］// IEEE International Conference on Acoustics, Speech, and Signal Processing, 1993：59-62.

［2］李新昂. 基于铬矿物料的选矿机设计 ［D］. 武汉：武汉纺织大学, 2013.

［3］Fei D Y, Zhu S G. Comparativestudy of wear resistance of sewing needles ［J］. 2002 (2)：23-25.

［4］邓海波, 胡岳华. 我国有色金属矿碎磨重磁电选技术进展 ［J］. 国外金属矿选矿, 2001, 38 (3)：17-19.

［5］Pinnington R J. Vibration power transmission of an iderlized greabox ［J］. Journal of Sound and Vibration, 1989, 128 (2)：259-272.

［6］蒋美仙. 稀土湿式永磁带式强磁选机的优化设计 ［J］. 南方冶金学院学报, 2002, 23 (1)：75-78.

［7］徐建民, 徐建成. 圆柱形多极磁选机磁场分布和场强梯度的解析计算 ［J］. 有色金属, 2001, 53 (4)：66-69.

［8］梁英教, 车荫昌. 无机物热力学数据手册 ［M］. 沈阳：东北大学出版社, 1993.

［9］Abubakre O K, Muriana R A, Nwokike P N. Characterization and beneficiation of anka chromite ore using magnetic separation process ［J］. Journal of Minerals & Materials Characterization & Engineering, 2007, 6 (2)：143-150.

［10］Aslan N, Kaya H. Beneficiation of chromite concentration waste by multi-gravity separator and high intensity induced-roll magnetic separator ［J］. The Arabian Journal for Science and Engineering 2009, 34 (2B)：285-296.

［11］Ozgen S. Clean Chromite Production from fine chromite tailings by combination of multi gravity

separator and hydrocyclone [J] . Separation Science and Technology, 2012, 47 (13):
1948-1956.

[12] 孟凡林 . 塞浦路斯特罗多斯铬铁矿的重选 [J] . 国外金属矿选矿, 1978 (2): 47-50.

[13] 石贵明, 周意超, 叶长兵 . 国外某铬铁矿物理分选试验研究 [J] . 矿业研究与开发,
2019, 39 (3): 99-103.

[14] 阎赞, 徐名特, 王露, 等 . 某低品位微细粒铬铁矿选矿试验研究 [J] . 矿业工程, 2016,
14 (2): 25-28.

[15] 陈景贵, 连相泉, 李启亮 . 铬铁矿选矿的有效途径 [J] . 金属矿山, 1988 (11): 37-
39, 57.

[16] 胡义明, 皇甫明柱, 张永, 等 . 南非某铬铁矿尾矿选矿试验研究 [J] . 矿产综合利用,
2016 (4): 81-84.

[17] 袁启东, 黄武胜 . 印尼某低品位铬铁矿选矿工艺试验 [J] . 现代矿业, 2022, 38 (5):
114-116, 125.

[18] 刘健 . 南非某铬铁矿超细碎—重选提纯试验 [J] . 现代矿业, 2019, 35 (9): 158-159.

[19] 皇甫明柱, 胡义明, 袁风香 . 国外某铬铁矿选矿试验 [J] . 现代矿业, 2015, 31 (9):
50-53.

[20] 张文钲 . 铬铁矿选矿现状及发展趋势 (下) [J] . 金属矿山, 1980 (5): 53-56.

[21] 王志文 . 细粒铬铁矿重选方法的新进展 [J] . 国外选矿快报, 1996 (22): 1-5.

[22] Lakkarinen T, Heikkila L. 芬兰凯米铬铁矿矿石的选矿 [J] . 国外金属矿选矿,
1975 (Z1): 57-63.

[23] 高发祥 . 阿尔巴尼亚库克斯铬铁矿选矿试验研究 [J] . 云南冶金, 2014, 43 (5):
19-22.

[24] 袁启东, 黄武胜 . 印尼某低品位铬铁矿选矿工艺试验 [J] . 现代矿业, 2022, 38 (5):
114-116, 125.

[25] 雷力, 王恒峰, 邱允武 . 从低品位铬矿石中回收铬铁矿的选矿工艺研究 [J] . 矿产综合
利用, 2010 (6): 7-10.

[26] Atalay U, 贾宽贵 . 采用湿式强磁选别铬铁矿重选尾矿 [J] . 国外金属矿选矿,
1989 (3): 19-21, 18.

[27] 邓传宏, 朱阳戈, 冯其明, 等 . 弱磁-强磁工艺选别高铁铬铁矿的试验研究 [J] . 矿冶工
程, 2010, 30 (2): 44-46, 50.

[28] Шер Ф, 张文钲 . 不预先脱泥在碱性介质中用阴离子捕收剂浮选铬铁矿 [J] . 国外金属
矿选矿, 1973 (9): 25-27.

[29] Foot D G, 张立红 . 铬铁矿和萤石的浮选柱浮选 [J] . 国外金属矿选矿, 1987 (11):
23-31.

[30] 李留全 . 新型浮选机 [J] . 国外金属矿选矿, 1988 (2): 41-44.

[31] 安德鲁斯 P R A, 张光烈 . 低品位铬铁矿浮选中的阴离子活化作用 [J] . 国外金属矿山,
1990 (12): 62-64.

[32] 李先荣, 陈宁, 董明甫, 等 . 铬铁矿选别技术的研究进展 [J] . 广州化工, 2014,
42 (1): 32-34.

［33］王志立．铬铁矿浮选中阴离子捕收剂的吸附机理［J］．国外选矿快报，1994（7）：5-8.

［34］吴晓清．浮选细粒铬铁矿尾矿的新技术［J］．国外选矿快报，1996（23）：19-22，6.

［35］陈向，廖德华．某铬铁矿磁浮联合回收实验研究［J］．矿产综合利用，2021（1）：61-64.

［36］张文钲．国外铬铁矿选矿概述［J］．国外金属矿选矿，1973（12）：34-43.

［37］Tripathy S K, Ramamurthy Y, Singh V. Recovery of chromite values from plant tailings by gravity concentration［J］. Journal of Minerals and Materials characterization and engineering, 2011, 10（1）：13-25.

［38］Chan B S, Mozley R H, Childs G J C. Extended trials with the high tonnage multi-gravity separator［J］. Minerals Engineering, 1991（4）：489-496.

［39］Ozbayoglu G, Atalay M U. Beneficiation of bastnaesite by a multi-gravity separator［J］. Journal of Alloys and Compounds, 2000, 303-304（24）：520-523.

［40］Cicek T, Cocen I, Engin V T, et al. Technical and economical applicability study of centrifugal force gravity separator（MGS）to Kef chromite concentration plant［J］. Mineral Processing and Extractive Metallurgy, 2008, 117（4）：248-255.

［41］Cicek T, Cocen I, Birlik M. Applicability of multi-gravity separation to Kop chromite concentration plant［C］//The 8th International Mineral Processing Symposium.

［42］Cicek T, Cocen I, Samanli S. Gravimetric concentration of fine chromite tailings［C］// Innovations in Mineral and Coal Processing, Balkema, Rotterdam. Proceedings of 7th International Mineral Processing Symposium, Istanbul. 1998：731-736.

［43］Gence N. Beneficiation of Elazıg-Kefdag chromite by multigravity separator［J］. Turkish Journal of Engineering and Environmental Science, 1999, 23：473-475.

［44］Rath R K, Dey B, Mohanta M K, et al. Recovery of chromite values from tailings of COB plant using enhanced gravity concentrator［C］// Indian institute of mineral engineers. International seminar on mineral processing technology, 2017.

［45］Özgen S. Clean chromite production from fine chromite tailings by combination of multi gravity separator and hydrocyclone［J］. Separation Science and Technology, 2012, 47（13）：1948-1956.

［46］Özgen S G, İpekoğu B. Concentration studies on chromite tailings by multi gravity separator［C］//17th International Mining Congress and Exhibition of Turkey-IMCET2001. 2001：765-768.

［47］Aslan N. Multi-objective optimization of some process parameters of a multi-gravity separator for chromite concentration［J］. Separation and purification Technology, 2008, 64（2）：237-241.

［48］Dwari R K, Angadi S I, Tripathy S K. Studies on flocculation characteristics of chromite's ore process tailing：Effect of flocculants ionicity and molecular mass［J］. Colloids and Surfaces A：physicochemical and engineering aspects, 2018, 537：467-477.

［49］Panda L, Banerjee P K, Biswal S K, et al. Modelling and optimization of process parameters for beneficiation of ultrafine chromite particles by selective flocculation［J］. Separation &

Purification Technology，2014，132：666-673.

［50］Feng D，Aldrich C. Recovery of chromite fines from wastewater streams by column flotation. Hydrometallurgy ［J］. 2004，72（3/4）：319-325.

［51］Top S，Yildirim M. Preparation of synthetic carnallite and amorphous silica from chromite beneficiation plant tailings ［J］. Gospodarka Surowcami Mineralnymi，2017，33（2）：5-24.

［52］Kairakbaev A K，Abdrakhimova Y S，Abdrakhimov V Z. Innovative approaches to using Kazakhstan's industrial ferrous and nonferrous tailings in the production of ceramic materials ［J］. Materials Science Forum，2020，989：54-61.

3 铬铁合金冶炼固体废弃物处理与利用

3.1 铬铁合金及其用途

3.1.1 铬铁合金的生产和消费情况

我国是世界第一大铁合金生产国，从图 3.1 可以看出，我国铁合金产量和表观消费量从 2016 年到 2018 年逐年降低，在 2019 年突然升高，达 4119.48 万吨，之后趋于平稳。这说明国内的铁合金需求量已经基本饱和，并且由于国家政策的推进，落后的产能逐渐被淘汰，同时也抑制了铁合金产能的盲目增加。

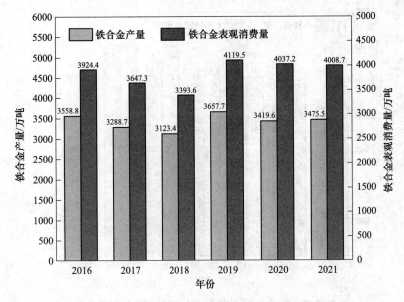

图 3.1　2016 年到 2021 年我国铁合金产量和表观消费量

铬铁合金是一种由铬和铁组成的合金，是炼钢过程中的重要合金添加剂之一。其主要成分为 Cr 和 Fe，另外还含有 C、Si、P 和 S 等杂质。铬铁合金的含铬量约为 55%~77%，按合金中碳含量的差异可分为微碳铬铁（$w(C) \leqslant 0.15\%$）、低碳铬铁（$w(C) = 0.15\% \sim 0.5\%$）、中碳铬铁（$w(C) = 0.5\% \sim 4\%$）和高碳铬铁（$w(C) = 4\% \sim 10\%$）。

　　目前，我国已经成为世界上最大的铬铁合金生产和消费国。作为发展中国家，随着我国国民经济的迅速增长，对铬铁合金的需求也越来越大。近年来，随着我国经济的不断发展，城镇化、工业化进程的不断推进，人民的生活水平显著提高，对不锈钢的需求量也越来越高，同时也带动了不锈钢产业的发展。图 3.2 为我国从 2015 年到 2021 年不锈钢的产量和消费量。由图 3.2 可知，不锈钢产量和消费量均呈逐渐上升趋势，不锈钢产量从 2015 年的 2390 万吨升高到 2020 年的 3014 万吨，不锈钢的消费量从 2015 年的 1834 万吨升高到 2020 年的 2561 万吨。总体而言，我国不锈钢产业发生了巨大变化，我国的不锈钢产量和消费量仍会继续增长。高碳铬铁作为生产不锈钢的重要原料，其需求量也在逐年增加。高碳铬铁的供应以自产为主、进口为辅。2010~2019 年高碳铬铁的产量及进口量如图 3.3 所示。由图 3.3 可知，2010~2019 年高碳铬铁的进口量起伏不大，其中，2019 年的进口量为 280 万吨；高碳铬铁产量呈逐年升高的趋势。

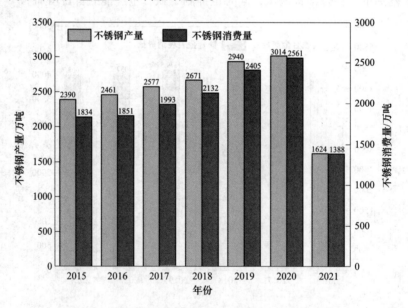

图 3.2　2015 年到 2021 年我国不锈钢产量和消费量

　　由于国内严重缺少铬铁矿资源，我国越来越依赖进口铬铁矿。从 1952 年起，我国开始进口铬铁矿资源，当年的铬铁矿进口量仅约为 200t；到 2021 年，我国铬铁矿进口量高达 1495.23 万吨（如图 3.4 所示），且进口量占国内需求总量已达 98%，可见我国已非常依赖进口铬铁矿。因此，现阶段我国需要在利用进口铬铁矿的同时充分利用好国内的低品位铬铁矿。

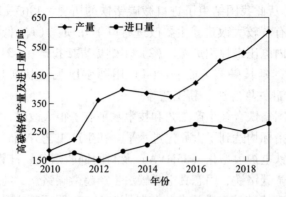

图 3.3 2010 年到 2019 年我国高碳铬铁的产量及进口量

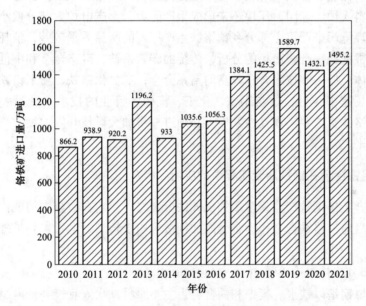

图 3.4 2010 年到 2021 年我国铬铁矿进口量

3.1.2 铬铁合金生产发展现状

新中国成立后，由于国民经济的发展要求，吉林铁合金厂于 1957 年生产出高碳铬铁（当时称之为碳素铬铁），1958 年利用两步法生产出硅铬合金，并用电硅热法生产出含 $w(C) \leqslant 0.06\%$ 的微碳铬铁。1960 年该厂建成 2 台 3.0MVA 微碳铬铁电炉。同时，浙江横山铁合金厂也从国外引进了 4 台 3.0MVA 开口倾动式铁合金精炼电炉，其中 2 台分别于 1963 年和 1964 年投产，开始生产微碳铬铁。上海铁合金厂也建了 2 台 0.75MVA（后改为 0.96MVA）倾动式带盖微碳铬铁电炉，于 1964 年投产，从此我国结束了进口微碳铬铁的历史。1963～1968 年，我国精炼铬铁技术操作有了较大改进。主要改进有以下几项：（1）低温强化冶炼，即通过控制输入炉内电压来控制炉温；（2）不烘炉直接投产；（3）采用真空脱气，炉底适当留铁水，延长炉衬寿命；（4）用阿尔巴尼亚块矿成功生产微碳铬铁；（5）采用"硅铁堆底法"新工艺等。

近年来，我国铬铁合金生产工艺和技术水平有了很大改进，铬铁合金质量及其主要技术经济指标均达到了世界先进水平。在生产工艺方面，我国铬铁生产企业采用了高碳铬铁电炉大型化（25MVA）及封闭回收煤气、硅铬合金摇包降碳、硅铬堆底法生产微碳铬铁、固态真空脱碳法生产超微碳铬铁、纯氧顶吹转炉"以氧代电"生产中碳铬铁等先进技术。在产品方面，加强了新产品的研发，增加了铬系低碳、低硫、低磷等精炼产品。但在铬铁合金生产与技术上还存在一定问题，如精料入炉、球团、压块还未形成生产能力，生产电炉大部分偏小，大型化的较少，环境污染严重，部分乡镇铬铁生产厂家的产品质量较差，消耗高，无序竞争等。根据铬铁合金市场的分析，传统的碳素铬铁、硅铬合金和中低碳铬铁仍是市场主体，但一些技术含量较高的铬系合金，如氮化铬铁、粉末铬铁以及微碳铬铁的市场越来越好，这与钢铁、化工、机械各行业的技术发展是一致的。因此，国内铬铁工业要实现良性发展，必须进一步加大科技开发力度，提高生产工艺技术水平。

3.1.3　铬铁合金在钢铁冶金流程中的应用

铬铁合金是钢铁产业最常用的三大铁合金之一，它在冶金中的地位仅次于锰铁合金。目前，铬铁合金作为合金添加剂被应用于转炉、电弧炉和炉外精炼等设备中。

3.1.3.1　铬铁合金在转炉中的应用

转炉炼钢是以铁水、废钢和铁合金为主要原料，吹入氧气并依靠组分之间发生的化学反应产生热量，进行脱碳以生产粗钢水的过程。转炉冶炼含铬铁水时，由于冶炼过程各炉次内化学反应动力学和热力学的差异，冶炼终点钢液中的铬元素含量也会随之改变。较高的转炉终点钢液铬含量可以有效减少各种含铬钢种在脱氧合金化过程中铬铁合金的加入量；另一方面，铬元素可以代替一部分其他合金元素的冶金作用，从而减少炼钢过程中合金的总消耗量。因此，提高转炉炼钢终点钢液铬含量，可以有效降低脱氧合金化过程的成本。目前国内大部分钢厂使用的铁水中铬元素的含量小于 0.2%，在转炉渣中生成的高熔点化合物 Cr_2O_3 的含量较低，因此导致冶炼终点铬含量较低。

与加入普通铁水相比，转炉加入含铬铁水会导致冶炼前期化渣十分困难，并且在中后期会出现喷溅现象，这会使得冶炼过程中损失一部分钢铁料。因此需要根据铬铁合金加入钢液中后的熔解行为对冶炼工艺进行优化，从而达到降低冶炼成本的目的。在转炉炼钢过程中，铬铁合金一般加入钢包中，也可以在出钢时加入或者在 LF 精炼过程加入，加入的一般为微碳铬铁，这会导致冶炼成本较高。此外，在 LF 精炼过程加入铬铁合金后，钢水的温度很低并且升温速度也较慢，为了避免钢水的温度过低，铬铁合金一般分 3~4 批加入钢水中，从而导致冶炼周期变长。若在转炉吹氧冶炼过程中加入铬铁合金，会导致加入的铬很快被氧化。为了提高铬铁合金的收得率，往往会在铬铁合金熔化后，加入大量的硅铁合金或铝合金对炉渣进行还原处理，这会导致合金消耗量增加，转炉冶炼周期延长。

3.1.3.2 铬铁合金在电弧炉中的应用

电弧炉炼钢是以废钢、铁水和合金为主要原料，以电力为主要能源加热并熔化炉料，生产钢铁的工艺。因其具有设备简单、占地面积小、工艺流程短、操作容易、生产效率高、能耗低和污染小等特点逐渐成为炼钢的主要方法之一。在电弧炉中加入适量的铬铁合金可以使其代替部分的 Si、Mn 等元素，降低冶炼成本。在电弧炉中加入铬铁合金后，必须加大吹氧力度才能达到高速脱碳的目的，从而迅速在电弧炉内完成熔化、精炼、还原和合金化的任务。电弧炉通常是在常压下冶炼的，为了减少炉内铬元素的损失，需要升高炉内温度，这会使炉衬的寿命降低，频繁更换炉衬，大幅增加冶炼成本。

因此，为了减少能耗、缩短冶炼周期，采用的主要措施有：（1）粉碎技术，将铬铁合金打碎至规定粒径，使之更易于熔化；（2）泡沫渣技术，在炉内中造泡沫渣能够降低向炉壁和炉顶的热辐射，提高熔池对热辐射的吸收效果，同时能够减少电弧炉冶炼周期 11%~42%。

3.1.3.3 铬铁合金在炉外精炼中的应用

AOD（argon oxygen decarbcrization）法 和 VOD（vacuum oxygen decarburization）法是生产不锈钢的主要方法。铬铁合金是生产不锈钢和其他特殊钢种不可缺少的原料，而且大约 80% 的铬铁合金都用于不锈钢的生产。因此，铬铁合金的生产在一定程度上直接受到不锈钢生产的影响。在不锈钢生产的产品中，200 系不锈钢的含铬量约为 16%，300 系不锈钢含铬量约为 18%，400 系不锈钢含铬量约为 12%，其中 300 系不锈钢是铬需求量最大也是不锈钢生产所占比例最大的产品。

AOD 精炼技术，以含铬铁水为主要原料，在标准大气压下向含铬铁水吹入氧气，同时吹入惰性气体（如氮气或氩气）降低 CO 的分压进行深脱碳，抑制铬铁水中铬的氧化，达到降碳保铬的目的。AOD 精炼法有以下几个优点：（1）铬的回收率在精炼后明显提高；（2）对原材料的要求不高；（3）在精炼炉中碳含量高的区域吹炼速度快，动力学条件优良；（4）设备简便、操作简单，投资少且经济收入高。AOD 法虽有很多优点，但仍然存在一些问题。最为明显的是，钢液中铬的损耗情况会随着钢液中碳含量的降低而显著增加。此外，AOD 法的脱碳能力在低碳区明显降低，虽然可以通过提高吹氩量、降低 CO 的大气压以增强其脱碳能力，但吹氩量的增加会使得炼钢成本提高，增加操作量，延长冶炼周期。

VOD 精炼技术是一种在真空的条件下吹氧脱碳并且吹氩搅拌生产低碳不锈钢的方法。VOD 法的特点是可以很好地达到降碳保铬的目的，可以通过改变真空度的大小来抑制铬的氧化。另一方面，整个精炼过程是在钢包中控制发生的，因此不会发生增氮的情况；而且脱氧效果较好，金属收得率高。另外，含铬钢水的入炉温度对 VOD 精炼法的影响较大，入炉钢水的温度越高，越有利于提高铬和氧的收得率，从而降低氧的消耗量，但如果温度过高，也会导致钢包耐火材料磨损严重，从而降低钢包炉衬的寿命。

3.2　碳素铬铁合金生产工艺

碳素铬铁是以铬矿为主要原料，焦炭做还原剂，添加适量硅石等熔剂在矿热电弧炉中冶炼制得的。

冶炼碳素铬铁的炉型有开口和封闭两种。为提高生产率和改善技术经济指标，控制环境污染，目前电弧炉容量趋向大资化，当今世界最大的碳素铬铁电炉容量为 105000kV·A。

为保证碳素铬铁成分合格，电炉负荷稳定和三支电极电流平衡，入炉原料要称量准确和混合充分，料批质量始终依炉子大小而定。

炉料通过料管、加料机或人工连续加到电极四周。冶炼过程中，特别是出铁之后，料面下沉，有时还发生塌料，应及时补充炉料，正常冶炼中，料面应维持在一定高度。

在碳素铬铁电弧炉中反应区大致划分为：炉料层、焦炭层、熔渣层、精炼层和合金层五个部分，如图 3.5 所示。

当用碳质还原剂时，反应如下：

$$2/3Cr_2O_3 + 2C \Longrightarrow 4/3Cr + 2CO(g) \tag{3.1}$$

反应开始温度为 1253℃。

$$2/3Cr_2O_3 + 26/9C \Longrightarrow 4/9Cr_3C_2 + 2CO(g) \tag{3.2}$$

反应开始温度为 1103℃。

$$2/3Cr_2O_3 + 18/7C \Longrightarrow 4/21Cr_7C_3 + 2CO(g) \tag{3.3}$$

反应开始温度为 1133℃。

$$2/3Cr_2O_3 + 54/23C \Longrightarrow 4/69Cr_{23}C_6 + 2CO(g) \tag{3.4}$$

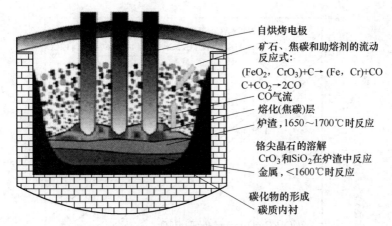

图 3.5 熔炼铬矿埋弧电弧炉的反应剖面示意图

反应开始温度为 1174℃。

从上述反应的自由能变化及由此算得的反应开始温度可知，由于铬与碳可以生成稳定的碳化物，用碳质还原剂还原铬矿得到的主要是铬的碳化物，少部分是金属。因此只能获得含碳量较高的高碳铬铁。

比较各种碳化物的反应开始温度可知，生成含碳量高的碳化物比生成含碳量低的碳化物更容易。实际生产中，炉料在加热过程中首先有部分的铬矿与焦炭反应生成 Cr_3C_2，随着炉料温度升高，大量铬矿与焦炭反应生成 Cr_7C_3。温度进一步升高，Cr_2O_3 对合金起精炼脱碳作用。它们的反应为：

$$14/5Cr_3C_2 + 2/3Cr_2O_3 = 4/3Cr + 6/5Cr_7C_3 + 2CO(g) \qquad (3.5)$$

反应开始温度为 1484℃。

$$2Cr_7C_3 + Cr_2O_3 = 2/3Cr_{23}C_6 + 2CO(g) \qquad (3.6)$$

反应开始温度为 1621℃。

$$1/3Cr_{23}C_6 + 2/3Cr_2O_3 = 9Cr + 2CO(g) \qquad (3.7)$$

反应开始温度为 1733℃。

其中，图 3.6 为碳还原 Cr_2O_3 时各反应的吉布斯自由能变化与温度的关系。

铬矿中氧化铁比 Cr_2O_3 容易在较低的温度下充分地被还原出来，与碳化铬互溶，组成复碳化合物，降低了合金的熔点。同时由于铬与铁互相溶解，使还原反应更易进行。

铬铁在 1000～1200℃时就开始从铬铁矿中还原，但在温度较低时铁的还原速度高于铬，因而生成 (Fe、Cr)$_3$C 型碳化物与金属。当温度较高时反应生成物是 (Fe、Cr)$_7$C$_3$ 型碳化物。在初渣形成之前铬矿中已经有金属颗粒生成。在炉料层低部温度接近 1900～2000℃时，矿石开始熔化，初渣生成，块状铬矿还原速度显著增加。

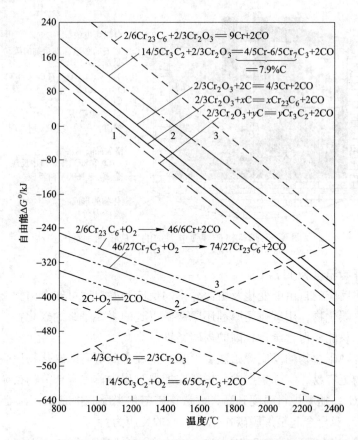

图 3.6　碳还原 Cr_2O_3 时各反应的吉布斯自由能变化与温度的关系

　　炉渣的生成反应是在铬矿中易熔性胶结岩熔化之处开始的。焦炭的灰分和熔剂、矿石的脉石相互作用加快了成渣速度。出渣与铬矿中脉石继续作用形成炉渣。

　　焦炭层是炉内主要导电部分，是温度相当高、反应极为剧烈的区域，铬和铁的大量还原是焦炭层附近发生的。

　　在合金上面，部分熔化的铬矿与炉渣相混合形成精炼层。铬矿石的比重一般大于熔渣，未反应的矿石穿过熔渣层集中在这一区域。当合金熔滴穿过这一区域时或在金属液与矿石接触的界面处，合金中的碳、硅与矿石中的氧化物反应，使合金中的硅和碳含量降低。其反应式为：

　　造渣反应：

$$(Fe,Mg)O(Cr,Al)O_3 + CO(g) \longrightarrow (FeO) + 2(CrO) + (Mg \cdot Al_2O_3) + CO_2(g)$$

$$(3.8)$$

　　或：

$$(Fe,Mg)O(Cr,Al)_2O_3 + C(s) \longrightarrow (FeO) + 2(CrO) + (MgO \cdot Al_2O_3) + CO(g)$$

$$(3.9)$$

并且

$$(FeO) + (CrO) + (Cr_2O_3) + (Al_2O_3) + (MgO) + (SiO_2) + (CaO) =\!\!=\!\!= (炉渣)$$

$$(3.10)$$

推导式

$$2(Cr^{3+}) + (O^{2-}) \rightleftharpoons 2(Cr^{2+}) + (O) \tag{3.11}$$

和

$$C(s) + (O) \rightleftharpoons CO(g) \tag{3.12}$$

主要还原反应：

$$(FeO) + C(s) \rightleftharpoons Fe + CO(g) \tag{3.13}$$

$$7(CrO) + 10C(s) \longrightarrow Cr_7C_3 + 7CO(g) \tag{3.14}$$

$$(SiO_2) + 2C(s) \longrightarrow Si + 2CO(g) \tag{3.15}$$

3.3　铬铁合金冶炼固体废弃物产生及特点

3.3.1　铬铁合金粉尘

使用 FactSage 热力学软件可预测埋弧炉（SAF）生产铬铁合金过程中可能生产粉尘的化学反应，如图 3.7 所示。

铬铁生产过程中以低氧分压（$<101.325\times10^{-5}$Pa）为主，烟气中的 CO 含量一般在 90% 左右。在此条件下，炉料中的 Zn、K 和 Na 可以在低温下（约 800~1100℃）被碳或 CO 还原后蒸发。这些物质可能会因空气或 CO_2 的泄漏而被重新氧化，然后凝结在废气管道中的其他颗粒上。SiO_2 既可能以石英的形式存在于炉渣中，也可能被碳还原为 SiO(g)。同样，渣相中的 MgO 也可以转化为 Mg(g)。这些反应可能发生在 SAF 的高温区，特别是在电极附近（$>2000℃$）。当气相氧势增加时，SiO(g) 和 Mg(g) 很容易被氧化成 SiO_2 和 MgO。

炉料中的水分在高温下也会挥发到废气中。碳基还原剂中的一些无机成分，如 Cl 和 S，会与其他金属元素一起挥发或分解。煤中含有挥发性的有机物和无机物，以及 K、Na 等挥发性金属，在铬铁生产中经常被用作焦炭的替代品，以降低成本。煤中的 Cl 浓度一般在 5×10^{-5}~2×10^{-3} 之间，并在高温下以 HCl、NaCl 和 KCl 的形式挥发。煤、焦炭和木炭也含有大量的硫和重金属，如 As、Cd 和 Pb。硫通过形成 $SO_2(g)$ 和 $SO_3(g)$ 进入废气中。

因此，SiO、Mg、SO_2、SO_3、O_2、CO、CO_2、H_2O、Zn 和 NaCl 等气体或它们之间的反应产物可能存在于 SAF 的废气管道中。NaCl、Mg、SiO 和 Zn 等气体

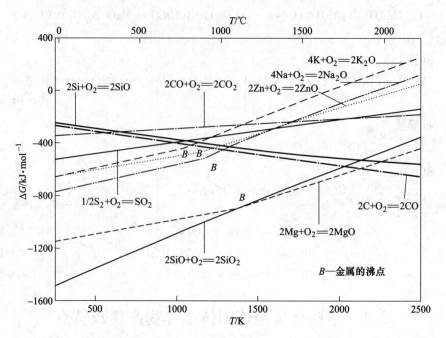

图 3.7　铬铁生产过程中可能导致粉尘形成的反应的吉布斯自由能计算

可能首先被废气氧化，然后冷凝。Mg_2SiO_4 可能通过含碳还原剂对铬铁矿的还原作用形成，或者通过 SiO、Mg 和 O_2 在废气管道中的反应形成。由于管道中的氧化气氛，ZnO 可以与 SO_3 反应形成 $ZnSO_4$。

图 3.8 展示了半封闭埋弧炉中铬铁合金粉尘形成机理。形成机理可分为以下四类：

（1）高温区元素或化合物的蒸发：铬铁粉尘中的盐（NaCl）是炉料进入 SAF 的高温区时生成的挥发产物。方石英（SiO_2）、方镁石（MgO）和 ZnO 是氧化物与碳或一氧化碳发生还原反应生成的氧化产物。

（2）渣和金属通过电极孔排出。

（3）在废气中直接捕获的炉料：粉尘中的含碳颗粒、石英和铬铁矿颗粒夹带于尾气中。

（4）废气管道中的废气形成的相和反应产物。

NaCl 和 ZnO 是生产过程中形成的挥发产物，金属或熔渣液滴可能从电极孔中喷出。在废气管道中通过化学反应形成了镁橄榄石（Mg_2SiO_4）和少量的水合物晶体[$Zn_4SO_4(OH)_6 \cdot 5H_2O$ 和 $NaZn_4(SO_4)Cl(OH)_6 \cdot 6H_2O$]。存在于铁铬粗粉尘中的钙长石[$Ca,Na(Si,Al)O_8$]在废气管道中冷却时从渣滴中析出。

铬铁合金烟尘一般分为粗烟尘和细烟尘两类，由旋风除尘器收集的烟尘颗粒尺寸较大，呈黑色。而由布袋除尘器捕集的烟尘呈浅灰色，颗粒细小，极易凝聚

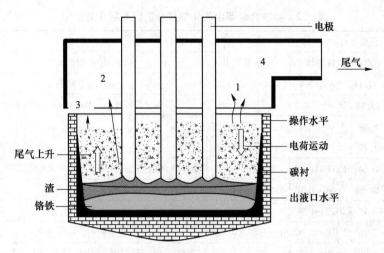

图 3.8　半封闭埋弧炉中铬铁合金粉尘的形成机理示意图

成团。表 3.1 列出了铬铁合金烟尘的物理特性。由表 3.1 可以看出，铬铁合金细烟尘的平均粒度在 $0.7\sim13.2\mu m$ 之间，水分含量较低（约为 1%），比表面积很大。当其浸入水中时呈碱性，此外，由于细烟尘中含可溶性盐类，遇水时即部分溶解，这意味着堆放或填埋这些烟尘会导致土壤碱化。和细烟尘相比，粗烟尘的平均粒度大约为 $80\mu m$，水分含量更低，浸入水中时呈强碱性。

表 3.1　铬铁合金烟尘的物理特性

铬铁合金烟尘	粒径 d_{50} /μm	水分 /%	比表面积 /$m^2 \cdot g^{-1}$	堆密度 /$g \cdot cm^{-3}$	水溶性组分 /%	pH 值
细烟尘	$0.71\sim13.23$	$0.93\sim1.06$	$5.31\sim13.2$	$0.49\sim0.93$	$3.34\sim11.86$	$8.08\sim8.48$
粗烟尘	79.76	0.48	—	—	—	11.18

表 3.2 列出了铬铁合金烟尘的化学成分范围和所含的晶相。由表 3.2 可以看出，铬铁合金粗烟尘中含有大量的铬、硅、铁、铝、镁和碳。而铬铁合金细烟尘则富含硅、锌、钠、钾、镁、硫和氯；与粗烟尘相比，其铬、铁和碳含量较低。铬铁合金粗烟尘的主要物相是铬尖晶石、石英、钙长石和非晶型碳质材料，而细烟尘则主要与氯化钠、氧化锌等物质的蒸发以及二氧化硅、氧化镁等氧化物的高温还原紧密相关。在铬铁合金细烟尘中还发现了少量含结晶水的化合物，如 $Na_4(SO_4)Cl(OH)_6 \cdot 6H_2O$ 和 $ZnSO_4(OH)_6 \cdot 5H_2O$。此外，研究表明可浸出的六价铬集中在铬铁合金细烟尘中，采用敞开式埋弧炉冶炼，烟尘中六价铬含量高达 0.7%，远超各国对六价铬含量的限制。

表 3.2　铬铁合金烟尘的化学成分范围和所含的晶相

元素	化学成分/%		晶　　相	
	铬铁粗烟尘	铬铁细烟尘	铬铁粗烟尘	铬铁细烟尘
Cr	13.14~17.11	1.92~7.4	铬尖晶石	铬尖晶石和 FeCr
Si	9.15~13.86	16.45~34.2	石英和钙长石	石英、镁橄榄石、$Mg_3Al_2Si_3O_{12}$ 和 Al_2SiO_5
Al	5.61~6.64	1.06~5.62	铬尖晶石和钙长石	铬尖晶石
Ca	0.71~1.72	0.14~0.57	白云石和钙长石	—
Zn	0.59~0.64	1.37~12.13	—	ZnO，$NaZn_4(SO_4)Cl(OH)_6 6H_2O$，$Zn_4SO_4(OH)_6 \cdot 5H_2O$
Fe	5.37~10.58	0.61~3.01	铬尖晶石和 FeCr	铬尖晶石和 FeCr
Mn	0.11~0.18	0.23~0.58	—	—
Mg	4.14~7.16	1.01~13.92	白云石和铬尖晶石	镁橄榄石，MgO 和铝
S	0.28~0.76	0.96~3.4	—	$NaZn_4(SO_4)Cl(OH)_6 6H_2O$ 和 $Zn_4SO_4(OH)_6 \cdot 5H_2O$
Cl	0.89	0.95~3.32	—	$NaCl$，$NaZn_4(SO_4)Cl(OH)_6 6H_2O$
Na	1.32~1.89	1.71~5.94	—	$NaCl$，$NaZn_4(SO_4)Cl(OH)_6 6H_2O$
K	0.84~0.91	1.0~7.58	—	—
C	9.97~15.5	1.1~1.58	煤、焦炭和木炭	煤、焦炭和木炭
Ga	0.015	0.026~0.39	—	—

铬铁烟尘中含有 Fe、Cr 和少量的 Si、Mn、Mg、Pb 等，它们以不同氧化态存在于大多数物相中。烟尘的主要形态可分为气态与高游离态。

(1) 气态。包括：焦炭燃烧和熔炼反应中生成的气态氧化物，如 CO、CO_2、SO_2、NO；其中大多是 H_2、CO、CO_2 和微量吹扫用气体（如 N_2），燃料的气态挥发分；炉料中有机物的高温分解物；炉料的吸附水和结晶水的蒸汽。

(2) 高游离态。熔化过程中的金属液和熔渣在高温下会氧化、蒸发，被高速气流携带上浮，冷凝为固体微粒。其中有金属和非金属的氧化物，如 SiO_2、CaO、MnO、Fe_xO_y、Cr_xO_y 等（一些 SiO_2 被还原为气化 SiO，而气化 SiO 又在烟道处转化为 SiO_2。一些具有很高蒸气压的金属（如 Mn 和 Zn）随气流离开熔炉，一旦气体经过文氏洗涤塔便会转变为氧化物且随后作为烟尘被俘获）；焦炭烧尽的灰分；未烧尽的炭末；燃料受热的挥发分 C_nH_m；炉料中有机物的不完全燃烧物。这些物质粒径在 $1\mu m$ 以下，呈高游离态存在，随炉气排出后呈黑烟。

从粉尘的粒径分布看，粉尘粒径较小，且粒度范围较大，如图 3.9 所示。其粒度测试结果为：粉尘的平均粒径约为 $2\mu m$，小于 $0.9\mu m$ 的约占 10%；0.9~$4.3\mu m$ 之间的占 60% 左右；大于 $4.6\mu m$ 的约占 30%。烟尘中氧化物含量较多，如图 3.10 所示。由图 3.10 可知，铬铁合金粉尘主要由形成簇的团聚颗粒组成。此类簇通常包含铬铁矿和部分蚀变铬铁矿颗粒、还原剂、金属铬铁液滴、助熔剂（石英）和 SiO_2 基矿渣液滴，这些液滴嵌入到颗粒极细的 SiO_2-MgO-ZnO-$(Na,K)_2O$ 基质中。

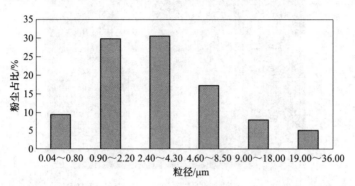

图 3.9 粉尘的粒度分布

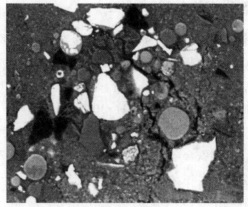

图 3.10 粉尘的 SEM 图

现有某铬铁熔炼车间烟道灰尘的微观形貌如图 3.11 所示。图 3.11 中 A 颗粒的 EDS 分析含元素 C、O、Si、S 和 K 的含量依次为 95.8%、2.7%、0.3%、0.7% 和 0.5%，该颗粒为碳质还原剂。由于碳含量高导致其颜色相对较深。B 颗粒的 EDS 分析显示，其中的元素 O、Na、Mg、Al、Si、S、K、Ca、Cr、Fe 和 Zn 含量依次为 30.1%、2.0%、22.4%、2.7%、21.5%、3.3%、2.0%、2.1%、5.4%、3.7% 和 4.8%，样品的大部分均为该类颗粒。典型烟尘颗粒有高比例的 Mg、Zn 存在，其他类似颗粒也含有高比例的 Mg、Zn 且只有少量 Cr。这主要归结于当从炉渣还原金属时这些元素的高挥发性；氧的比例高是因为这些元素都以氧化物态存在。C 颗粒的 EDS 分析显示，其中的元素 S、Cr 和 Fe 的含量依次为 1.0%、1.0% 和 98.0%，这些明亮的颗粒是灰尘夹带的细小金属颗粒。相对其他颗粒而言，其尺寸较小。

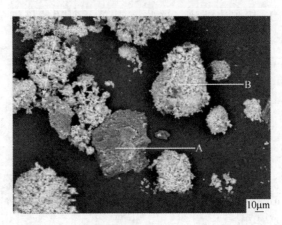

图 3.11　某铬铁熔炼车间烟道灰尘的 SEM 图

3.3.2　铬铁合金冶炼废渣

从外观上看，高碳铬铁渣呈灰黑色，部分工厂产生的渣呈暗绿色和铁锈红色，其质地坚硬，抗压强度在 100~200MPa 之间，破碎起来十分困难。有研究表明，该渣经水浸后易粉碎。其堆密度约为 1.2~1.7mg/cm³，相对密度为 2.35，比磁化系数为 $(0.2~200)×10^{-6}m^3/kg$。

表 3.3 列出了国内外铬铁合金冶炼厂废渣的化学成分。由表 3.3 可以看出，国内外铬铁合金渣成分相近，主要由 SiO_2、MgO 和 Al_2O_3 组成。其中的有价元素主要是铬，还含有少量的铁。研究表明大约 72.5% 的 Cr_2O_3 存在于粒径大于 2mm 的颗粒中。

表 3.3　高碳铬铁渣的化学成分（质量分数）　　　　（%）

化学成分	Cr_2O_3	SiO_2	MgO	Al_2O_3	FeO	CaO
国内	1.8~6.0	28.6~37	31.85~40	16~25	0.8~3.0	2.0~4.8
美国	3.5~8.0	27.8~32	29.2~35	23.8~32	4.0	—
瑞典	3.96	34	29.75	24.56	3.69	3.44

铬铁合金渣包含的矿物相主要有镁铝尖晶石、镁橄榄石、玻璃相、金属珠、钙镁橄榄石和铬尖晶石等。其中尖晶石相是铬铁合金渣中的主要矿相，其晶粒尺寸为 20~2000μm。铬铁合金渣中元素的浸出能力除钾达到 16% 外，其他元素的可浸出率都较低，其中可浸出铬、镍和锌分别占总铬、总镍和总锌的 0.03%~1.7%、4.6%~6.4% 和 3.3%~5.9%。

3.4 铬铁合金冶炼固体废弃物处理技术

铬铁合金厂中的固体废弃物主要来源于高温生产工艺中产生的炉渣和尘泥。由于高碳铬铁渣黏度大、熔点高，渣铁无法完全分离。一般来说，每生产1t高碳铬铁合金大约会产生1.1~1.2t废渣；同时在铬铁合金埋弧炉的冶炼过程中，由于元素的高温蒸发、电极孔飞溅出的渣铁和装料过程中炉料细小颗粒随尾气的排出，还会产生约25kg的烟尘或污泥。

由于炉渣和尘泥中含有一定的重金属离子，如六价铬、锌等，会对环境造成严重污染，国内外环保法都规定这些废弃物必须经过回收或无害化处理后才能排放。尤其是六价铬，由于其化合物在水中具有很高的溶解度，而且是一种致癌物质，不仅会严重危害人体健康，造成环境污染，还可能破坏生态平衡。世界上很多国家对固体废弃物中六价铬含量的限制都相当严格，如表3.4所示，以防止固体废弃物中盐类或有害物质的浸出，造成土壤碱化和地下水污染。因此，回收利用铬铁合金厂固体废弃物对资源利用和环境保护都具有重大意义。

表 3.4 各国对固体废弃物中铬及六价铬的含量限制

国别		美国	德国	中国	日本	意大利	西班牙
浸出液固液比		1:20	1:10	1:10	1:10	1:20	1:10
含量限制 /mg·L^{-1}	Cr(Ⅲ)	5（总铬）	—	—	—	2（总铬）	4
	Cr(Ⅵ)	—	0.5	1.5	1.5	0.2	0.5

3.4.1 铬铁合金粉尘处理技术

3.4.1.1 直接循环利用或回收

由于铬铁合金粗烟尘中含挥发性物质少，且碳、石英和铬铁合金颗粒约占总量的48%~71%，可以将其造球后返回到埋弧炉中冶炼。而铬铁合金细烟尘中含有大量挥发性物质，如锌、铅和碱金属等，当直接循环回收时，这类物质在烟尘中会循环富集，从而导致生产不顺。在南非某铬铁合金厂的试验中，将布袋除尘器中收集的细烟尘造球后直接装入半封闭式埋弧炉，不久后就导致了尾气管损坏和堵塞，这是由烟尘中的挥发性物质循环富集后在高温下对尾气管道的腐蚀以及烟尘在尾气管中的烧结造成的。因此，铬铁合金细烟尘并不适合直接循环回收，但从资源利用的角度考虑，可以采用回收工艺来回收其中的锌、铁等元素。

目前，采用回收工艺处理铬铁合金烟尘的报道较少，还基本处于实验室研究阶段。南非 Strobos 等人曾采用湿法冶金工艺来回收铬铁合金烟尘中的锌。由于铬铁合金烟尘中含有大量可溶性六价铬，研究人员首先将烟尘加水溶解过滤，含六价铬的滤液采用硫酸亚铁还原后沉淀。含锌滤饼用于回收锌，处理工艺分为四个阶段，即硫酸浸出、有机溶剂提取、分离和沉淀，如图 3.12 所示。在最佳的浸出工艺条件下（硫酸浓度为 336g/L 和酸尘比为 0.56），锌的回收率可以达到71.2%。该项目的可行性评估表明回收锌的价值低于工艺所消耗的化学试剂的成本。因此，该工艺在经济上并不可行。但对比在不回收烟尘时，在危险废弃物处置点的堆放和处理费用，据估计该工艺可以为公司节省约 470000 兰特（折合人民币约 20 万元）。

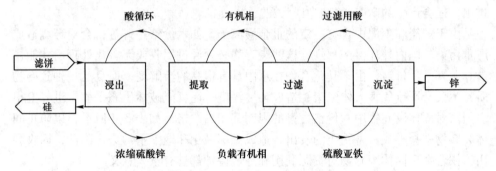

图 3.12　含锌滤饼处理工艺

3.4.1.2　固化/稳定化工艺

固化/稳定化工艺是处理重金属废弃物的有效手段之一。稳定化工艺可以改变有害废物的特性以减少其毒性或降低其移动性，而固化工艺是通过物理过程，把有害废物直接添加到惰性基体中，避免有害物质浸出污染环境。典型的稳定化/固化处理工艺包括将废弃物用作生产水泥、玻璃和黏土砖等的原料。该工艺的优点是运输费用低，资金投入低，目前该技术已成功应用到铬铁合金烟尘的处理中。

Giesekke 等人曾研究采用普通波特兰水泥（OPC）来固化铬铁烟尘中的 Cr(Ⅵ)和可溶性盐类。研究中将粉碎的铬铁合金渣、烟尘和普通波特兰水泥按不同比例来生产水泥块，结果显示大约 95% 的六价铬和 30% ~ 50% 的盐类（钠、钾、硫酸根离子和氯离子）被固化/稳定化。同时，研究中还加入氯化亚铁和含浮氏体（FeO）的电弧炉渣来促进六价铬的固化/稳定化。Cohen 等人也曾检验用普通波特兰水泥来固态化铬铁合金烟尘的可能性，研究表明，若要有效的固化烟尘，应首先用水清洗烟尘，去除溶解的六价铬、镁、钾和钠离子。

南非萨曼可铬业公司将 20% 的铬铁烟尘和 80% 的黏土或 30% 的铬铁烟尘、50% 的黏土和 20% 的铬铁合金渣混合来生产黏土砖，从而实现铬铁烟尘中重金属和可溶性盐类的固化处理。毒物特性浸出程序（TCLP）检测表明黏土砖中可浸出的六价铬离子含量低于 3×10^{-8}，可以满足环保的要求，目前该工艺已实现产业化。Maine 等人采用 50%的黏土和 50%的铬铁合金烟尘混合制造黏土砖，在 1200℃烧结来固化烟尘中的六价铬离子和可溶性盐类。试验结果表明铬铁烟尘中超过 99.5%的六价铬离子和 93.6%的盐被固化，在不同温度条件下的试验还证实六价铬离子的浸出量随烧结温度的升高而降低。

3.4.2 铬铁合金冶炼废渣处理技术

表 3.5 列出了国内外铬铁合金渣的处理工艺，主要包括回收合金或铬精矿的工艺和循环回收利用工艺等。其中回收合金或铬精矿的工艺是利用磁选、重选等方法，而循环回收利用工艺是以铬铁合金渣为原料生产耐火材料、造渣剂或用于水泥掺合料和铺路等。

表 3.5 铬铁合金渣处理工艺

铁合金厂	废渣类别	主要工艺或用途	主要产品	其他产品
印度某高碳铬铁合金厂	高碳铬铁渣	中低强度磁选	铬精矿	非磁性尾矿
阿克苏斯克铁合金厂	高碳铬铁渣	强磁选	铬精矿	非磁性碎石
吉林铁合金厂	高碳铬铁渣	湿磁选	铬矿和金属	尾矿
上海铁合金厂	微碳铬铁渣	筛选+磁选	微碳铬铁	粉状尾渣
津巴布韦铬铁公司	铬铁合金渣	重选(跳汰+螺旋溜槽)	金属	尾矿
希腊 Hellenic 铁合金公司	铬铁合金渣	重选（跳汰+摇床）	金属	尾矿
印度 Bamnilal 铁合金厂	铬铁合金渣	重选（跳汰+摇床）	铁合金	尾矿
重钢集团铁合金公司	铬铁合金渣	重选（跳汰）	铁合金	尾渣
锦州铁合金厂	铬铁合金渣	重选（跳汰）	金属	尾渣
上海铁合金厂	高碳铬铁渣	重选（跳汰）	铬精矿	粉状尾渣
上海冶金技术开发研究中心	高碳铬铁渣	耐火材料生产	不烧镁铬砖	—
辽宁某铁合金厂	高碳铬铁渣	耐火材料生产	不烧镁砖	—
川投峨眉铁合金集团公司	高碳铬铁渣	耐火材料生产	精炼炉堵眼粉	—
国内某厂	铬铁合金渣	合金生产	Cr_7C_3	
国内某厂	高碳铬铁渣	耐火材料生产	镁橄榄石-尖晶石复相材料	

3.4.2.1 回收合金或含铬精矿的工艺

（1）磁选工艺。由于高碳铬铁渣中的残余铬矿具有弱磁性，而铬铁合金具有强磁性。因此，可以采用磁选工艺来回收渣中的铬铁合金颗粒和残余铬矿。

在印度，曾采用干式弱磁选法来处理产生的高碳铬铁渣。使用的主要设备是带式磁选机。半工业试验和工业试验都表明采用该法可以回收高碳铬铁渣中的有价组分，在工业试验中采用两级磁选可获得含 Cr_2O_3 为 57.1%的精矿，产率为 1.5%。

2003 年，哈萨克斯坦的阿克苏铁合金厂采用钕铁硼永磁铁制造的强磁场鼓式磁选机来选别铬铁合金渣，其工艺流程如图 3.13 所示。磁选机的磁感应强度可达 0.7T，生产能力可达 30t/h。其生产工艺简单，只需将废渣破碎、筛分成 −40+20mm，−20+5mm 和 −5+0mm 三种不同粒级，再分别进行磁选。对 −40+20mm 和 −20+5mm 粒级铬铁合金渣磁选试验可得到的精矿全铬品位分别为 29.74% 和 26.20%，铬的总回收率分别为 54% 和 69.2%。在非磁性产品中铬的品位很低，且其中不含铬铁块和连生体。该磁选工艺和鼓式磁选机都已在乌克兰和俄罗斯申请了专利，且已经工业化生产。

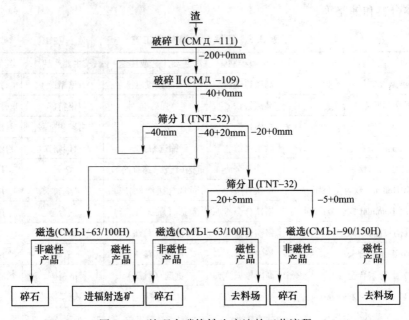

图 3.13　处理含碳铬铁生产渣的工艺流程

国内吉林铁合金厂也曾采用磁选工艺从高碳铬铁渣回收铬矿和金属。其工艺流程如图 3.14 所示，先将高碳铬铁渣破碎和球磨到粒径小于 0.90mm，然后采用湿磁选，经过二次选别后，Cr_2O_3 的回收率可达到 90%，其品位也达到 34% 以上。磁选后的尾矿还可用于生产免烧砖或用作水泥添加剂。

上海铁合金厂采用筛选、水洗以及筛选结合磁选回收等三种方法来探索回收微碳铬铁渣中金属的工艺。研究发现单纯采用筛网逐级筛选，粉尘污染大且工作效率低。采用水洗回收率较高，但耗水量大，尾渣很难处理。而筛选结合磁选回收的方法工艺简单，金属回收率高，且具有显著的效益经济。因此，半工业试验采用筛选结合磁选回收的方法，如图 3.15 所示：先将微碳铬铁粉渣经 1mm 网筛，再将尾渣送入交叉皮带式磁选机分选。当皮带磁选机和磁辊筒同时开机，且

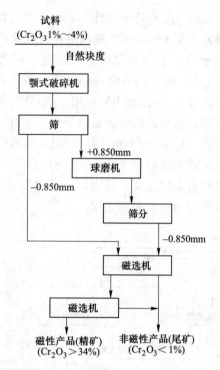

图 3.14 吉林铁合金厂磁选工艺流程示意图

皮带磁选机距渣面 100mm 时，金属回收率可达到 88%，磁选后的尾矿则用于生产水泥。

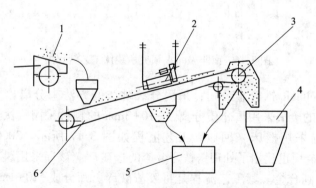

图 3.15 上海铁合金厂磁选工艺流程示意图
1—微铬渣粉；2—交叉皮带式磁选机；3—电磁辊筒；4—渣仓；5—盛铁桶；6—皮带机

（2）重选工艺。国内外许多厂家和研究机构都曾研究采用重选的方法来回收铬铁合金渣中的金属，如南非 Mintek、津巴布韦 Zimasco 铬业有限公司、希腊 Hellenic 铁合金公司、印度 Bamnilal 铁合金厂，国内锦州铁合金厂和上海铁合金厂。

在 20 世纪 70 年代末期，南非的研究机构 Mintek 就开始研究从铬铁合金废渣中回收合金。早期的研究证实采用磁选和跳汰选矿可以从破碎的废渣中回收金属产品。经过二十多年的研究，成功开发出了从废渣中回收合金的工艺（AFS），其工艺流程如图 3.16 所示。该工艺采用破碎、筛分等方法将废渣分成 +25mm、−25+6mm、−6+1mm 和小于 1mm 四种不同粒级。将其中 −25+6mm 的颗粒采用块状跳汰法来回收块状金属，尾矿进行研磨后再返回工艺中。颗粒尺寸大于 25mm 的渣块需经过研磨后返回，对于 −6+1mm 的颗粒则采用细粒跳汰来分离小颗粒金属，最后采用两级螺旋溜槽来回收小于 1mm 的金属颗粒。该工艺已在津巴布韦铬铁公司等六家公司实现商业化生产。其金属产品中仅含不到 2% 的渣，可以用于直接销售，且能回收超过 96% 的解离金属。

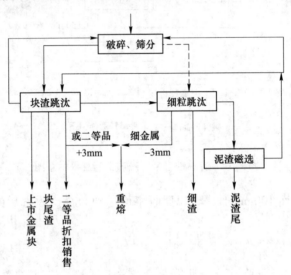

图 3.16 南非 Mintek 研究所跳汰工艺流程图

希腊的 Hellenic 铁合金公司，采用分级跳汰的方法来分离出金属产品。对于 −30+10mm 的废渣采用重介质分离，−10+3mm 的颗粒采用跳汰选矿，而小于 3mm 的颗粒则采用摇床来回收，工艺流程如图 3.17 所示。2000 年，印度的 Bamnilal 铁合金厂也建立了处理铬铁合金渣的选矿厂。该厂采用跳汰分选和摇床来分离渣铁得到合金。其工艺流程是将废渣破碎、筛分成 −10+1mm 和 −1mm 两个粒级的颗粒。对于尺寸为 −10+1mm 大颗粒采用 Duplex 型跳汰机分选，而小于 1mm 的颗粒则用摇床处理。其产品主要是可用于直接销售的铁合金和尾矿。

国内上海铁合金厂在试用强磁选、重液和跳汰选矿后，采用跳汰选矿来回收铬精矿，其工艺流程如图 3.18 所示。但工艺的回收率仅达 70% 左右，且不能回收粒径小于 3mm 炉渣中的金属颗粒。此外，锦州铁合金厂也曾采用旁动式双斗隔膜跳汰机来回收废渣中的合金，其工艺流程如图 3.19 所示。该工艺需将废渣

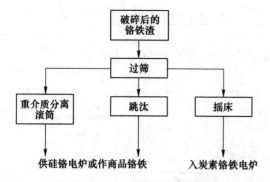

图 3.17 希腊的 Hellenic 铁合金公司跳汰工艺流程图

破碎、筛分到颗粒粒径小于 12mm 后采用电磁振动给料机送入跳汰机。在炉渣粒度小于 12mm 时，当床石层厚度为 +40-60mm 以及加料速度为 2.2~3.0t/h 时，可使渣中的合金回收率达到 68.86%，回收的金属产品中铬含量也达到了 61.48%，具有良好的效果。

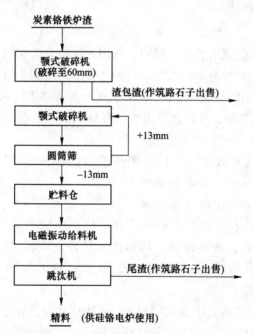

图 3.18 上海铁合金厂跳汰工艺流程图

3.4.2.2 循环回收用作其他工艺的原料

国内一些铁合金厂和研究人员曾循环回收铬铁合金渣，并用于生产微晶玻璃、耐火材料（不烧镁铬砖和不烧镁砖），或作为堵眼镁砂的替代品、水泥掺合

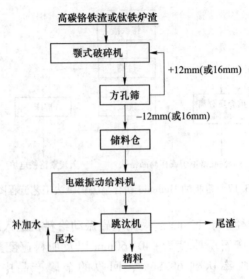

图 3.19　锦州铁合金厂跳汰工艺流程图

料，或用于铺路。

　　王志强等人采用碳铬渣为主要原料，使用碎玻璃为助熔剂，萤石与芒硝为辅助原料，并加入石灰石和纯碱提高配合料的气体率，以利于熔制。首先将混合物在 1420℃ 熔制并保温 1h，成形后在 520℃ 退火。当碳铬渣比例为 30%~50%，碎玻璃用量为 40%~60% 时，可以制备出性能良好的微晶玻璃，其主要晶相为透辉石和霞石。目前还没有该工艺工业化应用的报道。

　　利用铬铁渣中的有效组分，以相图理论为指导，还可以将废渣用于耐火材料和冶金辅料的生产。上海冶金技术开发研究中心曾将高碳铬铁渣破碎后，与镁砂、苏州泥按比例（铬铁渣∶镁砂∶苏州泥 = 5∶4∶1）混合，加黏结剂后高压成型。在炼钢厂、玻璃厂和球铁厂的应用试验表明试制的"不烧镁铬砖"致密度高，抗渣性强，机械性能较好，热震性好，使用效果与镁砖相近，完全可以代替镁砖。其生产工艺简单（如图 3.20 所示），不用高温烧结，既环保又节能。

　　李志坚等人利用铬铁渣中 SiO_2、Al_2O_3 和 MgO 含量总和达到近 95%，计算其出现液相的温度为 1370℃，将其与烧结镁砂按一定比例配料后，采用复合剂制作镁砖。他们发现加入 30% 镁砂已达到普通镁砖的荷重软化温度（1560℃）。抗渣试验显示试验砖的各项指标都优于 MZ-91 牌号镁砖。

　　高碳铬铁渣也可以配加一定量的镁砂后用于冶炼中低碳锰铁和铬铁的精炼电弧炉堵眼。川投峨铁公司曾将高碳铬铁渣破碎到 0~10mm 后，配入 10%~35% 的镁砂后代替镁砂为精炼电弧炉堵眼，使用效果良好，且每吨堵眼粉的生产成本降

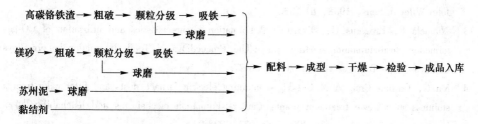

图 3.20　不烧镁铬砖的制备工艺流程图

低 440 元，具有较好的经济效益。铬铁渣还可以和粒化高炉渣一样作为水泥混合材料，国家建筑材料工业局也发布了行业标准 JC 417—1991 用于水泥中的粒化铬铁渣。

此外，由于铬铁合金渣具有良好的理化特性，废渣也适用于道路建筑材料。研究人员曾全面研究了瑞典 Vargon 合金厂排放的铬铁合金渣用于铺路对环境的负面影响。研究结果表明从铬铁合金渣中浸出到地下水中所有元素的含量都很低，渣中颗粒迁移到底层土壤中的能力较低，只有那些根部生长在铁合金渣中的植物才可能吸收了大量的铬，但这还需要进一步的研究证实。

参 考 文 献

[1] 陈国翠. 我国铬铁合金生产与发展 [J]. 铁合金，2000，31 (5)：40-42.

[2] 李艳军，张剑廷. 我国铬铁矿资源现状及可持续供应建议 [J]. 金属矿山，2011 (10)：27-30.

[3] 江苏省沙钢钢铁研究院有限公司. 一种低碳含 Cr 合金钢的转炉配铬方法：CN201611051044. 2 [P]. 2017-05-31.

[4] 汤晓辉. 高铬铁水炼钢技术的研究 [J]. 冶金与材料，2018 (4)：113-115.

[5] 玉溪新兴钢铁有限公司. 一种含铬铁水转炉冶炼提高终点残铬方法：CN202110915058. 9 [P]. 2021-12-24.

[6] 李世有. 浅析我国铬铁合金生产与发展 [J]. 商品与质量：消费研究，2014 (5)：332-336.

[7] 王代军，贺万才. 浅析我国铬铁合金冶炼发展趋势 [J]. 铁合金，2020，51 (4)：40-44.

[8] 张慧凤. 高碳铬铁成分影响因素及控制措施 [J]. 企业技术开发（下半月），2016，35 (16)：173-174.

[9] 董艳伍，姜周华，龚伟. K-OBM-S 转炉冶炼不锈钢过程的数学模拟和应用 [J]. 特殊钢，2006，27 (2)：13-16.

[10] 郭光平. 铬铁生产技术的发展 [J]. 铁合金，2006，37 (3)：46-48.

[11] 安杰，于丹，耿振伟. VOD 不锈钢水的初始温度对精炼效果的影响 [J]. 特殊钢，2013，34 (1)：31-33.

[12] Nriagu J O，Nieboer E. Chromium in the natural and human environments [M]. New York：

John Wiley & Sons, 1988, 81-103.

[13] Niemela P, Krogerus H, Oikarinen P. Formation, characteristics and utilisation of CO-gas formed in ferrochromium smelting [J]. The Proceedings of Tenth International Ferroalloys Congress. Cape Town: SAIMM, 2004, 68-77.

[14] Ma G, Garbers-Craig A M. Cr(Ⅵ)-containing electric furnace dusts and filter cake from a stainless steel waste treatment plant: Part 2- Formation mechanisms and leachability [J]. Ironmaking and Steelmaking, 2006, 33 (3): 238-244.

[15] 王志强, 马春, 韩趁涛. 碳铬渣、硅锰渣微晶玻璃的研制 [J]. 玻璃与搪瓷, 2001, 29 (6): 16-20.

[16] Lind B B, Fallman A M, Larsson L B. Environmental impact of ferrochrome slag in road construction [J]. Waste Management, 2001, 21: 255-264.

[17] Das B, Mohanty J K, Reddy P S R, et al. Characterisation and beneficiation studies of charge chrome slag [J]. Scandinavian Journal of Metallurgy, 1997, 26: 153-157.

[18] 罗宗, 李长根, 崔洪山. 选别含碳铬铁生产渣的新型磁选机的研制和试验 [J]. 国外金属矿选矿, 2006 (8): 22-32.

[19] Maine C F, Smit J P, Giesekke E W. Solid stabilization of soluble waste in the ferro-alloy industry [J]. Pretoria: Water Research Commission, 2000.

[20] Ma G. Cr(Ⅵ)-containing electric furnace dust and filter cake: Characteristics, formation, leachability and stabilization [D]. PhD thesis, University of Pretoria, Pretoria, South Africa, 2005.

[21] 李志坚, 窦叔菊, 孙加林. 利用利用炭素铬铁渣制造锰铁包衬用耐火材料 [J]. 耐火材料, 1999, 33 (1): 37-38, 45.

[22] 戈宝武, 宫志国, 葛军. 用高碳铬铁渣作造渣剂冶炼锰硅合金的实践 [J]. 铁合金, 1999 (4): 20-23.

[23] 刘世明. 碳铬渣综合利用初探 [J]. 铁合金, 2003 (3): 35-37.

[24] 张艳. 从碳素铬铁渣中回收铬矿及金属的试验研究 [J]. 铁合金, 1997 (6): 25-29.

[25] 关键. 高碳铬铁降碳探讨 [J]. 铁合金, 1999 (1): 20-24.

[26] Sripriya R, Murty Ch V G K. Recovery of metal from slag/mixed metal generated in ferroalloy plants-a case study [J]. Int. J. Miner. Process., 2005, 75: 123-134.

[27] Cox X B, Linton R W. Determination of chromium speciation in environmental particles: Multitechnique study of ferrochrome smelter dust [J]. Environ. Sci. Technol., 1985, 19: 345-352.

[28] Rodriguez-Pinero M, Pereira C F, Francoy C R E, et al. Stabilisation of a chromium-containing solid waste: Immobilization of hexavalent chromium [J]. J. Air & Waste Manage. Assoc., 1998, 48: 1093-1099.

[29] Giesekke E W, Smit J P, Viljoen E A, et al. Evaluation of solid-stabilised products made from Cr(Ⅵ)-containing ferrochrome bag-filter dust [J]. Proceedings of Waste Materials in Construction Conference, Harrogate, England, 2000.

[30] Strobos J C, Friend J F C. Zinc recovery from baghouse dust generated at ferrochrome foundries

[J]. Hydrometallurgy, 2004, 74: 165-171.

[31] Kornelius G. Dust from air pollution control operations in the ferro-alloy industry: Problems and opportunities [J]. S A Journal of Chemical Engineering, 1995, 7 (1): 28-38.

[32] Cohn B, Petrie J G. Containment of chromium and zinc in ferrochromium flue dusts by cement-based solidification [J]. Canadian Metallurgical Quarterly, 1997, 36 (4): 251-260.

[33] Gericke W A. Environmental solutions to waste products from ferrochrome production [J]. The Proceedings of INFACON 8. Beijing, China, 1998: 51-58.

[34] Giesekke E W. Mineral-based treatment strategies for wastes and effluents [J]. South African Journal of Science, 1999, 95: 367-371.

[35] Gericke W A. Environmental aspects of ferrochrome production [J]. The Proceedings of INFACON 7, Trondheim, Norway, 1995: 131-140.

[36] 丁少良, 邱伟坚. 从微碳铬铁渣中回收金属的试验 [J]. 铁合金, 1992 (2): 44-46.

[37] Mashanyare H P, Guest R N. The recovery of ferrochrome from slag at ZIMASCO [J]. Minerals Engineering, 1997, 10 (11): 1253-1258.

[38] 齐辅卿, 林文国. 跳汰法回收铁合金炉渣中合金 [J]. 铁合金, 1991 (3): 42-43, 38.

[39] 邱伟坚. 从碳素铬铁渣中回收金属的研究 [J]. 铁合金, 1998 (1): 28-31.

[40] 陈健明, 茅涟, 连晓穗. 高碳铬铁渣的应用研究-不烧镁铬砖的研制 [J]. 上海硅酸盐, 1992 (3): 186-191.

[41] 余建中, 伍崇华, 陈正勇. 碳铬渣综合开发的研究与应用 [J]. 铁合金, 2004 (2): 37-38.

[42] 王代军, 贺万才. 浅析我国铬铁合金冶炼发展趋势 [J]. 铁合金, 2004 (4): 40-44.

[43] 冯泽成, 赵惠忠, 韩欢师, 等. 高碳铬铁渣制备镁橄榄石-尖晶石复相材料的性能研究 [J]. 耐火材料, 2021, 55 (6): 491-497.

4 不锈钢冶炼固体废弃物及其资源化

4.1 不锈钢及其冶炼工艺

4.1.1 不锈钢概述

不锈钢（stainless steel）是指能抵抗大气及弱腐蚀性介质腐蚀的高合金钢种，有时也用于强腐蚀性介质中。一般而言，不锈钢是不锈钢和耐酸钢的简称或统称，其中耐空气、蒸汽、水等弱腐蚀介质或具有不锈性的钢种称为不锈钢，而将耐化学腐蚀介质（酸、碱、盐等化学浸蚀）腐蚀的钢种称为耐酸钢。

不锈钢是在普通低碳钢和低合金钢的基础上，通过添加一定量的 Cr 元素冶炼而成的，其不锈性和耐蚀性与 Cr 元素的含量有关。当钢中 Cr 含量高达 10.5% 时，Cr 会与大气或腐蚀介质中的氧发生反应，在钢表面形成一层极薄、致密、不易脱落的氧化膜，称作钝化膜（Cr_2O_3），将钢基体与外部环境隔离，防止钢基体进一步腐蚀。但不锈钢在特殊环境下也会出现局部腐蚀，如点腐蚀、晶间腐蚀、应力腐蚀和电偶腐蚀等，为克服上述腐蚀、提高耐蚀性，通常还会添加 Ni、Mo、Mn、N、Cu、Ti 和 Nb 等合金元素，在改变钝化膜化学组成的同时，提升不锈钢的性能。

不锈钢自问世以来，已有百余年发展历程。由于不锈钢具有优良的耐腐蚀性、加工性能、表面外观、可回收性，以及在宽温度范围内的高强度、高韧性等系列特点，是全生命周期"绿色钢材"，被誉为"钢中贵族"。不锈钢已从重工业、轻工业、军工业、电工行业、航空航天、船舶等传统用钢领域，逐渐走进建筑装饰、医疗器械、食品加工、家用电器等民生领域，应用范围愈发广泛。

不锈钢在国民经济和社会发展的占有重要地位，其生产水平和消费水平是衡量一个国家综合国力的重要标志，同时彰显着国家钢铁工业的整体发展水平，具有巨大的发展潜力和现实意义。

近年来，随着世界各国对不锈钢需求的逐步提升，不锈钢产量呈不断增长趋势。根据国际不锈钢论坛（The International Stainless Steel Forum, ISSF）公布的相关数据表明，2010~2021 年，全球不锈钢产量从 3109.4 万吨增长到了 5628.9 万吨，年均复合增长率为 6.82%，供应增量主要来自中国。从 2011 年到 2021 年，我国不锈钢粗钢产量从 1608.7 万吨增加到 3063.2 万吨，占 2021 年全球不锈钢产量比例达到 54.42%（如图 4.1 所示）。

从需求结构来看，2020 年全球约 75% 的不锈钢应用于制造业。图 4.2 为我国不锈钢下游需求应用领域情况，其中应用于金属制品制造占 28%；应用于石化、煤炭等大型资源采掘以及海洋工程等工程机械领域的不锈钢占比也较高，约为 18%。除此之外，我国不锈钢在其他交通、电力机械以及机动车辆和部件也有一定的占比，分别为 11%、11%、7%。伴随军工和高端制造业中产品结构的升级，未来这两个领域高端不锈钢的占比也将逐步扩大。

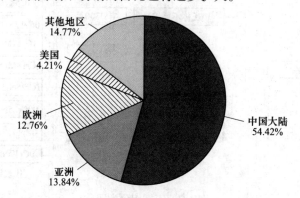

图 4.1 2021 年全球不锈钢粗钢产量占比

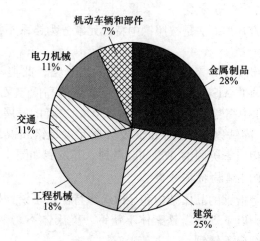

图 4.2 我国不锈钢下游需求应用领域情况

4.1.2 不锈钢分类

不锈钢的品种繁多，不同牌号、成分、性能之间存在差异，通常依据不锈钢的主要化学成分（特征元素）和组织结构，以及二者相结合的方法来进行分类，如图 4.3 所示。

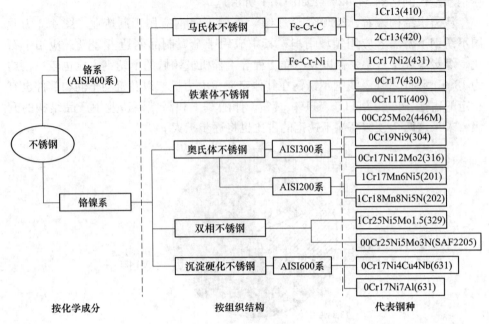

图 4.3   不锈钢分类图

4.1.2.1   按化学成分分类

不锈钢最常用的分类方法是按照钢中特征元素分为铬系不锈钢和铬镍系不锈钢两大类。

（1）Cr 系。除铁以外，钢中的主要合金元素是铬，此类不锈钢被称为铬系不锈钢，相当于美国的 AISI 400 系列。根据铬含量的高低，又可以分为低铬系不锈钢（AISI 410）和中高铬系不锈钢（AISI 430），二者的发展如图 4.4 所示。

（2）Cr-Ni 系。除铁以外，钢中的主要合金元素是铬和镍，此类不锈钢被称为铬镍系不锈钢，相当于美国的 AISI 300 系列。其发展如图 4.5 所示。

4.1.2.2   按组织结构特征分类

钢的组织结构是指钢的晶体结构和显微组织特征。不锈钢按照其组织结构的不同，主要可以分为以下 5 类：铁素体不锈钢、奥氏体不锈钢、马氏体不锈钢、双相不锈钢和沉淀硬化不锈钢。

（1）铁素体不锈钢。铬含量为 12%～30%，在高温和常温下均以体心立方晶格的铁素体为基体组织的不锈钢。这类钢一般不含镍，有的含有少量钼、钛或铌等元素，具有良好的抗氧化性、耐蚀性和耐氯化物腐蚀破裂性。

铁素体不锈钢根据铬含量可分为低铬（$w(\mathrm{Cr})=11\%\sim14\%$）、中铬（$w(\mathrm{Cr})=14\%\sim19\%$）和高铬（$w(\mathrm{Cr})=19\%\sim30\%$）三类，根据钢的纯净度，特别是碳、氮杂质含量，又可分为普通铁素体不锈钢和超纯铁素体不锈钢。普通铁

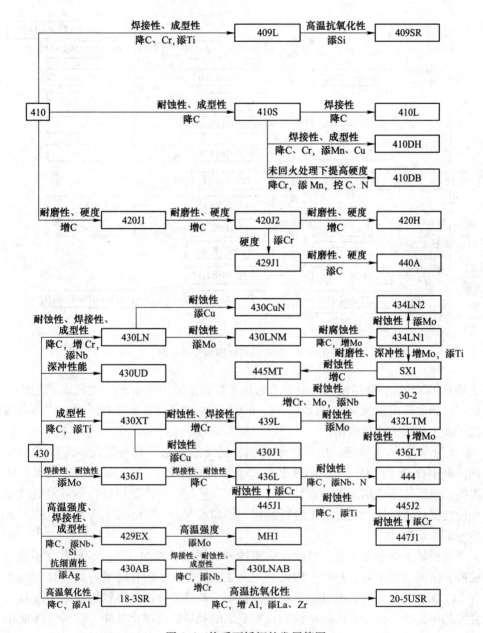

图 4.4　铬系不锈钢的发展简图

素体不锈钢有低温和室温脆性、焊接性较差、缺口敏感性及较高的晶间腐蚀倾向等缺点，虽然这类钢发展的较早，但在工业应用上一直受到很大限制。普通铁素体不锈钢的这些不足，与钢的纯净度，特别是与钢中碳、氮等间隙元素的含量较高有关。只要钢中碳、氮足够低，如不大于 0.015%~0.025%，基本上可克服上

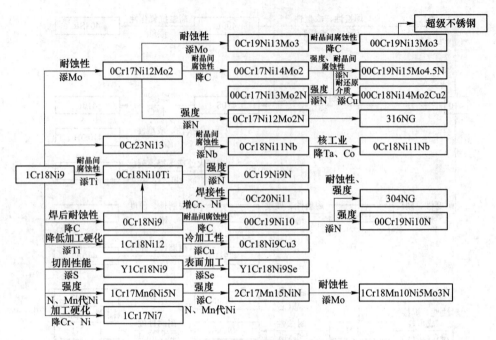

图4.5　铬镍系不锈钢的发展简图

述缺点。20世纪70年代后，由于冶炼技术特别是真空冶金和二次精炼工艺的发展，已能生产出$w(C+N) \leqslant (0.015\% \sim 0.025\%)$的高纯铁素体不锈钢，使这类钢在工业上获得了广泛应用。

（2）奥氏体不锈钢。奥氏体不锈钢，是指在常温下具有奥氏体组织的不锈钢。钢中含Cr约18%、含Ni约8%~25%、含C约0.1%时，具有稳定的奥氏体组织。奥氏体不锈钢无磁性而且具有高韧性和塑性，但强度较低，不可能通过相变使之强化，仅能通过冷加工进行强化，如加入S、Ca、Se、Te等元素，则具有良好的易切削性。

奥氏体不锈钢除耐氧化性酸介质腐蚀外，如果含有Mo、Cu等元素，还能耐硫酸、磷酸以及甲酸、醋酸、尿素等的腐蚀。此类钢中的含碳量若低于0.03%或含Ti、Ni，就可显著提高其耐晶间腐蚀性能。高硅的奥氏体不锈钢对浓硝酸具有良好的耐蚀性。由于奥氏体不锈钢具有全面的和良好的综合性能，在各行各业中获得了广泛的应用。

（3）马氏体不锈钢。基体组织在高温下为奥氏体，室温和低温下组织为马氏体，马氏体系奥氏体转变而来的相变产物。

马氏体不锈钢有磁性，强度高，但塑性和可焊接性较差，是一类可以通过热处理（淬火、回火）调整其力学性能的不锈钢，通俗地说，是一类可硬化的不锈钢。此类钢必须具备两个基本条件：一是在平衡相图中必须有奥氏体相区存在，在该区域温度范围内进行长时间加热，使碳化物固溶到钢中之后，进行淬火形成马氏体，也就是化学成分必须控制在 γ 或 γ+α 相区；二是要使合金形成耐腐蚀和氧化的钝化膜，铬含量必须在 10.5% 以上。典型牌号为 Cr13 型，如 2Cr13、3Cr13、4Cr13 等。淬火后硬度较高，不同回火温度具有不同强韧性组合，主要用于蒸汽轮机叶片、餐具、外科手术器械。

（4）双相不锈钢。双相不锈钢（duplex stainless steel，DSS），指铁素体与奥氏体各约占 50%，一般较少相的含量最少也需要达到 30% 的不锈钢。在含 C 较低的情况下，Cr 含量在 18%~28%，Ni 含量在 3%~10%。有些钢还含有 Mo、Cu、Nb、Ti、N 等合金元素。

由于两相组织的特点，通过正确控制化学成分和热处理工艺，该类钢兼有奥氏体和铁素体不锈钢的优点。屈服强度可达 400~550MPa，是普通奥氏体不锈钢的 2 倍。与铁素体相比，塑性、韧性更高，无室温脆性，耐晶间腐蚀性能和焊接性能均显著提高，同时还保持有铁素体不锈钢的 475℃脆性以及导热系数高，具有超塑性等特点。与奥氏体不锈钢相比，强度高且耐晶间腐蚀和耐氯化物应力腐蚀有明显提高。双相不锈钢具有优良的耐孔蚀性能，也是一种节镍不锈钢。

（5）沉淀硬化不锈钢。沉淀硬化不锈钢（precipitation hardening stainless steel，PHSS）在室温下的钢基体组织可以是马氏体、奥氏体以及铁素体。此类钢是在不锈钢化学成分的基础上添加不同类型、含量的强化元素，通过沉淀硬化过程析出不同类型和数量的碳化物、氮化物、碳氮化物和金属间化合物，既提高钢的强度又保持足够的韧性的一类高强度不锈钢，简称 PH 钢。沉淀硬化不锈钢具有高强度、高韧性、高耐蚀性、高抗氧化性和优良的成型性、焊接性等综合性能。

上述各类不锈钢的力学性能和物理性能分别如表 4.1 和表 4.2 所示。表 4.3 为各类不锈钢的主要特点、典型钢号及用途。

表 4.1 各类不锈钢主要力学性能

	特 性	马氏体	铁素体	奥氏体	双相	沉淀硬化
耐蚀性	不锈性	△×	◎	◎	◎	◎
	耐全面腐蚀	□△	◎△	◎□	◎	□△
	耐点蚀、缝隙腐蚀性	△×	○	◎□	◎□	△×
	耐应力腐蚀性	△×	◎	×□	◎	△×
耐热性	高温强度	◎	△	◎	△	◎□
	抗氧化性、抗硫化性	△	◎△	□×	□	□△
	热疲劳性	□		□		□

特　　性		马氏体	铁素体	奥氏体	双相	沉淀硬化
焊接件 冷加工	焊接性	△×	□△	◎	◎	△
	深冲性能	△×	◎	◎	△	△×
	深拉性能	△×	□	◎	△	△×
	易切削性		□	△□	□	△
强度塑 性韧性	室温强度	◎	□	□	◎	◎
	室温塑性、韧性	□×	□	◎	◎	□△
	低温韧性、塑性	□×	□×	◎	□	△×□
其他	磁性	有	有	无	有	有无
	导热性	□	◎	×	□	□×
	线膨胀系数	小	小	大	中	中

　　注：◎表示优；□表示良；△表示中；×表示差。

表 4.2　各类不锈钢的物理性能

钢种	相对密度	热膨胀系数 （20~200℃）	导热率 （20℃下）	比热容 （20℃下）	电阻系数 （20℃下）
马氏体	7.7	$10.5×10^{-6}$	30	460	0.55
铁素体	7.7	$10×10^{-6}$	25	460	0.60
奥氏体	7.93	$16×10^{-6}$	15	500	0.73
双相钢	7.8	$13×10^{-6}$	15	500	0.80
碳钢	7.85	$11×10^{-6}$	50	502	0.17

表 4.3　各类不锈钢的特点、典型钢号和用途

类别	主要特点	典型钢号	用途举例
马氏体不锈钢	1. 碳含量高，淬透性好，可热处理强化； 2. 有磁性； 3. 有较高的硬度和耐磨性； 4. 不易焊接制作，延展性不如奥氏体不锈钢； 5. 避免在 370~560℃ 之间回火； 6. 主要用于要求高强度和硬度，以及耐蚀性不高的场合	12Cr12 12Cr13 20Cr13	制作抗弱腐蚀介质、较高韧性及受冲击载荷零件，如汽轮机叶片、水压机阀、结构件、螺钉及螺母等
		30Cr13 40Cr13	较高硬度及耐磨性零件，如模具、轴、手术刀片及医疗机构、阀门、弹簧等
		14Cr17Ni2	要求较高强度的耐硝酸及某些有机酸腐蚀的零件及设备
		95Cr18 90Cr18MoV	高耐磨、耐蚀的零件，如不锈钢刀具、剪切刀具、手术刀片等

续表 4.3

类别	主要特点	典型钢号	用途举例
铁素体不锈钢	1. 铁素体加热时不发生相变，一般不能热处理强化； 2. 有强烈磁性； 3. 冷加工可使其轻微硬化； 4. 耐腐蚀性良好； 5. 主要用于氧化性的腐蚀介质	06Cr13Al 022Cr12	主要用于制造耐高温氧化性好的零件及冷加工成形件
		10Cr17 022Cr18Ti 10Cr18Mo	硝酸浓缩设备用的容器、管道及零件，也可作氯酸钠及磷酸设备
		008Cr27Mo 008Cr30Mo2	高纯铁素体不锈钢，适用于既要求耐蚀性又要求软磁性的零件及化工工业成套设备等
奥氏体不锈钢	1. 通常没有磁性； 2. 不能淬火强化、塑性、韧性及工艺性能良好，屈服强度低； 3. 耐蚀性良好，一般用于腐蚀性较强的介质中； 4. 冷加工可使其显著硬化，有优异的成形性和焊接性； 5. 与碳钢相比，热导率低，热膨胀系数大	06Cr19Ni10 022Cr19Ni10	具有良好的耐晶间腐蚀性能，是化学工业用良好耐蚀材料
		12Cr18Ni9 12Cr18M9Ni5N	制作耐硝酸、冷磷酸、有机酸及盐、碱溶液腐蚀的设备零件
		06Cr18Ni11Ti 07Cr18Ni11Ti	耐酸容器及设备衬里、输送管道及零件，抗磁仪表、医疗机械、具有较好耐晶间腐蚀性
		06Cr17Ni12Mo2N 022Cr17Ni12Mo2N	用于制造耐蚀性好，强度高部件，如化肥造纸、制药、高压设备等领域
		022Cr18Ni15Mo3N	医用外科植入物专用不锈钢
奥氏体铁素体不锈钢	1. 在室温下有奥氏体、铁素体双相组织； 2. 镍含量低于奥氏体不锈钢； 3. 具有耐晶间腐蚀及海水腐蚀性能； 4. 与奥氏体钢相比，更能抗氯化物应力腐蚀断裂；力学性能高，其屈服强度一般要高出 2~3 倍，抗拉强度高出 25%； 5. 线膨胀系数与碳钢相似，焊接性良好	12Cr21Ni5Ti 06Cr21Ni5Ti	可作硝酸和硝铵工业设备及管道尿素部分设备及管道，航空发动机外壳
		07Cr18Mn10Ni5Mo3N 06Cr17Mn13Mo2N	可制作尿素及维尼龙生产的设备及零件，以及其他化工、化肥等工业部门的设备及零件
		14Cr18Ni11Si4AlTi	制作高温浓硝酸腐蚀的设备和零件
		022Cr22Ni5Mo3N	是目前世界上双相钢应用最广泛的不锈钢之一，可制作油气管道、化工设备、海上运输船
		03Cr25Ni6Mo3Cu2N	海水环境中的理想材料
沉淀硬化型不锈钢	1. 固溶处理后，具有马氏体或奥氏体组织，经过热处理沉淀后，具有很高的强度和硬度； 2. 耐蚀性与 18-8 奥氏体不锈钢相近； 3. 通常用于对强度和耐蚀性要求很高的零件和精密模具	05Cr17Ni4Cu4Nb 05Cr15Ni5CuNb	马氏体沉淀硬化钢，高强度、耐蚀零部件，如阀门部件、飞机部件等
		07Cr17Ni7A1 07Cr15Ni7Mo2Al	半奥氏体沉淀硬化钢，用于石油化工、宇航、高强度容器和零部件
		06Cr15Ni25Ti2MoAlVB	奥氏体沉淀硬化型耐热钢，可用于 700℃ 以下高强度、耐蚀性零部件

4.1.2.3　按功能特点分类

不锈钢按功能特点主要可分为耐酸不锈钢、耐高温不锈钢、低温和超低温不锈钢、高强度不锈钢、易切削不锈钢等。

（1）耐酸不锈钢。耐酸不锈钢是指在各种强腐蚀介质中能耐腐蚀的钢。通常按照年腐蚀速度进行划分，其中年腐蚀速度小于 0.1mm 认为是"完全耐蚀"，小于 1.0mm 认为是"耐蚀"，而大于 1.0mm 则认为是"不耐蚀"。

（2）耐热不锈钢。耐热不锈钢是指在高温条件下具有良好的抗氧化性和足够的高温强度的不锈钢。对高温下服役的耐热不锈钢的使用性能需满足两条基本要求：1）要有足够的高温强度、高温疲劳强度以及与之相适应的塑性；2）要有足够的高温化学稳定性。此外，还应具有良好的工艺性能（如铸造、加工、焊接、冲压等性能）以及物理性能等。

（3）低温和超低温不锈钢。低温不锈钢是指适宜在 0℃ 以下应用的不锈钢。如果能在-196℃ 以下使用的不锈钢，则可称为深冷或超低温不锈钢。低温下使用的不锈钢除了应具有满意的抗拉强度和屈服强度外，还应具备优异的低温性能，如韧性-脆性转变温度要低于使用温度、满足设计强度的要求、低温下组织结构稳定、良好的焊接性和加工成形性，此外某些特殊用途还要求具备极地的磁导率、冷收缩率等。

（4）高强度不锈钢。高强度不锈钢是指强度明显高于通用奥氏体不锈钢的强度的不锈钢，包括奥氏体冷作硬化不锈钢、马氏体不锈钢、沉淀硬化不锈钢等。

（5）易切削不锈钢。易切削不锈钢是指在不锈钢中加入一定数量的一种或一种以上的硫、磷、铅、钙、硒、碲等易切削元素，以改善切削性能的不锈钢。这类钢主要用于自动切削机床上加工，因此具有良好的易切削性是非常重要的。易切削不锈钢主要用于对尺寸精度和粗糙度要求严格，而对力学性能要求相对较低的标准件，属专用钢。易切削不锈钢可进行最终热处理，但一般不进行预先热处理，以免损害其切削加工性。

4.1.2.4　不锈钢牌号标准

世界各国对不锈钢牌号的表示方法不同，主要不锈钢生产国家的牌号命名规则如下。

（1）中国不锈钢牌号。根据 GB/T 221—2008 的规定，中国不锈钢牌号采用化学元素符号以及表示各元素含量的阿拉伯数字表示。

对于碳含量，一般用两位或三位阿拉伯数字表示碳含量最佳控制量（以万分之几或十万分之几计），其中：对于只规定碳含量上限的钢种，当碳含量上限≤0.1%时，以其上限的3/4表示，而当碳含量上限>0.1%时，以其上限的4/5表示；对于碳含量≤0.03%的超低碳不锈钢，用三位数阿拉伯数字表示碳含量最佳控制值（以十万分之几计）；规定碳含量上下限的钢种，以平均碳含量×100表示。

对于合金元素含量，以化学元素符号及阿拉伯数字表示。平均合金元素含量小于1.50%时，在牌号中仅标明元素，一般不标明含量；平均合金元素含量为1.50%～2.49%、2.50%～3.49%……时，相应的标明2、3……。对于专门用途的不锈钢，在牌号头部需加上代表钢用途的代号。此外，钢中特意加入的Nb、Ti、Zr及N等合金元素，虽然含量较低，但也应该在牌号中标明。

例如，碳含量≤0.08%、铬含量为18.00%～20.00%、镍含量为8.00%～11.00%的不锈钢，其牌号为06Cr19Ni10。

碳含量≤0.030%、铬含量为16.00%～19.00%、钛含量为0.10%～1.00%的不锈钢，其牌号为022Cr18Ti。

碳含量为0.15%～0.25%、铬含量为14.00%～16.00%、锰含量为14.00%～16.00%、镍含量为1.50%～3.00%、氮含量为0.15%～0.30%的不锈钢，其牌号为20Cr15Mn15Ni2N。

（2）美国不锈钢牌号。美国主要有两种牌号表示方法，包括美国钢铁学会标准（AISI）和美国材料实验协会采用的统一编号系统（UNS）。

AISI的钢号均由三位数字表示，其中第一位数字表示钢的类型，其余两位表示顺序号，其具体标号系列如下：

1）2XX——铬镍锰氮奥氏体钢。XX为顺序号数字（下同）。例如，"202"为碳含量≤0.15%、锰含量≤10.0%、硅含量≤1.0%、铬含量为17%～19%、镍含量为4%～6%、氮含量≤0.25%的奥氏体不锈耐热钢。

2）3XX——镍铬奥氏体钢。例如，"302"相当于我国国家标准的12Cr18Ni9奥氏体不锈钢。

3）4XX——高铬马氏体和低碳高铬铁素体钢。例如，"403"大致相当于我国国家标准的12Cr12钢，"430"大致相当于我国国家标准的10Cr17钢。

4）5XX——低铬马氏体钢。例如，"501"大致相当于我国国家标准的12Cr5Mo耐热钢。

UNS系统对不锈钢钢号采用由一个前缀字母S和5个阿拉伯数字组合表示。第一个数字表示类别，后四位数字表示顺序号，并且前三位数字编号基本上采用AISI的不锈钢编号，最后两位数字主要用来区别同一组钢中主要成分相同而个别成分有差别或含特殊元素的钢种。具体的UNS系统不锈钢钢号的编号系列如表4.4所示。

但是，UNS系统与AISI钢号系列不同之处，主要有以下两点：

1）UNS系统的S1XXXX系列，现为沉淀硬化不锈钢。AISI钢号没有IXX系列，而采用"63X"系列表示沉淀硬化不锈钢；

2）AISI3XX 系列全部为镍铬奥氏体钢，4XX 系列全部为高铬马氏体钢和低碳高铬铁素体钢。UNS 系统在这两组数字系列中突破了这个范围，都增加了一些沉淀硬化不锈钢，其钢号是按照常用的商业牌号的数字特征编号的。例如，AM-350、Custom450，UNS 系统分别表示为 S35000、S45000。

表 4.4　UNS 系统不锈钢钢号的编号系列

UNS	钢组及特性	AISI	钢号对照举例
S1XXXX	现为沉淀硬化不锈钢	—	UNS S17400、S15700 AISI 17-4PH、PH15-7Mo
S2XXXX	节 Ni 奥氏体不锈钢	2XX	UNS S20200 AISI 202
S3XXXX	Cr-Ni 奥氏体及沉淀硬化不锈钢	3XX	UNS S30200、S30215 AISI 302、302B
S4XXXX	马氏体、铁素体以及沉淀硬化不锈钢	4XX	UNS S41000、S44004 AISI 410、440C
S5XXXX	Cr 耐热钢	5XX	UNS S50200 AISI 502

（3）德国不锈钢牌号。德国标准化学会（DIN）对不锈钢钢号开始冠以字母"X"表示为高合金钢；随后是表示钢平均含碳量为万分之几的数字和按含量多少依次排列的合金元素的化学符号，若含量相同则按字母顺序；最后是标明各主要合金元素含量的平均百分值（修约为整数，以百分之几表示）。如果由于含碳量无关紧要而不必注明时，则字母"X"也可以省略。

例如，X10CrNi188 代表碳含量为 0.10%、铬含量为 18%、镍含量为 8%的不锈钢；X10CrNiTi1892 代表碳含量为 0.10%、铬含量为 18%、镍含量为 9%、钛含量为 2%的不锈钢。

（4）日本不锈钢牌号。日本工业标准（JIS）对不锈钢的表示方法为"前缀+数字编号"，其中前缀"SUS"表示不锈钢、"SUH"表示耐热钢，数字编号则基本参照美国 AISI 的牌号表示方式。例如，SUS201、SUS304。

日本独特的牌号，采用类似的 AISI 牌号在其后加 J1、J2 表示。按照钢材的形状、用途以及制造方法等，当需要用代号时，会在牌号后面加上相应的代号，如：B 棒材、CB 冷加工棒材、HP 热轧钢板、CP 冷轧钢板等。

4.1.3　不锈钢生产工艺

不锈钢的生产工艺主要包括冶炼工艺和轧制工艺，其中轧制工艺又包括热轧工艺和冷轧工艺，其典型的生产工艺流程如图 4.6 所示。

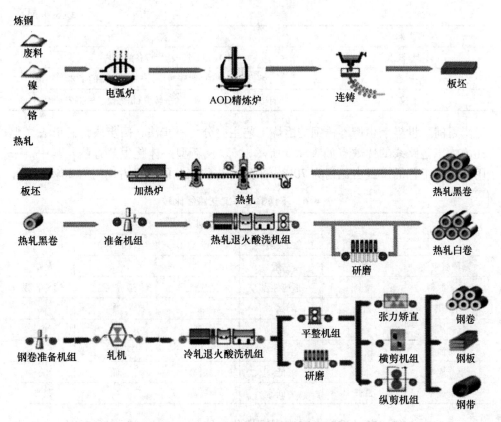

图 4.6 典型不锈钢生产工艺流程图

4.1.3.1 冶炼工艺

不锈钢冶炼工艺的选择与钢种和原材料有关，其中原材料主要包括废钢、铁水、铬矿石、镍矿合金等。

不锈钢冶炼所用的装备分为初炼设备和精炼设备两大类，初炼设备包括电弧炉（EAF）、非真空感应炉（一般用于小规模生产）、矿热炉、转炉等。精炼设备主要包括转炉型精炼设备（AOD、VODC、VCR、CLU、KCB-S、K-OBM-S、K-BOP、MRP-L、GOR 等）、钢包型精炼设备（VOD、SS-VOD、VOD-PB 等）及 RH 功能扩展型精炼设备（RH-OB、RH-KTB、RH-KPB 等）三大类。一般情况下，不锈钢的初步冶炼工艺根据冶炼原料来确定，如表 4.5 所示。

表 4.5 不同原料初步冶炼不锈钢的工艺路线

原 料	工 艺 路 线
废钢	EAF+精炼设备的短流程工艺
铁水	LD+精炼设备的工艺

原　料	工　艺　路　线
废钢+铁水	（EAF+LD）+精炼设备的工艺
铬矿石	（熔融还原转炉+脱碳转炉）+精炼设备的工艺
红土镍矿	干燥窑+回转窑+矿热炉+转炉+精炼设备的工艺

目前，世界上生产不锈钢的冶炼工艺主要分为一步法、两步法和三步法（上述冶炼工艺路线的优缺点如表4.6所示），以及新型一体化生产方法。其中，采用两步法工艺的产量占比约为70%，采用三步法工艺的产量占比约为20%。

表 4.6 不锈钢冶炼工艺路线比较

工艺路线	一步法	二步法			三步法
		EAF-转炉	EAF-VOD	转炉-转炉	
钢种适应性	差	一般	一般	一般	强
入炉原料	苛刻	适应性强	适应性强	适应性强	适应性强
生产率	低	高	低	高	高
氩气消耗	无	高	低	高	低
耐材消耗	较高	低	较高	低	高
生产成本	高	低	最高	低	高
投资成本	最低	低	较高	高	最高

一步法：在一座电弧炉内完成废钢熔化、脱碳、还原和精炼等工序，将炉料一步冶炼成不锈钢。随着炉外精炼工艺的不断发展，一步法冶炼生产工艺由于对原料要求苛刻（需返回不锈钢废钢、低碳铬铁和金属铬）、原材料和能源介质消耗高、冶炼周期长、作业率低、生产成本高、产品品种少、质量差、炉衬寿命短、耐火材料消耗高，被逐步淘汰，因此目前很少采用此法生产不锈钢。而电弧炉演进为初炼炉，承担熔化废钢和合金料、生产不锈钢预熔体的任务。

两步法：主要以电弧炉为初炼炉熔化废钢和合金料，生产不锈钢初炼钢水，然后在不同的精炼炉中精炼成合格的不锈钢钢水。二步法工艺路线为EAF（电弧炉）→AOD（氩氧精炼炉）、EAF（电弧炉）→VOD（真空精炼炉）。采用EAF与AOD的二步法工艺比较适合大型不锈钢专业厂使用，而采用EAF与VOD的二步法工艺比较适合小规模、多品种的不锈钢生产。两步法工艺被广泛应用于生产各系列不锈钢，其优点包括：电弧炉对原材料要求不高，生产周期相对于一步法工艺稍短，灵活性好，可生产除了超低碳、氮不锈钢外95%的不锈钢品种。

三步法：EAF（电弧炉）→复吹转炉/AOD（氩氧精炼炉）→VOD（真空精炼炉）。其特点是电弧炉作为熔化设备，只负责提供含Cr、Ni的半成品钢水；复吹主要任务是吹氧快速脱碳，以达到最大回收Cr的目的；VOD负责进一步脱碳、脱气和成分微调。三步法一般适用于氩气供应欠缺的地区，且采用含碳量高的铁水为原料、生产低碳和低氮不锈钢占比较大的不锈钢生产企业。

除了传统的几种生产工艺，目前一体化生产工艺，即从铁水直接到不锈钢的生产工艺，也被很多企业采用，代表工艺流程为：RKEF（回转窑电炉）→AOD（氩氧精炼炉），采用自产热态含镍铁水作为原料直送炼钢，经过脱硅转炉+AOD 转炉冶炼并浇铸后轧制，如图 4.7 所示。与传统工艺相比，其取消了镍铁水铸铁与电弧炉熔化工序，在降低耐材和金属消耗的同时，缩短冶炼周期，并避免了二次熔化和二次排放，实现了大幅节能降耗减排。

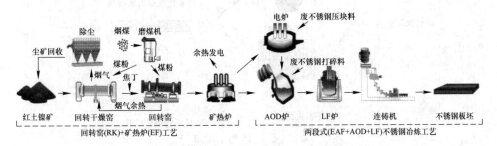

图 4.7 RKEF+AOD 双联法工艺流程

4.1.3.2 轧制工艺

（1）热轧工艺。不锈钢热轧工艺是以板坯（主要为连铸坯）为原料，经加热后由粗轧机组及精轧机组制成带钢，具体生产工艺流程如图 4.8 所示。从精轧最后一架轧机出来的热钢带通过层流冷却至设定温度，由卷取机卷成钢卷，冷却后的钢卷外表有氧化皮，呈现黑色，俗称"不锈钢黑皮卷"。经过退火酸洗，去掉氧化表面，即为"不锈钢白皮卷"，不锈钢市场流通的大部分热轧产品为不锈钢白皮卷。

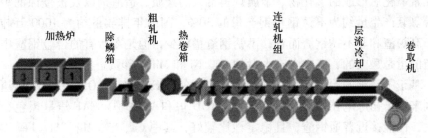

图 4.8 不锈钢热轧工艺流程

（2）冷轧工艺。在不锈钢热轧之后，部分不锈钢热轧品直接被下游使用，部分热轧产品需要继续加工成冷轧之后再使用。不锈钢冷轧多采用热轧厚度在 3.0~5.5mm 厚度的不锈钢热轧产品，经过冷轧设备的压延加工之后，生产成不锈钢冷轧产品，具体生产工艺流程如图 4.9 所示。当前不锈钢冷轧主要生产工艺为两类：不锈钢单机架冷轧和不锈钢多机架冷轧。

在不锈钢经过冷轧之后，需要经过退火和酸洗机组。冷轧后的不锈钢退火，是通过再结晶的过程消除加工硬化而达到软化的目的。酸洗的目的主要是：1）去掉退火过程中在钢带表面形成的氧化层；2）对不锈钢表面进行钝化处理，提高钢板耐蚀性。

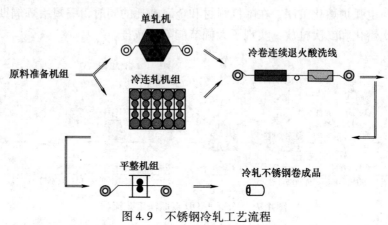

图 4.9　不锈钢冷轧工艺流程

4.1.4　不锈钢冶炼固体废弃物概述

在不锈钢冶炼过程中，会产生和排放大量的副产品，主要包括不锈钢渣、不锈钢粉尘和不锈钢酸洗污泥。

4.1.4.1　不锈钢渣

不锈钢渣是冶炼不锈钢过程中产生的固体废渣，主要来源于铁水和废钢中所含元素氧化后形成的氧化物、金属炉料带入的杂质、造渣剂以及被侵蚀的炉衬材料等。其产生量约为不锈钢粗钢产量的 30%，国内年排放量约为 1000 万吨。相对于高炉渣和非不锈钢渣而言，不锈钢渣量较少，但是在所有的合金钢渣中不锈钢渣的量是最大的，渣中含有大量的 Cr、Ni 和 Mn 等珍贵资源。

基于不锈钢的冶炼工艺，不锈钢渣主要分为 EAF 渣、AOD 渣和 VOD 渣，其分别来源于初炼电弧炉（EAF）、精炼 AOD 炉和 VOD 炉。EAF 渣呈黑色，颗粒较大，性能接近普通钢渣，且稳定性比较好，其中 Ca、Si、Mg、Al、Fe、O、Cr 等元素的质量分数大于 1%，主要矿物为 Ca_2SiO_4 和 $Ca_2Mg(SiO_4)_2$。AOD 渣多呈白色，主要是由于金属含量较少造成的，且冷却过程中由于物相发生变化，容易破碎粉化而呈粉尘状，其中 Ca、Si、Mg、C、O 等元素的质量分数大于 1%，主要矿物为 Ca_2SiO_4。VOD 渣的性能与 AOD 渣相似，冷却过程中也易于粉化。典型的不锈钢渣的微观形貌及化学成分分别如图 4.10 和表 4.7 所示。

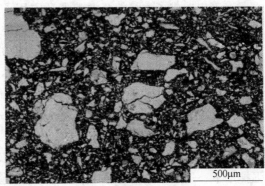

EAF渣   AOD渣

图 4.10　不锈钢渣的微观形貌

表 4.7　典型不锈钢渣化学成分（质量分数）　　　　（%）

	EAF 渣	AOD 渣	VOD 渣
CaO+MgO	40~50	50~60	—
SiO$_2$	20~30	约 30	—
MnO	2~3	<1	—
Al$_2$O$_3$	5~10	≈1	—
Cr$_2$O$_3$	2~10	<1	<1
Ni	<0.1	<0.1	<0.1
R	1.5	>2	>2

　　三种不锈钢渣的化学成分均以二氧化硅、氧化钙、氧化镁和三氧化二铝为主，矿物组成以硅酸二钙、硅酸三钙、硅钙石，具体基本性质如表 4.8 所示。不锈钢渣均为碱性渣，碱度一般为 1.5~2.0，渣中自由氧化钙及氧化镁的量比较大，两者与水反应时具有大的膨胀系数。不锈钢渣的主要金属元素为 Ca、Si、Mg，占钢渣总质量的 50%左右，另外还有 Al、Fe、O 和 Cr 元素。

表 4.8　不锈钢渣的理化性质

类型	碱度	矿 物 组 织
EAF 渣	1.3~2.0	硅酸二钙、镁硅钙石、钙铬石、尖晶石固溶体、金属相、RO 相等
AOD 渣	>2.0	硅酸二钙、方镁石、磁铁矿、金属相等
VOD 渣	>2.0	硅酸二钙、磁铁矿、氟化钙等

　　不锈钢渣的排放对周围环境有较大影响。主要体现在三个方面：（1）我国对不锈钢渣的利用率仅约 20%，资源化利用率低，大部分采用露天堆放或填埋的

方式，不仅造成了大量的资源浪费还占用了土地；（2）在堆放不锈钢渣的过程中，部分氧化物经雨水冲刷后形成各种盐类，会侵蚀周边的土地；（3）不锈钢渣中含有一定量的 Cr 元素，赋存在不稳定的物相中的 Cr^{3+} 会被缓慢氧化成毒性剧烈的 Cr^{6+}，浸出的 Cr^{6+} 不仅危害生态环境，影响动植物生长，而且会对人体呼吸系统造成巨大的损伤。一部分 Cr 则是赋存于稳定的物相中，如铬尖晶石相，这部分 Cr 无法浸出，不会对环境造成太大的影响。

4.1.4.2　不锈钢粉尘

不锈钢粉尘是指在冶炼过程中由电弧炉、AOD 炉或 VOD 炉中的高温液体在强搅动下，进入烟道并被布袋除尘器或电除尘器收集的金属、渣等成分的混合物。通常，每生产 1t 不锈钢粗钢大约可产生含铬、镍粉尘约 18~33kg。不锈钢厂粉尘外观一般呈棕褐色，这是由于铁氧化物含量较高所致，且颗粒细小，绝大部分粉尘粒径小于 $100\mu m$，其中小于 $1\mu m$ 的粉尘颗粒约占 40%（不锈钢粉尘粒径分布如图 4.11 所示）。通过扫描电子显微镜对不锈钢粉尘进行表征，其微观结构如图 4.12 所示，可以发现粉尘颗粒主要呈团簇状，由大量细小颗粒聚集而成，此外还存在一部分球形和不规则形状的颗粒，这些颗粒的尺寸相对较大，粒径约为 $3\mu m$。

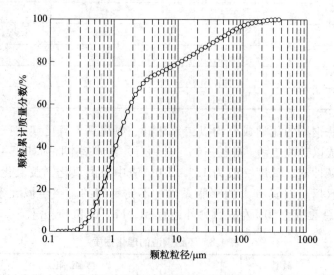

图 4.11　不锈钢粉尘粒径分布

由于冶炼原料、冶炼温度、吹气量等的不同，所产的不锈钢粉尘成分和物相结构之间存在差异。由表 4.9 所示的不锈钢粉尘的成分及物相组成可知，主要物相包括氧化铁、四氧化三铁、尖晶石、二氧化硅、铁橄榄石及石灰石等，同时还含有一定量的氯化物、碱金属和硫化物。不锈钢粉尘的基本理化性质如表 4.10

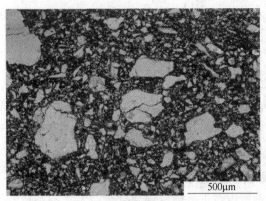

EAF不锈钢粉尘   AOD不锈钢粉尘

图 4.12　不锈钢粉尘微观形貌

所示，可见，粉尘的平均粒径范围为 0.7~21.52μm，水分含量很少，其比表面积较大，堆密度较小，这可能会导致处理粉尘时运输成本的增加，而且粉尘极易随风飘散在大气中，并悬浮，从而对环境造成严重危害。同时，粉尘中所含有的一定量的可溶性盐类组分容易引起重金属元素的浸出释放，从而破坏地下水体和土壤，所以需要定期对粉尘存放、处理区域的地下水质和土壤进行监控和管理。

表 4.9　不锈钢粉尘的成分及物相组成

元素	质量分数/%	含该元素的物相
Fe	14.77~53.50	氧化铁、四氧化三铁和尖晶石等
Cr	0.28~16.50	尖晶石等
Ni	0.04~5.42	镍的氧化物
Zn	0.04~12.73	锌、碱性氯化锌和锌的氯化物
Si	0.09~4.51	二氧化硅、铁橄榄石和碳化硅
Al	0.16~0.81	铝的氧化物和尖晶石
Mg	0.04~10.20	尖晶石和镁的氧化物
Ca	0.83~14.78	氧化钙、萤石和石灰石
Pb	0.03~1.90	铅的氧化物、氯化物和硫酸盐
Na	0.07~4.91	氯化钠
K	0.08~2.99	氯化钾
S	0.19~1.65	硫酸盐
Cl	0.50~5.20	与锌元素形成氯化锌和碱性氯化锌
F	0.01~0.02	萤石
Cr(Ⅵ)	0.14~0.60	—

表 4.10　不锈钢粉尘的基本理化性质

含水率 /%	比表面积 /m² · g⁻¹	堆密度 /m² · g⁻¹	真密度 /m² · g⁻¹	水溶性组分 比例/%	pH
0.19~0.62	4.09~5.73	0.90~2.53	3.01~5.22	6.70	11.96~12.40

4.1.4.3　不锈钢酸洗污泥

不锈钢在热轧、冷轧、热处理等过程中易形成黑色或黄色的氧化皮,其中含有大量的氧化铬(Cr_2O_3)、氧化镍(NiO),以及比较难溶解的氧化铁铬($FeO \cdot Cr_2O_3$)。这些致密氧化物不仅影响不锈钢的外观,也会对后续加工过程和产品性能有不利影响。因而加工后的不锈钢需进行酸洗钝化处理,常用的不锈钢酸洗工艺包括电解酸洗及混酸酸洗,常用的酸洗介质包括氢氟酸、硝酸、硫酸等按比例混合形成的混酸,其具有较强的酸性,以降低不锈钢表面的粗糙度、提高不锈钢表面的光亮度,延长其使用寿命。电解酸洗后,不锈钢表面的大部分氧化物生成 $Fe(OH)_3$、$Cr(OH)_3$、$Ni(OH)_2$ 沉淀,且使 Cr^{6+} 从钢板上剥离,产生含 Cr^{6+}、Cr^{3+} 的废水。电解酸洗后的不锈钢再经混合酸洗,剩余的氧化物溶解,酸洗后钢材至漂洗槽用水进行漂洗,产生含酸废水。

不锈钢酸洗废水成分复杂、酸度大(pH=1.3~1.7)、含有高浓度的 Fe、Cr、Ni 等金属离子以及硝酸、氢氟酸等无机酸,每酸洗 1t 不锈钢将产生 1~3m³ 的酸洗废水,其化学组成如表 4.11 所示。国内外处理不锈钢酸洗废水的方法主要有化学还原沉淀法、溶剂萃取法、吸附法、浮选法、微生物法、离子交换法、膜分离法等,但目前应用最普遍的是化学还原沉淀法,即含铬废水经化学还原(如 $NaHSO_3$ 还原),将其中绝大部分 Cr^{6+} 转化为 Cr^{3+} 后排入混酸酸洗废水调节池,通过 pH 值控制石灰或 NaOH 投加量,在一定的 pH 值范围内,重金属离子、氟化物和石灰或 NaOH 发生反应,产生重金属氢氧化物沉淀和氟化钙沉淀,通过投加一定量的絮凝剂,在反应澄清池完成泥水分离,经泥水分离后的废水通过最终 pH 值调节后达标外排,污泥通过浓缩和脱水,得到红褐色至灰色的混合泥饼,即不锈钢酸洗污泥。

表 4.11　不锈钢酸洗废水的化学组成

离子	总铬	Cr^{6+}	Ni^{2+}	Fe^{3+}	NO_3^-	F^-
浓度/mg · L⁻¹	136~225	0.013~0.028	0.13~0.16	1500~2000	6000	1150~1460

不锈钢酸洗污泥产生量约为不锈钢产量的 2.5%~5.0%,以 2021 年为例,我国酸洗污泥的产量在 75 万~150 万吨。虽然因不锈钢品种及酸洗工艺的不同,但各企业酸洗污泥的化学成分类似,仅含量存在较大的差异,典型不锈钢酸洗污泥的主要化学成分如表 4.12 所示。不锈钢酸洗污泥主要含有 Fe、Ni、Cr 等金属元

素及较高的 CaO、CaF$_2$、SiO$_2$ 和 CaSO$_4$ 等化合物。部分酸洗污泥中 Ni 的含量甚至超过了镍矿中 Ni 的含量，资源再生利用的经济效益十分显著。

国内几家大型不锈钢企业的酸洗污泥外观如图 4.13 所示，且污泥粒度各不相同。新鲜污泥的含水率约为 60%，主要包括自由水，还有少量的结晶水。将不锈钢污泥焙烧时，常温至 100℃ 自由水迅速挥发，加热至 300℃ 时，污泥中的结合水基本挥发。因酸洗污泥中 CaF$_2$ 含量较高，污泥的黏度相对较小，在 1450℃时，黏度为 0.145Pa·s，随着温度降低，酸洗污泥的黏度逐渐增大。此外，酸洗污泥中不仅含有较多的 CaF$_2$，同时也含有少量的 CaO，所以其熔化温度也相对较低，约为 1200~1470℃。

表 4.12　典型不锈钢酸洗污泥的化学成分（质量分数）　　　　（%）

编号	Cr$_2$O$_3$	NiO	Fe$_2$O$_3$	CaO	CaF$_2$	CaSO$_4$	SiO$_2$	MgO
1 号	11.5	3.0	25.8	7.3	47.5	3.0	1.8	0.7
2 号	6.0	3.4	28.0	11.0	51.0	0.5	1.9	0.5
3 号	7.1	3.1	31.0	5.5	34.0	11.4	2.49	0.73

(a)　　　　　　　　　　　　(b)

(c)　　　　　　　　　　　　(d)

图 4.13　不锈钢酸洗污泥形貌
（a）宝钢污泥；（b）张浦污泥；（c）泰钢污泥；（d）太钢污泥

不锈钢酸洗污泥中的重金属多以氢氧化物的形式存在，极不稳定，易流失。如不妥善处理，任意堆放或者简单填埋，所含重金属容易通过降水浸出并扩散到土壤、水体等环境中，对人体健康和生态环境具有潜在的严重危害，不锈钢酸洗污泥已被列入国家危险废物名录（HW17）。目前大部分酸洗污泥只是进行简单的中和处理，然后填埋，有些甚至随意堆放。这可能会使污泥中的镍、铬等重金属迁移到地下水中，引起二次污染。同时，酸洗污泥中的镍、铬等有价金属元素是重要的二次资源并且含有大量的 CaF_2 等熔剂成分。如何高效回收利用酸洗污泥中的有价资源，具有重要的环境保护和冶金资源综合利用意义。

4.2　不锈钢渣中六价铬的形成及控制

不锈钢渣作为冶炼不锈钢时的副产品，主要由 CaO、SiO_2、MgO、Al_2O_3、Cr_2O_3 和炼钢过程中带入的少量铁氧化物构成，其中 Cr_2O_3 含量约为 3.3% ~ 12%，炉渣碱度介于 1.5~2.0 之间，可广泛应用于建筑业、农业、桥梁道路业以及烧结炼铁等行业。但不锈钢渣存在 Cr^{6+} 浸出风险，限制了其资源化利用途径。

4.2.1　不锈钢渣中铬元素的浸出行为

不锈钢渣中铬元素的浸出行为与其存在价态、赋存状态、微观晶体结构及周边土壤环境、大气、雨水气候条件均存在很大的关联性。一般而言，不锈钢渣中的铬存在价态有：+2、+3 和+6 价，其赋存状态可分为：水溶态、酸溶态和结晶态，其中水溶态和酸溶态的铬易于浸出，是造成铬污染的主要原因。

不锈钢渣中常见的一些矿物组成有硅酸二钙（Ca_2SiO_4）、镁硅钙石（$Ca_3MgSi_2O_8$）、钙黄长石（$Ca_2MgSi_2O_7$）、钙铝黄长石（$Ca_2Al_2SiO_7$）、尖晶石（主要成分为 $MgCr_2O_4$）、MeO 相、金属颗粒和硅酸盐基质等。其中 MeO 相和尖晶石相被认为是抑制铬元素浸出较为理想的矿物相，因其难溶于水，能够抑制 Cr_2O_3 的进一步氧化；而硅酸二钙、钙硅镁石和钙黄长石等矿相以及独立存在的铬酸钙（$CaCrO_4$）和铝铬酸钙（$Ca_4Al_6CrO_{16}$）等易溶于水，因此当铬赋存于这部分易溶矿物相时，会随矿物溶解时被一并浸出。

不锈钢熔渣快速冷却时可以形成玻璃相，但是目前对于赋存在玻璃相中 Cr 的浸出存在分歧。部分学者认为淬冷并不能阻止 Cr 的浸出，慢的冷却速率则可有效阻止不锈钢渣中 Cr^{6+} 的生成；而有研究者则认为当钢渣碱度小于 0.9，采取淬冷使钢渣外层形成牢固的［SiO_4］玻璃结构，能够有效阻止渣中 Cr^{6+} 的浸出，浸出量小于 0.05mg/L。

不锈钢渣成分对于铬的浸出也有很大影响。在渣中其他成分一致时，随着渣中 Cr_2O_3 含量的增加，铬的浸出量也会相应增加。而渣中 MgO、FeO 等能与铬形成尖晶石相的物质，其含量的增加可以改变渣中铬元素的赋存状态，生成的尖晶石相有利于抑制不锈钢渣中铬的浸出。不锈钢渣的碱度（$w(CaO)/w(SiO_2)$）、MgO 含量和 Al_2O_3 含量等因素也可能会对不锈钢中铬元素的浸出产生影响。图 4.14 为 $CaO-SiO_2-Cr_2O_3$ 体系在 1350℃下的等温截面图，可知当熔渣的碱度大于 2

时，熔渣中可能会生成酸溶性物质 $CaCr_2O_4$，在酸性条件易发生铬的溶出；而当碱度控制在 $1.0 \sim 2.0$ 时，有利于促进 $MgCr_2O_4$ 尖晶石的形成，可显著降低铬的溶出性。

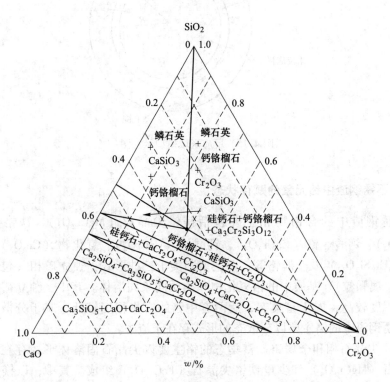

图 4.14　CaO-SiO_2-Cr_2O_3 体系在 1350℃下的等温截面图

浸出时间对铬的浸出行为同样具有一定影响。随着浸出时间的增加，不锈钢渣中铬的浸出量会先快速增大后缓慢增加。不锈钢渣中铬的浸出反应属于液-固反应，可用"反应区域模型"来进行描述。反应区域模型认为在块矿中存在已反应区、反应区和未反应区三个区域，如图 4.15 所示。三个区域之间有明显的界限，浸出剂通过已反应区域的孔隙或裂缝扩散到反应区，反应区的厚度很薄（即矿物颗粒的浸出反应速率很快）。随着反应的进行，反应区不断向块矿中心移动。当浸出时间较短时，所浸出的铬大部分来自钢渣颗粒的表层，此时铬的溶解阻力小。随着浸出时长的增加，所浸出的铬基本来自颗粒内部。并且随着放置时间的延长，产物层的厚度逐渐增加，此时铬的浸出阻力在逐渐增大，不易浸出。因此当浸出时间较短时铬的浸出速率较大，但随着浸出时间的延长，钢渣中铬的浸出量逐渐减少并趋于稳定。

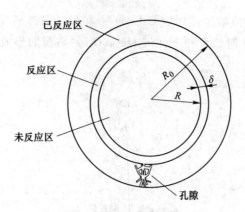

图 4.15　反应区域模型示意图

4.2.2　不锈钢渣中铬元素的赋存状态

不锈钢渣中的含铬物相主要包括镁铬尖晶石（$MgCr_2O_4$）、铁铬尖晶石（$FeCr_2O_4$）、钙酸亚铬（$CaCr_2O_4$）、钙酸铬（$CaCrO_4$）、氧化物（Cr_2O_3）、石榴石（$Ca_3Cr_2Si_3O_{12}$）及金属铬等，可主要归类于三种形式：独立矿相（包括尖晶石相和金属颗粒）、基质中的铬氧化物和类质同象固溶体。其中，独立矿相中铬的富集程度较高，属于富集态；后两者中铬的富集程度较低，属于分散态。然而，不锈钢渣中的铬主要以分散态的形式存在于渣中。

（1）尖晶石相和金属铬。富集态的铬主要以尖晶石固溶体形式存在，由镁铬尖晶石（$MgCr_2O_4$）和少量铁铬尖晶石（$FeCr_2O_4$）组成。其中，以镁铬尖晶石（$MgCr_2O_4$）为代表的尖晶石相物质最为稳定，抗氧化性能力强，能够承受酸碱的侵蚀，对不锈钢渣中铬离子有很好的固定作用。

$MgCr_2O_4$ 尖晶石的形成与渣中 MgO 和 Cr_2O_3 的浓度和活度有关，尖晶石固体颗粒的形成由反应（4.1）式控制。

$$(Cr_2O_3) + (MgO) \rightleftharpoons MgO \cdot Cr_2O_3(s) \tag{4.1}$$

$$K = \frac{a_{MgO \cdot Cr_2O_3(s)}}{a_{(MgO)} \cdot a_{(Cr_2O_3)}} \tag{4.2}$$

由式（4.2）可知，渣中 MgO 和 Cr_2O_3 含量的提高，能够增加 MgO 和 Cr_2O_3 的活度，促进尖晶石的形成。实际生产过程中，尖晶石的形成主要受 Cr_2O_3 活度的影响，渣中 MgO 的活度远远大于 Cr_2O_3 的活度。在平衡渣系中，$MgO \cdot Cr_2O_3$ 尖晶石的活度随温度的升高而降低，所以高温不利于尖晶石的析出。

不锈钢渣中还存在金属铬，一部分是由不锈钢出钢过程渣中夹带的钢液凝固后形成的，另一部分是由熔池中逐渐上浮的气泡将金属液滴带入渣层而产生的，如图 4.16 所示。其步骤如下：1）金属液体包裹在气泡表面随气泡上浮至渣-金界面；2）在上浮过程中，在表面张力的作用下，气泡外部包裹的金属液向下运动，气泡内部的金属膜液也迅速向下运动，膜的内表面被向上流动的气相的摩擦力拖动，而外表面被渣相拖动；3）由于气膜的两个表面之间的速度差，形成局部应力，从而破坏膜；4）金属液滴随着破裂的气泡进入渣中；5）在基质中也存在铬，是液态渣冷却过程中形成的非晶体。

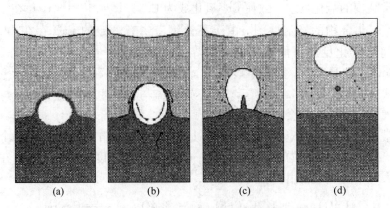

(a)　　　　　(b)　　　　　(c)　　　　　(d)

图 4.16　气泡穿越渣金界面时金属液滴形成机制

（2）基质中的铬氧化物。主要包括固封在玻璃体中的铬氧化物和与 CaO 结合形成的铬酸盐等。固封在玻璃体中的铬氧化物属于稳定相，不易溶出。但是当碱度大于 1.4 时，不锈钢渣中的 Cr_2O_3 易与渣中 f-CaO（游离氧化钙）结合成 $CaCr_2O_4$。$CaCr_2O_4$ 是易溶于水的化合物，Cr^{3+} 会被氧化成有毒的 Cr^{6+}，所以在冶炼不锈钢时，应尽量避免高碱度渣的形成。

（3）类质同象固溶体。在不改变矿物晶体结构的前提下，少量或者微量元素质点在矿物晶格中发生相互置换或者缺失，就形成了类质同象固溶体。在混合晶体中，置换某元素的其他元素称为类质同象混入物，如镁菱铁矿（Fe，Mg）CO_3 中的镁、铁菱镁矿（Mg，Fe）CO_3 中的铁。这类置换或者缺失的元素通常不是矿物晶格中的主要和稳定的成分。

4.2.3　不锈钢渣中六价铬的形成机理

铬在元素周期表中当属过渡金属元素，有着相当多的价态。在不锈钢冶炼过程，熔渣中的铬基本表现为 Cr^{2+}、Cr^{3+} 和 Cr^{6+}，其比例受到熔渣碱度、成分以及氧分压的影响。3 种价态转变的反应方程式如式（4.3）~式（4.5）所示。

$$Cr + [O] \Longrightarrow Cr^{2+} + O^{2-} \tag{4.3}$$

$$2Cr^{2+} + [O] \Longrightarrow 2Cr^{3+} + O^{2-} \tag{4.4}$$

$$2Cr^{3+} + 3[O] = 2Cr^{6+} + 3O^{2-} \qquad (4.5)$$

当氧分压 P_{O_2} 较低时，式（4.4）反应平衡左移，熔渣中 Cr^{3+} 易被还原成 Cr^{2+}；当 P_{O_2} 较高时，则发生式（4.5）所示的反应，熔渣中的 Cr^{3+} 易被氧化成 Cr^{6+}。

炉渣冷却后内部含有残留的 Cr_2O_3，在空气中暴露堆放时其稳定性良好，但是不锈钢渣中存在一定的碱金属或碱土金属氧化物，铬在与这些氧化物共存时会发生非常缓慢的氧化反应，致使 Cr^{3+} 氧化成为 Cr^{6+}。图 4.17 为 Cr_2O_3 在空气气氛下生成 Cr^{6+} 化合物的稳定性图。由于不锈钢渣中有一定的 CaO 存在，Cr_2O_3 与 CaO 之间的氧化反应可能通过氧沿晶界的扩散和 Cr^{3+} 在晶界的扩散而发生在 Cr_2O_3 和 CaO 的晶界上，形成铬酸钙（$CaCrO_4$），图 4.18 为反应机理示意图，反应式如式（4.6）~式（4.8）所示。当不锈钢渣与大气中的水分接触、与钙接触以及氧气自由进入时都会加快这一反应。

通常而言，上述反应会导致 0.1%~1% 的铬在与氧自由接触的 6~9 个月内完成转化，后续由于空气的进入受到限制，氧化反应的速度呈指数下降，在破碎的炉渣与大气中的氧气自由接触的情况下，反应通常在 12 个月内停止。

$$1/2(CaO)(s) + 1/2CaCr_2O_4(s) + 3/4O_2(g) = CaCrO_4(s) \qquad (4.6)$$

$$\Delta G^{\ominus} = -191250 + 109T \ J/mol \qquad (4.7)$$

$$K_{1600℃} = \frac{a_{CaCrO_4}}{a^{\frac{1}{2}}_{CaO} \cdot a^{\frac{1}{2}}_{CaCr_2O_4} \cdot P^{\frac{3}{4}}_{O_2}} \qquad (4.8)$$

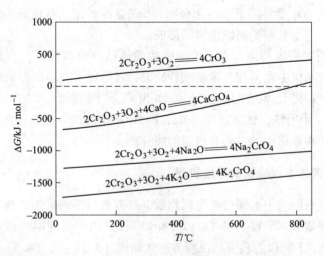

图 4.17　Cr_2O_3 在空气气氛下生成六价铬化合物的稳定性图

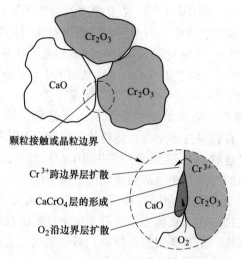

图 4.18　含 CaO 和 Cr_2O_3 的颗粒界面上铬酸钙的形成机理示意图

4.2.4　不锈钢渣中六价铬的控制措施

现阶段国内外对不锈钢渣中 Cr^{6+} 的控制措施主要还是通过还原法与固化法将六价铬还原成无毒的 Cr^{3+} 进行回收利用。还原法包括干法还原法和湿法还原法，固化法则根据固化剂的不同可将其分为水泥固化、玻璃固化、微晶玻璃固化和熔融改质固化等。

4.2.4.1　干法还原法

根据炉渣的分子理论，熔渣是由简单氧化物和复杂氧化物组成的；简单氧化物和复杂氧化物之间存在平衡关系，不锈钢渣中作为六价铬主要载体的 $CaCrO_4$ 在高温下会发生分解反应，如式（4.9）所示。

$$CaCrO_4 = CaO + Cr_2O_3 \tag{4.9}$$

目前干法还原法主要还是以高温碳还原和高温亚铁还原为主。

（1）高温碳还原。高温碳还原法是使用一些含碳物质作为还原剂，如炭粉、木屑、稻壳、煤矸石和冶金废渣等，利用高温让万能还原剂 C 和生成的 CO 气体与不锈钢渣中的 Cr^{6+} 发生高温还原反应，将渣中的 Cr^{6+} 还原成 Cr^{3+}，最终以玻璃态或尖晶石态存在，从而固定渣中 Cr 元素、抑制其浸出行为。反应式如式（4.10）~式（4.11）所示。

$$3C+4CrO_3 = 2Cr_2O_3+3CO_2 \tag{4.10}$$

$$3CO+2CrO_3 = Cr_2O_3+3CO_2 \tag{4.11}$$

利用冶金废渣中含有的过量碳与铬渣中的 $CaCrO_4$ 发生高温熔融反应，将其中的 Cr^{6+} 还原成 Cr^{3+}，对于钢厂来说是一种较为经济有效的方式。当还原温度大于

1620K 时，此种方法可将钢渣中 Cr^{6+} 的浓度控制到远低于国标，即 $C_{Cr^{6+}} \leqslant 5mg/L$。当加热方式改为微波加热后，由于石墨粉对于微波有很好的吸收率，还原温度仅 600℃即可实现冶金废渣的无害化处理。使用微波加热不锈钢渣与石墨的混合料，在整体温度较低的条件下实现了由 $CaCrO_4$ 还原成 Cr_2O_3，并在渣中聚集成粒状，属于一种无二次污染且可以回收渣中金属的新型解毒工艺。

（2）高温亚铁还原。鼓风炉渣是在冰铜冶炼过程中所产生的还原性废渣，熔渣的氧化性较低，有较强的还原性。将粉状不锈钢渣与鼓风炉熔渣按照一定比例混合，渣中的 Cr^{6+} 会被 FeO 还原成 Cr^{3+} 并以 Cr_2O_3 的形式与 MgO、CaO、FeO 等物质形成一系列铬的尖晶石相，从而使低价铬稳定地存在于终渣中，最大程度地抑制了 Cr^{3+} 再度被氧化及残余 Cr^{3+} 的溶出，如式（4.12）~式（4.14）所示。根据铬酸钙的形成机理，在无氧状态下进行无害化处理的效果最好。该法充分利用了鼓风炉渣中的显热，工艺流程较为简单，易于实现工业化，但是在一定程度上会影响到鼓风炉渣本身的资源化利用。

$$2CrO_3 + 6FeO == 3Fe_2O_3 + Cr_2O_3 \tag{4.12}$$

$$CaO + Cr_2O_3 == CaO \cdot Cr_2O_3 \tag{4.13}$$

$$MgO + Cr_2O_3 == MgO \cdot Cr_2O_3 \tag{4.14}$$

$$FeO + Cr_2O_3 == FeO \cdot Cr_2O_3 \tag{4.15}$$

此外，相关研究表明，通过在电弧炉不锈钢渣中添加一定量的 $FeSO_4 \cdot 7H_2O$，渣中铬的溶出性在短期内能够得到有效的抑制，但随着时间的延长，添加到熔渣中的 FeO 逐步氧化成 Fe_2O_3，使得 Cr^{3+} 重新被氧化成 Cr^{6+}，造成铬的溶出能力增强，所以这种方法处理不锈钢渣，其长期稳定性不能够保证。

干法还原法对于渣中六价铬的后续控制较彻底且可以得到有价值的产品，但是处理成本高昂且会产生二次污染。

4.2.4.2　湿法还原法

湿法还原是目前处理含铬废渣的主要工艺，关键的步骤是将渣中的 Cr^{6+} 转移到水溶液中，然后使用还原剂将 Cr^{6+} 还原成 Cr^{3+}。首先将不锈钢渣在酸性或碱性溶液中进行消解，随后向混合液中加入含有 $FeSO_4$、Na_2S、$Na_2S_2O_4$ 或 CaS 等还原性物料，还原剂将 Cr^{6+} 还原成 Cr^{3+}，并在碱性溶液中沉淀析出 $Cr(OH)_3$，最后煅烧得到含铬产品，得以回收循环使用。反应如式（4.16）~式（4.19）所示。

$$CaCrO_4 + Na_2CO_3 == Na_2CrO_4 + CaCO_3 \tag{4.16}$$

$$CrO_4^{2-} + 3Fe^{2+} + 4OH^- + 4H_2O == Cr(OH)_3 + 3Fe(OH)_3 \tag{4.17}$$

$$8Na_2CrO_4 + 6Na_2S + 23H_2O == 8Cr(OH)_3 + 3Na_2S_2O_3 + 22NaOH \tag{4.18}$$

$$2Cr(OH)_3 == Cr_2O_3 + 3H_2O \tag{4.19}$$

太钢采用湿法工艺中的络合沉淀分离法，用 H_2SO_4、H_2O_2、NaOH、酒精等试剂逐级提取其中的金属元素，在做到还原 Cr^{6+} 解毒的同时还可以进行金属的分类回收。

虽然目前主要采用的是湿法解毒工艺，可以有效控制不锈钢渣中的六价铬，同时还可以对金属进行回收，但由于不锈钢渣具有很高的碱度，且含铬量相对不高，所以这种工艺需要消耗大量的酸碱溶液，处理成本高，同时也会产生大量的含铬废水，造成了严重的二次污染。如若不对废液进行处理，将会对河流及土壤造成严重污染。此外，该工艺湿法还原的还原率有待证实，处理费用高且不易进行大批量处理。

4.2.4.3 固化法

固化法处理含铬废渣是除化学处理法之外的一种最常用的方法。固化封存处理是利用稳定化物质来固定有害物质，主要是通过形成稳定的晶格结构和化学键，将有害组分固定或包封在惰性固体基材中，从而降低危险废物的浸出毒性。

不锈钢渣的固化方法有水泥固化、玻璃固化、微晶玻璃固化和熔融改质等，其中水泥固化的技术手段最为成熟。水泥固化是将不锈钢渣研磨后加入一定量的无机酸或 $FeSO_4$ 作还原剂，将其中的 Cr^{6+} 还原成 Cr^{3+}，再配入适量的水泥熟料，然后加水搅拌、凝固。随着水泥的水化和凝固，含铬物质会与其他物质之间形成稳定的化学键或晶体结构被一同封存在水泥基体中不易溶出，从而达到解毒的目的。水化刚开始时，六价铬还未被封存在水泥中，容易溶出，当水化程度加深，后期固化体形成了更多的凝胶来包裹含铬废渣，此时六价铬不易浸出。考虑到固化早期固化体表面铬浸出率较高，容易造成二次污染，可以采用薄膜覆盖养护，防止水泥表面水分蒸发，处理料可作为路基料或直接填埋、投海。该法可以大批量处理不锈钢渣、有效抑制 Cr^{6+} 的浸出、处理成本较低，但是长期稳定性不好、解毒不彻底、产品附加值低，且不能对不锈钢渣中的 Cr、Ni 等有价金属元素进行二次回收。

玻璃固化是处理不锈钢渣常用的方法之一，主要通过快速冷却的方式使熔渣形成玻璃态，通过在表面形成稳定晶体结构，将有害物质包裹到晶格中，使其不容易被浸出。当熔渣从金属液中分离后，其最终都要冷却至环境温度。通常主要的冷却方式有水冷和空冷两种。在快速冷却条件下，从液态到固态的凝固转变过程中能够抑制熔渣的结晶，此外，由于 Cr^{6+} 会在低温条件下形成，通过快速水冷的方式可以有效抑制 Cr^{6+} 的产生。另有研究表明，在低碱度和快速冷却的条件下，熔渣表面会形成 Si-O 四面体结构，这种稳定的四面体结构将会抑制铬的释放。随着熔渣碱度的提高，体系中就会有过剩的 Ca^{2+} 和 O^{2-} 存在，它们进入到四面体结构中（如图 4.19 所示），从而破坏这种稳定的结构，使得铬的渗出性增大。然而，也有研究者认为水淬渣中铬的溶出性能与一般处理渣的溶出性差别不大，甚至淬冷过程中的结晶出来的晶体一般尺寸较小，提高了熔渣的比表面积，使得渣中铬元素的反应活性明显增强，导致铬的溶出性提高。因此，从前期的研究成果来看，玻璃固化封存对不锈钢渣中铬稳定性的影响目前还没有确切的定论。

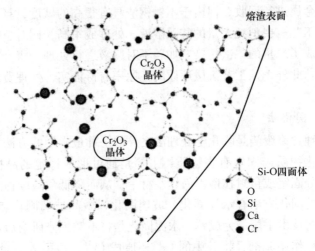

图 4.19　熔渣中 Si-O 结构示意图

　　微晶玻璃固化则是使用含铬不锈钢渣在还原性气氛下进行复杂的热处理，将其中的 Cr^{6+} 还原成 Cr^{3+} 后，调节冷却方式使其中 Cr 元素与钢渣中部分元素（如 Mg、Al、Fe、Mn 等元素）形成具有稳定化学键与晶体结构的尖晶石相物质，促进玻璃相的析出，从而使得 Cr 元素在得到固化封存的同时又能得到性能优异、价值高的微晶玻璃。此方法具有解毒效果优异、成本低、附加值高等优点，缺点在于实际的不锈钢渣中含有大量的金属颗粒，在制作微晶玻璃时不易处理且加工工艺复杂。

　　熔融改质固化则是通过在熔渣中加入一定量的添加剂（如 MgO、Al_2O_3、FeO、MnO 及 B_2O_3 等）进行高温改质，从而改变铬在不锈钢渣中的赋存状态，促使铬在尖晶石相中富集，显著降低铬在非尖晶石相中的含量。图 4.20 为不同种类添加剂对不锈钢渣中 Cr 浸出行为的影响。此方法优点在于存在于尖晶石相中的铬稳定性好、抗氧化性能力强，同时能够承受酸碱的侵蚀从而达到长期固铬，减少六价铬的浸出，缺点在于铬尖晶石的转化率不高，不能将绝大多数的铬都以尖晶石的方式析出。

4.2.5　不锈钢渣的资源化利用途径及展望

　　不锈钢渣的资源化利用途径可划分为：厂内循环利用（返回烧结、高炉和炼钢等冶炼工序）和厂外循环利用（用于水泥、陶瓷、微晶玻璃和有价金属回收等）。

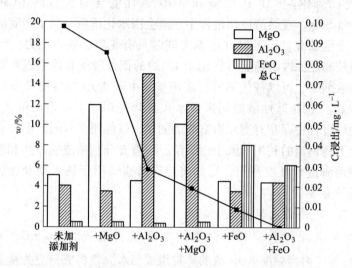

图 4.20 不同种类添加剂对不锈钢渣中 Cr 浸出行为的影响

4.2.5.1 厂内循环利用

（1）返回烧结。不锈钢渣中含有 Fe、FeO、CaO、MgO、MnO 等对烧结有益成分，且不锈钢渣在高温熔炼时具有软化温度低、物相均匀等特点。因此，在烧结矿中可以适当配加不锈钢渣以代替部分熔剂（如白云石和生石灰），利用其固有黏性来提高烧结矿的强度和性能，同时降低燃料消耗，实现烧结矿成本的降低。在烧结过程中，C 和 CO 还可以还原 Cr_2O_3 及高价铬的化合物，继而在高炉冶炼过程中被还原成金属铬，进入到铁水中，不仅实现了合金化，而且达到了不锈钢渣解毒的目的。在烧结杯内进行试验发现，当使用不锈钢渣部分代替低品位矿粉时，虽然在烧结过程中垂直烧结速度和利用系数略有下降，然而烧结矿的转鼓指数有所提高。但是，由于不锈钢渣中的 S、P 返回烧结会导致二者的富集，将影响铁水质量和增加后续工序的负担及成本。其次，不锈钢渣的消耗量太小（4%以下），相对于其产量微不足道。

（2）返回高炉。参照普通钢渣的处理工艺，可将不锈钢渣破碎、筛分，取 10~40mm 粒级作为高炉的造渣剂，将不锈钢渣中大量 CaO、SiO_2、MgO 等作为助熔剂，从而节省石灰石、白云石资源。此外，还可以减少碳酸盐分解热、降低焦比，渣中的 MnO、MgO 可以改善高炉渣的流动性；渣中的 Cr_2O_3、$CaCrO_4$、FeO 等被 C 和 CO 还原进入铁液，不仅回收了部分金属，更解决了不锈钢渣堆放造成的污染问题。成都钢铁厂曾在 100m^3 高炉成功地进行了钢渣返回高炉冶炼工业试验，取得良好效果。但高炉不具备脱磷能力，这会加重炼钢脱磷负担，同时由于磷的富集，钢渣不能无限制地循环使用。此外，高炉渣量相应的也会有所增加。

（3）返回炼钢。EAF 还原渣和 AOD 碱性渣含有大量的 f-CaO、f-MgO、Ca_2SiO_4 及 Ca_3SiO_5，在熔渣冷却过程中，渣会因水化反应、晶型转变的作用引起体积膨胀、产生粉化。EAF 碱性还原渣同时具有脱氧、脱硫能力。可利用 EAF 还原渣具有较高还原性的特点将其用于 LF 炉的钢液脱硫和炼钢过程中脱氧；作为电弧炉喷吹剂时，可以替代部分石灰用量。由于 AOD 碱性渣具有高碱度和强氧化性的特点，AOD 碱性渣能用来铁水预处理脱磷、直接返回电弧炉。但是，渣在循环使用过程中存在有害元素富集的问题，仅能用于有限的钢种。

目前针不锈钢渣的利用只限于冷态渣，没有充分利用渣的显热和潜热，可以对热态不锈钢渣进行开发利用，比如将热态渣直接用于铁水预处理脱磷、AOD 渣返回电弧炉等等。

4.2.5.2　厂外回收利用

（1）用于水泥行业。不锈钢渣的主要矿物组成为 Ca_2SiO_4、Ca_3SiO_5 及 $Ca_4Al_2Fe_2O_{10}$ 等，而高碱度 AOD 渣的矿物组成与水泥熟料成分更为接近。在水泥行业中可用于烧制水泥熟料、制彩色水泥、作水泥掺合料及作水泥砂浆料等。

在烧制水泥熟料前需要添加还原剂将不锈钢渣解毒，不锈钢渣与石灰石、黏土等混配、煅烧成熟料；制彩色水泥则是利用不锈钢渣中 Cr^{3+} 的着色力强、着色范围大等特点，将还原后钢渣中 Cr_2O_3 作为彩色水泥的着色剂；不锈钢渣干法解毒后同水泥熟料、石膏磨混制得水泥混料。

（2）烧制陶瓷。不锈钢渣中存在大量的 CaO 和 SiO_2 等烧制陶瓷的物料，按照陶瓷坯料的成分，通过配加 SiO_2、Al_2O_3、MgO 三种氧化物，调整混合料成分范围达到陶瓷坯料的标准（$w(SiO_2)=45\%\sim55\%$；$w(Al_2O_3)=18\%\sim23\%$；$w(CaO)<12.5\%$；$w(MgO)<8\%$ 等），然后通过烧制，陶瓷粉体氧化物会发生充分的固溶反应，生成 $CaAl_2Si_2O_8$、$MgAl_2O_4$ 和（Mg，Fe）$_2SiO_4$ 等复杂化合物，使坯体磁化合格，烧制成钙镁硅质陶瓷成品。太原钢铁公司曾用不锈钢渣和其他氧化物的混合物做烧制陶瓷试验，认为将不锈钢渣的 Cr_2O_3 质量分数控制在 $1\%\sim3\%$，且渣质量配比小于 30%，才能制得氧化物固溶反应完全、吸水率和显气孔率合格的陶瓷。不锈钢渣掺入量过高会使金属渗出，对陶瓷性能造成不利影响。不锈钢渣烧制陶瓷耗渣量大，且在向混合料中添加一定的还原剂还原 Cr^{6+} 后，烧制过程中经矿化作用可抑制 Cr^{3+} 的再氧化。

（3）制作微晶玻璃。微晶玻璃又称为玻璃陶瓷，是将基础玻璃经过晶化处理而得到的一种多晶复合材料。它是一种新型的建筑材料，具有耐磨性好、硬度大、强度高、抗酸碱性强等优点。不锈钢渣中的 SiO_2 含量在 $20\%\sim30\%$ 之间，由含 $5\%Al_2O_3$ 的 CaO-MgO-SiO_2 伪三元相图（图 4.21）可以看出，向不锈钢渣中添加一定的添加剂，可以使不锈钢渣的成分调整至生产微晶玻璃的主成分，还可以通过调整不锈钢渣中的 Cr^{3+} 制出不同颜色的玻璃。

制作微晶玻璃作为一种含铬废渣的处理方法，具有解毒彻底、处理量大、原料易得、成本低、附加价值高等优点，有着良好的应用前景。在高温烧制微晶玻璃时，控制气氛防止 Cr^{3+} 被氧化成 Cr^{6+}，在凝固制得微晶玻璃的过程中，Cr^{3+} 可被固封，此外经过处理的不锈钢渣中存在的 $MgCr_2O_4$ 尖晶石可作为微晶玻璃中透辉石的形核剂，从而缩短透辉石的晶化时间。因此，低铬 AOD 渣和高铬 EAF 渣均可无需添加大量形核剂即可作为微晶玻璃的原料。

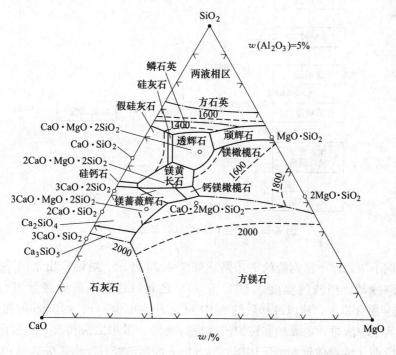

图 4.21　$w(Al_2O_3)=5\%$，$CaO\text{-}MgO\text{-}Al_2O_3\text{-}SiO_2$ 四元相图

（4）回收有价金属。我国 Cr、Ni 资源较为稀缺，大多数依赖于从国外进口，不锈钢渣中所含有的 Fe、Cr、Ni 等有价金属进行及时有效的回收对可持续发展战略有着重大意义。

不锈钢渣处理工艺分为一次处理和二次处理。一次处理过程采用两种方式：1）空气冷却+浸泡处理，在空气冷却几个小时后，将水喷洒入渣锅或渣盘几个小时，然后将其倒至渣场。2）空气冷却+热处理的工艺流程：接渣（渣盘或渣罐）→台车或者罐车送至泼渣场→空冷（数小时）→热泼渣箱→热泼处理→喷水冷却（堆渣点）。二次处理分为湿法和干法，国内宝钢集团采用湿法处理不锈钢渣，而太钢集团采用荷兰 S3R 公司的干法处理工艺。

宝钢针对不锈钢 AOD 渣和 EAF/VOD 渣的处理工艺分别如图 4.22 和图 4.23所示。堆场中的 AOD 渣先采用颚破破碎，然后用滚筒筛筛分，≥15mm 的粗渣送回原料场，与 EAF/VOD 渣混合后进入 EAF/VOD 渣处理线。对<15mm 的细渣进行磁选，提取其中的金属后，向剩余的非金属尾渣中加水混合并调整湿度，将得到的混合料进行外销。不锈钢渣年处理能力将近 40 万吨。回收的金属、渣钢和非金属尾渣是不锈钢渣经过处理后的主要产品，其中回收的金属、渣钢可返回炼钢使用，而非金属尾渣可作为制作水泥的原料或路基填充料等使用。

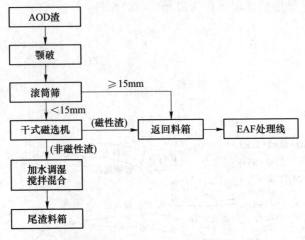

图 4.22　宝钢不锈钢 AOD 渣处理工艺

　　太钢干法处理不锈钢渣的工艺路线如图 4.24 所示。对钢厂出来的不锈钢渣进行喷淋冷却，当渣的温度达 60℃ 至 80℃ 之间后送至钢渣处理线进行处理。AOD 渣金属含量少，所以冷却后的 AOD 渣先进行单独筛分，<10mm 的尾渣另行利用，其余块渣进入电弧炉和转炉渣线进行处理。采用磁选和人工先选出 80mm 以上的废钢（铁素体钢和奥氏体钢），<80mm 的钢渣经过反击式破碎机和双层筛后，分别选出 35~80mm 和 15~35mm 粒度的钢渣，然后经过金属感应器和强磁滚筒分离出不同粒度的金属和尾渣。0~15mm 的钢渣经过莫根森筛以及进一步的破碎和磁选，筛选出粒度更小的尾渣和混合废钢。回收的金属可返厂再使用，筛选出来的钢渣可外销做水泥等建筑材料的原料来使用。

　　单独建设全封闭的厂房和专业的钢渣处理生产线，并且配置专业的除尘设施是干法和湿法处理不锈钢渣的共同点。其不同点为：湿法处理需要建设专用水循环系统，并且要对取循环水进行脱毒处理以达到节约水资源的目的，资金投入量大，但是脱毒效果可以达到国家排放标准；干法处理由于配备了多台进口的金属感应设备、破碎设备和高强磁选设备，从钢渣中回收的金属粒度分布涵盖面大、金属品位高，尾渣中金属含量可<2%，极大地提高了金属回收率，而且干法技术节约水资源，每处理 1t 钢渣耗水量仅为 0.5m³，但由于干法采用在线喷洒药剂的方式脱毒，尾渣脱毒效果差，较难达到国家对尾渣规定的排放标准。

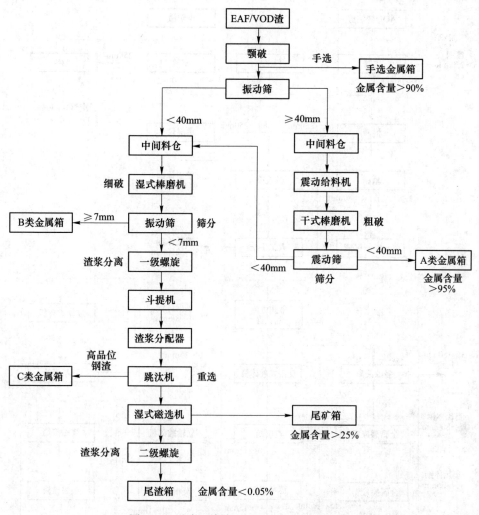

图 4.23 宝钢不锈钢 EAF/VOD 渣处理工艺

此外，不锈钢渣因含有对土壤和农作物生长所需的 Ca、Mg、P 等元素，同时具备疏松多孔、吸附力强、比表面积大等特性，在经过处理后可作为土壤改质剂和化肥，从而被广泛应用于农业生产中。

（5）风淬处理不锈钢渣。风淬是一种通过快速淬火来稳定炉渣的干式粒化方法，该方法利用高温液渣分子间引力较小、使用较少能量就能将其分开的基本原理，用高速气流对高温液渣流进行冲击，使其破碎为细小液滴，随气流方向飞行过程中因表面张力作用，液滴收缩为球形并逐渐凝固。影响最终粒化效果的因素主要有熔渣的熔点、黏度、渣粒飞行过程中的表面张力以及渣粒凝固时长。

风淬法排渣速度快、占地面积少、污染少、处理后钢渣粒度均匀、气耗量

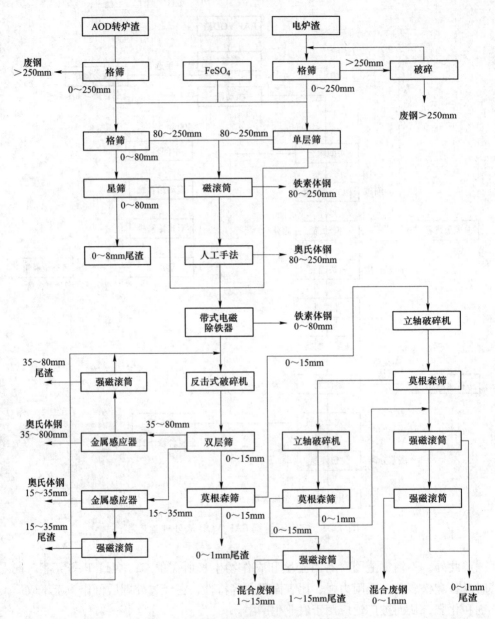

图 4.24　太钢干法处理不锈钢渣工艺图

小，但对于风淬线来说，炉渣流动性好坏决定了风淬工艺的作业率及处理成本。适当调节熔渣碱度或添加氧化硼能降低炉渣的熔点及黏度，改善熔渣流动性，风淬过程中渣流量也更易控制，也可以减少设备粘连磨损。

风淬法为炉渣冷却提供了快速冷却速率，渣粒冷却凝固时间大大缩短，使渣

中 C_2S 停留在晶型转变温度段（780~860℃）的时间减少，由 $\alpha'\text{-}C_2S$（密度为 3.31g/cm³）到 $\gamma\text{-}C_2S$（密度为 2.97g/cm³）的转变得到抑制，缓解了因体积膨胀而产生的强内应力，可以有效稳定不锈钢渣、减少粒化渣中的硅酸二钙相，所得到的渣粒呈灰绿色，近似圆球状或圆柱状（如图 4.25 所示），性质稳定。随着粒化渣粒径的减小，渣粒更加圆润规则，且大小更加均匀，粒化率高达 90%。得到的风淬渣可用作水泥混凝土骨料、铸造用砂、减振材料和建筑用砂浆骨料等。

图 4.25 不同粒径的风淬不锈钢渣粒形貌图

4.3 不锈钢粉尘中六价铬的形成及控制

4.3.1 不锈钢粉尘中铬元素的浸出行为

通常，影响固体废弃物环境浸出行为的因素主要有物理因素（如粒径分布、矿物相、浸出时间、浸出液流速、温度等）、化学因素（如化学平衡、pH、氧化还原电位等）和生物学因素等。当前的研究多采用美国环保局开发的 TCLP (Toxicity Characteristic Leaching Procedure)，ASTM D 3987-85 和 DIN38414 等测试方法来评估粉尘中有毒物质的浸出能力。

由于 Cr(Ⅵ) 化合物在水中具有很高的溶解度，可经过呼吸、饮食或皮肤被生物体吸收，且对生物体具有致癌作用，各国对固体废弃物中 Cr(Ⅵ) 含量具有严格的限制，如表 4.13 所示。因此，了解不锈钢粉尘在不同环境条件下（如温度、浸出液酸碱度和固液比等）的浸出行为对于指导不锈钢粉尘的处置具有重要意义。

表 4.13 各国对固体废弃物中 Cr 及 Cr(Ⅵ) 含量的限制

国别	浸出液（固液比）	含量限制/mg·L⁻¹		饮用水标准
		Cr(Ⅲ)	Cr(Ⅵ)	Cr(Ⅵ)
德国	DIN 浸出液（1:10）	—	0.5	0.05
日本	浸出液（1:10）	—	1.5	0.05（总铬）
美国	TCLP 浸出液（1:20）	5（总铬）	—	0.1（总铬）

续表 4.13

国别	浸出液（固液比）	含量限制/mg·L⁻¹		饮用水标准
		Cr(Ⅲ)	Cr(Ⅵ)	Cr(Ⅵ)
南非	可接受的风险浓度值（ARL）	4.7	0.02	0~0.05
中国	浸出液（1:10）	—	1.5	0.05

4.3.1.1　静态浸出试验

静态浸出试验的主要参数包括 pH 值、固液比（S/L）、浸出温度和时间。试验采用的浸出液主要有 3 类，即蒸馏水（DW）、1mol/L HNO₃ 和 0.1mol/L 冰醋酸溶液（HAc）（pH 约为 2.88）。固液比分别为 1:10 和 1:20。试验分别在室温和 40℃ 的恒温水浴中进行，静置 1d、7d、14d、21d 后取样测量浸出液中元素含量。取样时，吸取约 2mL 浸出液过滤和定容后分析其中的元素含量。其中，浸出液中 Cr(Ⅵ) 含量采用分光光度计在波长为 540nm 处测量吸光度来计算，其他元素含量采用电感耦合等离子体发射光谱议来分析。

在采用不同浸出液和固液比浸出时，室温下 Cr(Ⅵ) 浸出量随浸出时间的变化如图 4.26 所示。从图中可以看出，Cr(Ⅵ) 的浸出量随浸出时间的增加而增加。采用 1mol/L 硝酸为浸出液时，Cr(Ⅵ) 的浸出量最大，其次是蒸馏水，Cr(Ⅵ) 的浸出量最小的是用 0.1mol/L 冰醋酸溶液。此外，对于用同一种浸出液，固液比为 1:20 时 Cr(Ⅵ) 的浸出量较固液比为 1:10 时大，这是由于固液比小时，元素浸出的动力学条件较好。图 4.27 所示是在不同浸出温度下 Cr(Ⅵ) 浸出量随浸出时间的变化。随着浸出温度的增加，Cr(Ⅵ) 浸出量也增加，由于温度的升高，会增加离子运动速度，有利于 Cr(Ⅵ) 的浸出。

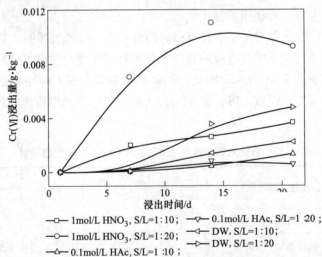

　　　　　—□— 1mol/L HNO₃, S/L=1:10;　—▽— 0.1mol/L HAc, S/L=1:20;
　　　　　—○— 1mol/L HNO₃, S/L=1:20;　—◁— DW, S/L=1:10;
　　　　　—△— 0.1mol/L HAc, S/L=1:10;　—▷— DW, S/L=1:20

图 4.26　室温下不锈钢粉尘中 Cr(Ⅵ) 浸出量随浸出时间的变化

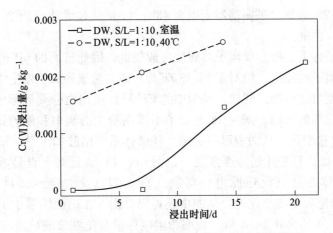

图 4.27 温度对不锈钢粉尘中 Cr(Ⅵ) 浸出量的影响

4.3.1.2 水平振荡试验

依据修正的固体废物毒性浸出-水平振荡法（GB 5086.2—1997），分别取 20g 不锈钢粉尘和 200mL 蒸馏水（固液比=1：10）加入聚氯乙烯广口瓶中，采用水平振荡仪振荡 8h，再静置 16h，过滤取浸出液分析其中的元素含量。

不锈钢粉尘中有害元素的浸出能力测试结果如表 4.14 所示。在静态浸出条件下，没有一种元素超过国家标准，而且各种元素的可浸出量均低于水平振荡法中各元素的浸出量。这是由于在水平振荡条件下，浸出反应界面不断得到更新，使重金属离子的浸出量增大。采用修正的水平振荡法测试，发现粉尘中的 Cd 含量超过了国家标准中 Cd 浓度的限制值。此外，浸出液中 Zn 含量也较高。Cr(Ⅵ) 含量低于危险废弃物的限制标准，但却高于饮用水中 Cr(Ⅵ) 含量限制标准（0.05mg/L），而且在自然界中 Cr(Ⅲ) 会被氧化成 Cr(Ⅵ)，因此对于粉尘堆放场所周围水质中 Cr(Ⅵ) 含量必须定期监测。

表 4.14 不锈钢粉尘中有害元素的浸出量 （mg/L）

元素	Cd	Pd	Zn	Cr	Ni	Cr(Ⅵ)
水平振荡法（24h）	5.06	0.22	9.12	0.019	0.043	0.072
静态浸出法（24h）	0.13	0.058	0.66	0.004	0.002	—
国家标准（GB 5085.3—1996）	0.3	3.0	50	10.0	10.0	1.5

4.3.1.3 酸中和能力测试

不锈钢粉尘的酸中和能力反映了粉尘中主要成分与酸的反应能力。由于粉尘中重金属的浸出行为受到粉尘的主要成分与酸反应能力的控制，可以通过浸出液 pH 值的变化来分析环境对重金属浸出能力的影响。酸中和能力测试试验步骤如下：（1）分别取 5g 不锈钢粉尘，以固液比为 1：10 加入浓度为 0~12mol/kg 的硝酸溶液中；（2）放在水平振荡器上振荡 48h；（3）测过滤液 pH 值，氧化还原电位及 Cr(Ⅵ) 含量。

在碱性条件下，重金属离子溶解度一般较低，因此较高的 pH 值是可以抑制这些重金属离子的浸出，但对于 Pb 和 Zn 等可以与氢氧根离子发生络合作用的重金属，溶解度可能增加。同样，粉尘中的 Cr(Ⅵ) 浸出也会受到溶液中的 pH 和氧化还原电位等的影响。图 4.28 显示了不锈钢粉尘的酸中和能力试验中 pH 及 Cr(Ⅵ) 浸出量变化。从图中可以看出，随着体系中硝酸加入量的增加，溶液的 pH 值逐渐降低，且变化趋势逐渐变小，而 Cr(Ⅵ) 含量则一直呈增加趋势，这主要是由于体系的氧化还原电位增加（自 0.277V 增加至 0.944V），有利于 Cr(Ⅵ) 的稳定和生成。此外，从图中还可以看出，在硝酸体系中不锈钢电弧炉粉尘的 ANC5.5 约为 0.1mol/kg，说明粉尘应尽量避免堆放或填埋在低 pH 场所，以防止其中的重金属离子浸出。

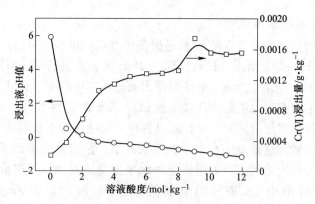

图 4.28　酸中和能力试验中 pH 及 Cr(Ⅵ) 浸出量变化

4.3.1.4　连续提取法

连续提取法是以不同的化学试剂作为提取剂，逐级提取颗粒物质中的某些元素，进行分析，了解这些元素的存在形式和分布。不锈钢粉尘中的铬等重金属元素分为水溶态、可交换态、酸溶态、稳定铁锰氧化物结合态、结晶铁锰氧化物结合态、有机结合态、残渣态等 7 种形态，即：

（1）水溶态：用去离子水提取出的部分，标记为 F1；

（2）可交换态：通过离子交换的形式，从沉积物中转移到水相的部分，标记为 F2；

（3）酸溶态：用酸性溶液从沉积物中提取出的部分，标记为 F3；

（4）稳定铁锰氧化物结合态：已经凝聚而尚未发生晶化的部分，标记为 F4；

（5）结晶铁锰氧化物结合态：已经发生晶化了的铁锰氧化物所结合的部分，标记为 F5；

（6）有机结合态：主要以与有机物铬合形式存在，标记为 F6；

（7）残渣态：包含在矿物晶格中而不会释放到溶液中去的那部分，标记为 F7。

采用连续提取法（步骤如图 4.29 所示）对不锈钢粉尘中铬的形态进行检测，由图 4.30 所示结果可知，不锈钢粉尘中铬主要以残渣态形式存在，在 EAF 不锈钢粉尘（EAFD）和 AOD 不锈钢粉尘（AODD）中的占比分别约为 97.1% 和 94.6%，仅 2.9%（EAFD）和 5.4%（AODD）的铬被提取出，这说明在尖晶石相中铬主要以 Cr(Ⅲ) 形式存在。然而 Cr(Ⅲ) 可以被 CaO 和 O_2 氧化为 Cr(Ⅵ)，同时不锈钢粉尘的毒性来源于 Cr(Ⅵ) 的致癌性。

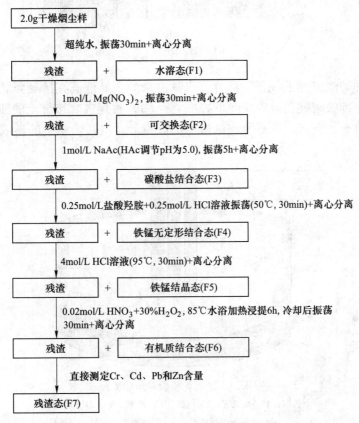

图 4.29 不锈钢粉尘中铬的各种形态提取步骤

4.3.2 不锈钢粉尘中铬元素的赋存状态

不锈钢粉尘的形成机理主要有：（1）在电弧区、吹氧区和脱碳反应区等热点的元素的挥发；（2）由于脱碳反应生成 CO 气泡的破裂、电弧或吹氧波动所引

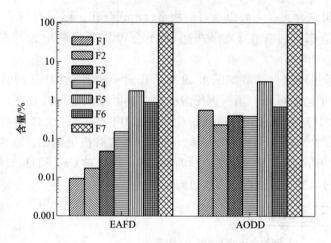

图 4.30　不锈钢粉尘中 Cr 的化学形态

起的金属和炉渣液滴的飞溅，此外，飞溅出来的金属液滴在接触到氧化性气氛时，可能继续脱碳破裂而生成细小的粉尘；（3）被尾气直接带走的细小颗粒炉料，如铁合金、石灰、萤石及泡沫渣中的废料等。电弧炉粉尘的形成机理如图4.31 所示。

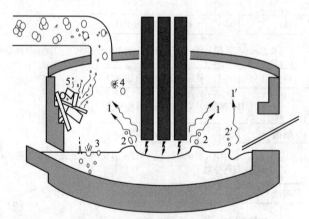

图 4.31　电弧炉粉尘的形成机理

1—电弧区；1′—吹氧区；2—电弧；2′—吹氧；3—CO 气泡破裂；

4—液滴的飞溅破裂；5—尾气带走的炉料

因冶炼周期和熔炼物料的不同，所排放的不锈钢粉尘的化学成分也不尽相同。不锈钢粉尘成分复杂，主要含有 Fe、Cr、Mg、Si、Cl、Zn、Ni 和 Mn 等元素。在不锈钢粉尘中，Fe、Ni、Cr 等金属以多种氧化物的形式存在，普遍认为 Fe 主要以 Fe_2O_3 和 Fe_3O_4 的形式存在，Ni 以 NiO 和 Fe_2NiO_4 的形式存在。相关研究结果（如图4.32 所示）表明，EAF 和 AOD 粉尘中所含主要晶相均为 $FeCr_2O_4$

和 Fe_3O_4，其中 Cr 元素以 $FeCr_2O_4$ 相存在，而 AOD 炉中由于 Zn 的相对浓度较高，因此可检测出少量 ZnO。此外，粉尘中还可能存在其他相（浓度低于 XRD 分析的检测限约 2%）。但是 Cr 的存在形式还存在一定争议，国内部分研究学者认为 Cr 以三价铬的形式存在，且 Fe_2O_3 和 Cr_2O_3 是不锈钢粉尘的主要成分，另有学者认为 Cr 以 CrO 和 Fe_2CrO_4 的形式存在，而不是 Cr_2O_3。国外部分学者则认为 Cr 很可能以 $CrCO_3$ 和 $FeCr_2O_4$ 的形式存在或主要以 CrO 形式存在，也有学者认为 Cr 主要以 Cr_2O_3 的形式存在。

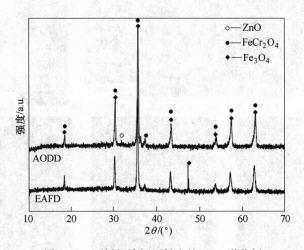

图 4.32　不锈钢炼钢厂粉尘的 XRD 谱分析

从微观形貌上看，细小的粉尘颗粒呈圆形或不规则形状。绝大部分粉尘粒径小于 $30\mu m$，可以发现石英（图 4.33A）、石灰（图 4.33B）和铬铁尖晶石（图 4.33C）等颗粒，也能发现由许多细小微粒聚集成的大微粒（图 4.33 中方框区域），其元素组成为 Fe、Ca、Si、Cr、Al、Mg、Zn、Cr、O 等，此外还有少量的 K、Na 等元素。EDS 分析显示颗粒为 Al-Si-Mg-Cr-Ca-Mn-Fe-Zn-Cr-O 基物质。对颗粒的面扫描分析表明，内层深灰色区域为 Al-Si-Zn-Cl-O 基物质，外层浅灰色为 Al-Si-Mg-Cr-Zn-Cl-O 基物质，且外层 Zn 含量稍高一些。这由于炉料中挥发性物质挥发后在尾气管中凝结并聚集形成的。在电弧炉冶炼的熔化期还会有 HCl 气体生成，其在尾气中的含量（体积分数）可达 0.1%，HCl 气体及其反应生成的 Cl_2、H_2O 在烟气管道中也会增加细小粉尘颗粒的相互黏附和聚集。尤其是 Zn 和 Cl，易结合成低熔点的易挥发性物质，在尾气管道内，随着温度的降低沉积并聚合成团状。

由图 4.34 可见，粉尘中存在大量的细颗粒（$<1\mu m$），为含铬尖晶石（$FeCr_2O_4$）。这些含铬尖晶石可能是由于在 EAF 高温区（即电弧区和吹氧区），

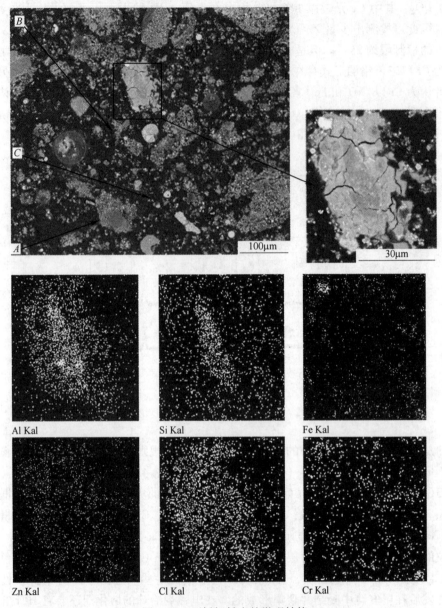

图 4.33　不锈钢粉尘的微观结构

Fe 和 Cr 的熔融蒸气的化学反应及其在低温区或废气管的结晶化学反应所形成（图 4.34A 和图 4.35 为尖晶石晶体）；或者因为喷溅出的熔融渣滴中尖晶石晶体的溶解度随着温度的降低而降低，导致尖晶石晶体析出（图 4.36）。此外，尖晶石晶体通常含有一定量的 Ni、Zn 和 Mn，这些元素可以取代 Fe^{2+} 进入尖晶石结构。

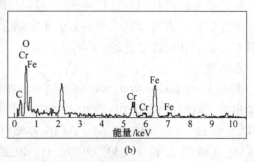

(a) (b)

图 4.34 EAFD 的微观形貌和 A 点的能谱图

（a）EAFD 的微观形貌；（b）A 点的能谱图

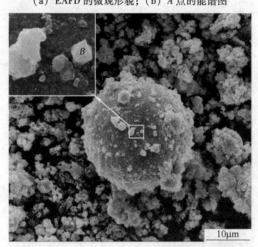

图 4.35 EAFD 的球形渣滴

（B 点立方晶体为（$Mn_{0.32}Fe_{0.68}$）（$Cr_{0.90}Fe_{1.10}$）O_4 尖晶石晶体）

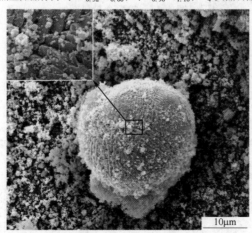

图 4.36 AODD 渣滴中的尖晶石晶体沉淀

利用 XPS 分析仪对粉尘样品分别进行全扫描，检测出含有的主要元素，进一步对单个元素进行扫描，每种元素可通过样品谱的峰值高度比较获得样品表面元素浓度信息，也可以从谱图中分析元素结合能的化学位移判断所检测元素的化学状态。最后利用高动能的 Ar^+ 离子束对样品表面溅射，得到粉尘表面元素的深度分布信息。

图 4.37 为 EAFD 和 AODD 表面的全扫描图谱。由图 4.37 可以看出，EAFD 粉尘表面元素组成较 AODD 复杂。EAFD 粉尘表面主要组成元素有 C(16.69%)、O(42.57%)、卤素（16.63%）、Si(16.73%) 和少量 Cr、Fe、Zn、Ca。AODD 粉尘表面主要元素是 C（33.73%）、O（49.28%）、Si（7.79%）和少量的 Cr、Fe、Zn。

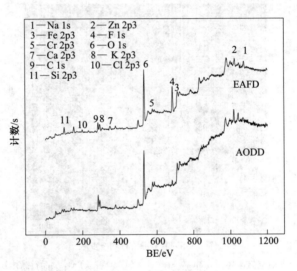

1—Na 1s   2—Zn 2p3
3—Fe 2p3   4—F 1s
5—Cr 2p3   6—O 1s
7—Ca 2p3   8—K 2p3
9—C 1s   10—Cl 2p3
11—Si 2p3

图 4.37　粉尘全扫描图

表 4.15 中列出了粉尘表面存在的元素、化学状态和元素在粉尘表面百分含量。由表 4.15 可以看出，AOD 粉尘中 C、O、Cr、Fe、Zn 元素含量较之 EAFD 粉尘要高，Si 反之。虽然 EAFD 中含 Cr 量要小于 AODD，但 F、Cl 等卤素元素含量较高。

表 4.15　粉尘表面元素

元素	化学状态	AODD（原子百分比）/%	EAFD（原子百分比）/%
C	C，CO_3^{2-}	33.73	16.69
O	氧化物	49.28	42.57
Ca	Ca^{2+}	nd*	1.86

续表 4.15

元素	化学状态	AODD（原子百分比）/%	EAFD（原子百分比）/%
Cl	Cl^-	nd	2.51
Cr	Cr^{3+}，Cr^{6+}	2.07	1.14
F	F^-	nd	14.12
Fe	Fe^{2+}，Fe^{3+}	4.65	3.29
Si	Si^{4+}	7.79	16.73
Zn	Zn^{2+}	2.48	1.09
Na	Na^+	nd	nd
K	K^+	nd	nd

注：nd 表示没有检测。

图 4.38~图 4.45 是对 EAFD 表面存在元素光电子谱峰拟合图。EAFD 表面各元素拟合峰值及其所对应的粉尘表面可能存在的物质如表 4.16 所示。由表 4.15 可知，EAFD 表面存在 SiO_2、CrO_3、Cr_2O_3、$FeCl_3$、FeF_2、Fe_2O_3、Fe_3O_4、FeO、$CaCl_2$、ZnO、ZnF_2、NaCl、CaF_2，也可能存在金属 Zn。由表 4.15 还可以看出，Fe 在粉尘表面存在形式复杂，既存在铁的氧化物，又存在其卤化物。而 Cr 仅以氧化物形式存在，且只有 CrO_3 和 Cr_2O_3 两种存在形式，Si 主要以 SiO_2 形式存在。

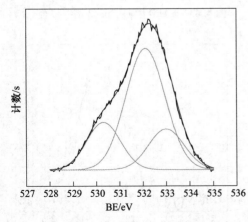

图 4.38 EAFD 中 O 1s 谱线拟合

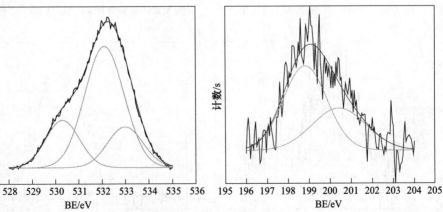

图 4.39 EAFD 中 Cl 2p3/2 谱线拟合

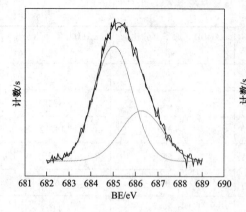

图 4.40　EAFD 中 F 1s 谱线拟合

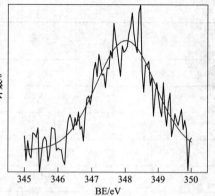

图 4.41　EAFD 中 Ca 2p3/2 谱线拟合

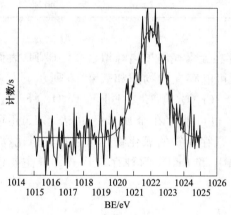

图 4.42　EAFD 中 Zn 2p3/2 谱线拟合

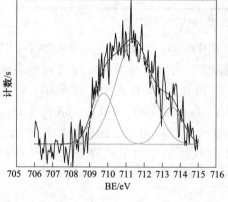

图 4.43　EAFD 中 Fe 2p3/2 谱线拟合

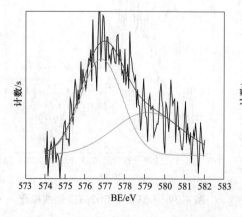

图 4.44　EAFD 中 Cr 2p3/2 谱线拟合

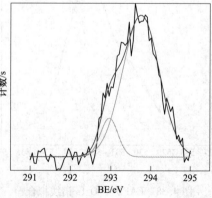

图 4.45　EAFD 中 K 2p3/2 谱线拟合

表 4.16 元素拟合峰值及其可能存在物质

元素	峰值/eV	可能存在的物质
O	530.30, 533.00, 532.12	SiO_2, CrO_3, Cr_2O_3, Fe_2O_3, Fe_3O_4, FeO, ZnO
Cl	198.81, 200.42	$CaCl_2$, $FeCl_3$, NaCl
F	685.01, 686.27	CaF_2, FeF_2, ZnF_2
Ca	348.01	$CaCl_2$, CaF_2
Zn	1021.98	ZnO, ZnF_2, Zn
Si	103.23	SiO_2
Fe	709.77, 711.41, 713.51	$FeCl_3$, FeF_2, Fe_2O_3, Fe_3O_4, FeO
Cr	576.83, 579.15	CrO_3, Cr_2O_3
K	292.96, 293.75	—
Na	1071.34, 1072.22	NaCl

图 4.46~图 4.49 为 AODD 表面存在元素光电子谱峰拟合图。表 4.17 为 AODD 中各元素拟合峰值及其可能存在的物质。由表 4.17 可知，AODD 表面存在物质为 CrO_2、CrO_3、Fe_3O_4、ZnO、SiO_2、Cr_2O_3。Zn、Cr 也可能存在于粉尘表面。Cr 主要以氧化物形式存在，而不是以尖晶石形态存在于表面。Fe 和 Si 以各自氧化物形式（Fe_3O_4 和 SiO_2）存在。Zn 主要以氧化物形式存在，Zn 单质由于其挥发性，可能存在于粉尘表面。

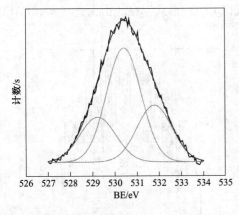
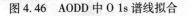

图 4.46 AODD 中 O 1s 谱线拟合

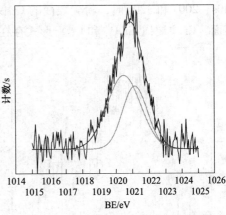

图 4.47 AODD 中 Zn 2p3/2 谱线拟合

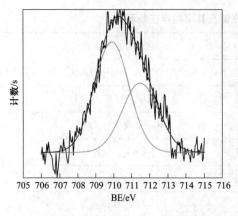
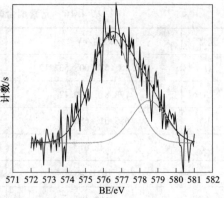

图 4.48   AODD 中 Fe 2p3/2 谱线拟合   图 4.49   AODD 中 Cr 2p3/2 谱线拟合

表 4.17   元素拟合峰值及其可能存在物质

元素	峰值/eV	可能存在的物质
O	529.23，531.79，530.41	CrO_2，CrO_3，Cr_2O_3，Fe_3O_4，ZnO
Zn	1020.49，1021.14	ZnO，Zn
Si	102.01，103.31	SiO_2
Fe	709.90，711.48	Fe_3O_4
Cr	576.4，578.5	CrO_x，Cr，CrO_2，CrO_3，Cr_2O_3

对铬元素深度扫描，图 4.50 为 EAFD 表面 Cr 元素在 Ar^+ 溅射 0s，80s，140s，320s 的谱峰拟合图。AODD 表面 Cr 元素在 Ar^+ 溅射 0s，80s，140s，560s 的谱峰拟合图如图 4.51 所示。EAFD 和 AODD 在不同 Ar^+ 溅射时间峰值拟合结果分别如表 4.18 和表 4.19 所示。由表 4.18 可以看出，在 Ar^+ 溅射 0s、10s、20s、50s 和 80s 时，粉尘表面可能存在的含 Cr 物质均为 Cr_2O_3 和 CrO_3，而在 Ar^+ 溅射 140s、200s 和 320s 时，粉尘表面的 Cr 仅以 Cr_2O_3 形式存在。由上述可知，EAFD 表面，Cr 主要以 Cr_2O_3 和 CrO_3 形式存在。

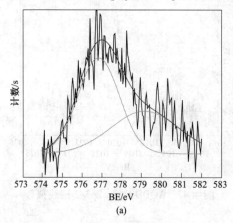
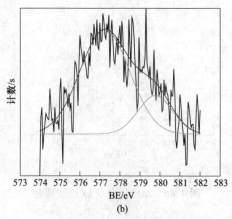

(a)   (b)

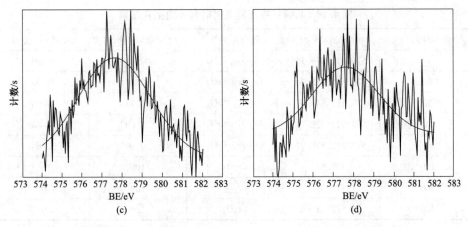

图 4.50　EAFD 中 Cr 元素 0s，80s，140s，320s 光电子峰
(a) 0s；(b) 80s；(c) 140s；(d) 320s

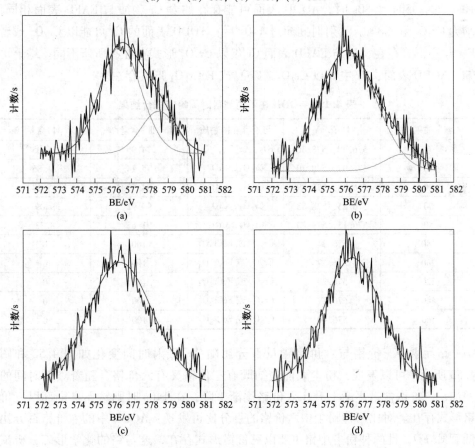

图 4.51　AODD 中 Cr 元素 0s，80s，140s，560s 光电子峰
(a) 0s；(b) 80s；(c) 140s；(d) 560s

表 4.18　EAFD 在不同溅射时间峰值拟合结果

溅射时间/s	峰值/eV	可能存在的物质	Cr(Ⅲ)含量/%	Cr(Ⅵ)含量/%
0	576.83，579.15	Cr_2O_3，CrO_3	59.04	40.96
10	576.65，578.74	Cr_2O_3，CrO_3	62.77	37.23
20	576.51，578.91	Cr_2O_3，CrO_3	65.72	34.28
50	577.02，579.11	Cr_2O_3，CrO_3	75.60	24.40
80	577.24，579.77	Cr_2O_3，CrO_3	79.36	20.64
140	577.63	Cr_2O_3	100	0
200	577.53	Cr_2O_3	100	0
320	577.61	Cr_2O_3	100	0

由表 4.19 可以看出，CrO_2 仅在未经 Ar^+ 溅射时可能存在。当溅射时间为 10s、20s、50s 和 80s 时，AODD 表面可能存在的含 Cr 物质与 EAFD 表面相同，均为 Cr_2O_3 和 CrO_3。溅射时间超过 140s 后，AODD 表面的 Cr 可能以 Cr_2O_3 或者 $FeCr_2O_4$ 形式存在，这与 EAFD 表面 Cr 仅以 Cr_2O_3 形式存在有所所不同。综上可知，AODD 表面，Cr 主要以 Cr_2O_3、CrO_3 或 $FeCr_2O_4$ 形式存在。

表 4.19　AODD 在不同溅射时间峰值拟合结果

溅射时间/s	峰值/eV	可能存在的物质	Cr(Ⅲ)含量/%	Cr(Ⅵ)含量/%
0	576.40，578.50	CrO_2，Cr_2O_3，CrO_3	74.95	25.05
10	576.07，578.20	Cr_2O_3，CrO_3	75.14	24.86
20	576.38，578.89	Cr_2O_3，CrO_3	84.53	15.47
50	576.25，578.83	Cr_2O_3，CrO_3	90.91	9.09
80	576.15，579.20	Cr_2O_3，CrO_3	91.67	8.33
140	576.34	Cr_2O_3 或 $FeCr_2O_4$	100	0
200	576.37	Cr_2O_3 或 $FeCr_2O_4$	100	0
320	576.23	Cr_2O_3 或 $FeCr_2O_4$	100	0
440	576.27	Cr_2O_3 或 $FeCr_2O_4$	100	0
560	576.40	Cr_2O_3 或 $FeCr_2O_4$	100	0

铬元素中三价铬与六价铬含量百分比随 Ar^+ 溅射时间变化如图 4.52 和图 4.53 所示。可以发现，粉尘表面最初既有三价铬又有六价铬，随着溅射时间的增加，三价铬含量逐渐上升，六价铬逐渐下降，在 140s 时则铬元素全部以三价铬形式存在。对比两种粉尘中六价铬的百分比可发现：AODD 中的六价铬百分比低于 EAFD，且两种粉尘中铬主要以三价铬形式存在，这与铬的化学形态分析试验结果相吻合。综上可知，六价铬多存在于粉尘表面，且多以 CrO_3 或者 $FeCr_2O_4$ 形式存在。

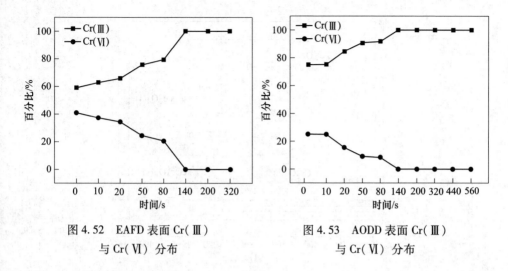

图 4.52　EAFD 表面 Cr(Ⅲ)
与 Cr(Ⅵ) 分布

图 4.53　AODD 表面 Cr(Ⅲ)
与 Cr(Ⅵ) 分布

4.3.3　不锈钢粉尘中六价铬的形成机理

不锈钢粉尘的毒性主要来源于铬，因此对粉尘中含铬相的演变进行热力学计算具有重要意义。利用热力学计算软件 FactSage 计算不锈钢粉尘中含铬相的形成与温度、气氛（氧势）的关系以及粉尘中的其他元素对其形成的影响，可揭示含铬相的化学演变规律，探索减少粉尘中六价铬含量的措施，为不锈钢或高合金钢生产中的粉尘处理提供有益的参考。

通过建立 Cr-Fe-Zn-Mn-Mg-Al-Ca-Ni-O-Cl 系热力学平衡图，计算得到平衡产物的固相和气相平衡图，结果如图 4.54 和图 4.55 所示。由图 4.54（a）可知，粉尘主要由 Cr 和 Fe 元素组成。其中 Cr 在高于 1327℃时，以 $FeCr_2O_4$ 形式存在，低于此温度则转变为 Cr_2O_3。在温度高于 1527℃时，Fe 以 Fe_3O_4 和 $FeCr_2O_4$ 形式稳定存在，随着温度的降低 Fe_3O_4。全部转变为 Fe_2O_3，当温度降至 1327℃时，$FeCr_2O_4$ 分解成为 Fe_2O_3 和 Cr_2O_3。根据图 4.54（b），可知在整个温度区间内，Ni 和 Mg 主要与 Fe 和 Cr 形成尖晶石。Zn 主要以 $ZnAl_2O_4$ 形式存在于低于 1000℃范围内，以 ZnO 形态存于整个温度区间，且于 1427℃时达到峰值。Mn 和 Ca 相较其他元素变化较为复杂。整个温度区间内都有 $CaAl_2O_4$ 存在，在 1000℃时，部分 Ca 元素被释放出来与 Cl 结合生成液态 $CaCl_2$，随着温度的继续降低，液态 $CaCl_2$ 转换为固态 $CaCl_2$。Mn 在高温时与 Fe 以 $MnO \cdot Fe_2O_3$ 形式存在，温度降低到 1170℃左右时，所有 Mn 元素释放出来，固态 Mn_3O_4 生成，随着温度进一步降低分别转变为 Mn_2O_3 和 MnO_2。

从图 4.55（a）中可以看出，Zn 和 Cl 是组成气相物质的主要元素。$ZnCl_2$ 含量在约 937℃时达到最大值，Zn 蒸气随着温度的降低以及氧势的变化被氧化为 ZnO。此外，由图 4.55（b）可知，气相中含有六价铬的气体为 CrO_2Cl_2 和 CrO_3。

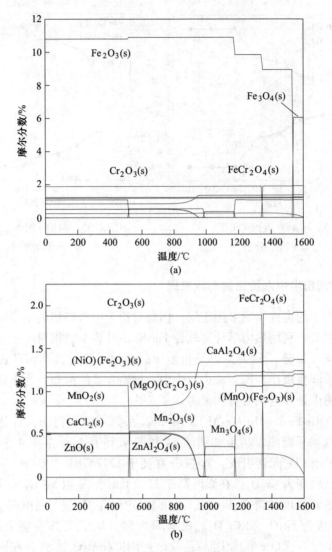

图 4.54　粉尘中固相平衡图
(a) 固液相产物平衡图；(b) 固液相产物平衡图放大图

MnCl、NiCl 和 FeCl₂ 含量均随着温度的降低而减少直至反应完成。CrO_2Cl_2 和 Cl_2 有相似的变化规律，先随着温度的降低而含量逐渐升高，在 977℃ 左右达到峰值，之后含量随着温降而减少，这与气相中其他氯化物的形成有关。通过计算还发现气相中存在 $FeCl_3$，与 XPS 分析粉尘表面存在 $FeCl_3$ 的结果相吻合。

铬铁合金电弧炉粉尘中六价铬主要在炉子上方和尾气管中形成，不锈钢冶炼炉内气氛同铬铁合金电弧炉内气氛类似，均为高温还原性气氛，因此不锈钢冶炼炉中六价铬也可能在炉子上方和尾气管中形成。另据报道，粉尘中六价铬主要来

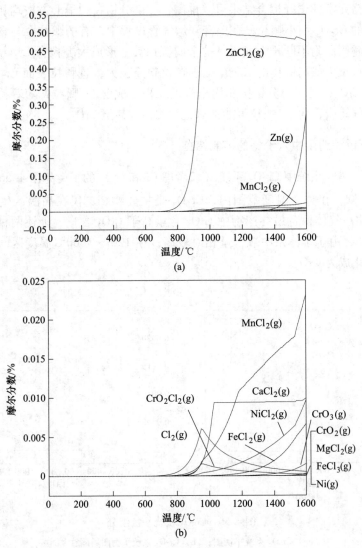

图 4.55 粉尘中气相平衡图

（a）气相产物平衡图；（b）气相产物平衡图局部放大

源于低价铬化合物与氧气或者 CaO 发生氧化反应或与碱金属氧化物反应。主要反应方程式如下：

$$2Cr_2O_3(s) + 3O_2 \Longrightarrow 4CrO_3(s) \tag{4.20}$$

$$1/2FeCr_2O_4 + Na_2CO_3 + 7/8O_2 \Longrightarrow Na_2CrO_4 + 1/4Fe_2O_3 + CO_2 \tag{4.21}$$

$$1/2FeCr_2O_4 + K_2CO_3 + 7/8O_2 \Longrightarrow K_2CrO_4 + 1/4Fe_2O_3 + CO_2 \tag{4.22}$$

$$4CaO(s) + 3O_2 + 2Cr_2O_3(s) \Longrightarrow 4CaCrO_4(s) \tag{4.23}$$

根据粉尘表面可能存在的物质判断，六价铬可能是按照式（4.20）反应生成。结合铬元素的谱峰拟合结果可以推测，一部分铬在炉子上方按均相沉积机理形成三价的 Cr_2O_3 细小颗粒，在上升到烟气管过程中，有的颗粒会与含有其他金属的颗粒碰撞黏附不断长大或者其他金属沉积其上形成大颗粒含 Cr_2O_3 粉尘，有的颗粒不再长大或与同样的 Cr_2O_3 细小颗粒碰撞长大，且颗粒表面 Cr_2O_3 会被部分氧化为 CrO_3；另一部分铬按非均相机理沉积形成含 Cr 颗粒，随着粉尘上升直至到达尾气管中，含 Cr 颗粒可能被氧化为 Cr_2O_3 甚至 CrO_3。

4.3.4 不锈钢粉尘中六价铬的控制措施

电弧炉尾气系统中 $Cr-O_2$ 系统（仅考虑 Cr 和 O_2）的平衡如图 4.56 所示。由图 4.56 可知，在整个温度范围内，Cr_2O_3 是主要物相，仅在高温区生成少量的 CrO_2 和 CrO_3 气体，且最终产物中 CrO_3 含量高于 CrO_2 含量，上述两种物质含量比值为 2.8，由于本体系中氧含量相对较高，在 1227~1600℃ 温度区间内，铬更倾向于氧化成为 CrO_3。

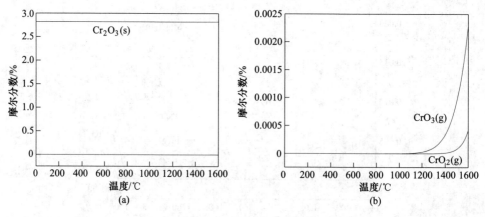

图 4.56 $Cr-O_2$ 系统平衡组分

（a）$Cr-O_2$ 系统平衡图；（b）$Cr-O_2$ 系统平衡图局部放大图

（1）氧气量相对量对 $Cr-O_2$ 系统的影响。在温度为 1600℃ 时，1mol Cr 分别与 10~100mol O_2 反应时，其生成物产生量的变化如图 4.57（a）和图 4.57（b）所示。从图 4.57 可知，O_2 的相对含量越高，生成的 CrO_3 越多，同时 CrO_2 含量也越多，Cr_2O_3 含量越少。因此，控制好尾气管道中的 $n(Cr)/n(O_2)$ 对于减少六价铬的生成具有重要意义。

（2）碱金属（Na 和 K）对 $Cr-O_2$ 系统的影响。除 O_2 浓度对不锈钢粉尘中六价铬含量影响外，由于不锈钢粉尘还含有少量碱金属元素（Na 和 K），主要以氧化物和氯化物形式存在。通过对 $Na-Cr-O_2$ 和 $K-Cr-O_2$ 体系的热力学计算表明（结

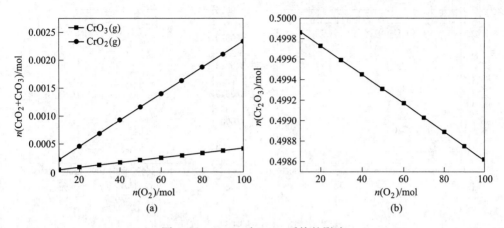

图 4.57 Cr/O₂ 对 Cr-O₂ 系统的影响

(a) CrO₂ 和 CrO₃ 量随氧气量的变化；(b) Cr₂O₃ 量随氧气量的变化

果分别如图 4.58 和图 4.59 所示），在整个温度范围内，都极易形成 Na_2CrO_4 和 K_2CrO_4 等含六价铬的化合物。此外，在 1400~1600℃时，还可能会产生 CrO_3 和 CrO_2 气体，整个温度区间内，Na、K 转变成为 Na_2CrO_4 和 K_2CrO_4 两种含有六价铬的铬酸盐。由于这两种铬酸盐溶解度大，对于环境污染极大，因此要尽量减少冶炼原料中碱金属的含量以减少六价铬的形成。

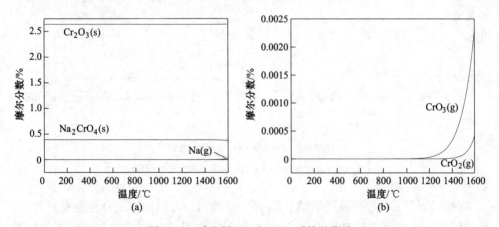

图 4.58 碱金属 Na 对 Cr-O₂ 系统的影响

(a) Na-Cr-O₂ 系统平衡图；(b) Na-Cr-O₂ 系统平衡图局部放大图

（3）Ca 对 Cr-O₂ 系统的影响。石灰是电弧炉冶炼过程中的一种主要的造渣材料，由于其密度较小，颗粒尺寸细小，在加料过程中易于被炉气直接带入烟气管道中而形成粉尘。对 Ca-Cr-O₂ 体系的热力学计算表明（结果如图 4.60 所示），在整个温度范围内，Ca 和 Cr 分别以 $CaCr_2O_4$ 和 CrO_3 的两种物质存在，仅在

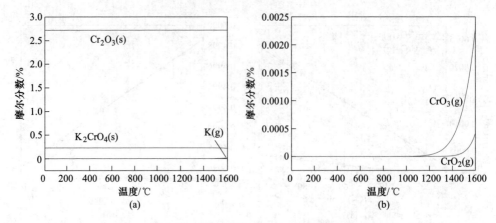

图 4.59　碱金属 K 对 Cr-O$_2$ 系统的影响

（a）K-Cr-O$_2$ 系统平衡图；（b）K-Cr-O$_2$ 系统平衡图局部放大图

1400~1600℃ 区域内产生少量的 CrO$_3$ 和 CrO$_2$ 气体。根据 CaO-Cr$_2$O$_3$ 相图表明，Ca 的存在也可能导致含 Cr(Ⅵ) 物相的形成，如 CaCrO$_4$。

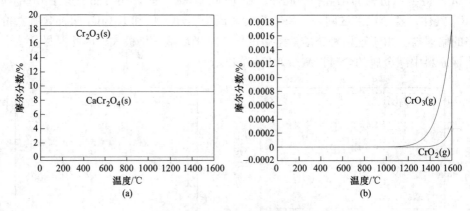

图 4.60　Ca 对 Cr-O$_2$ 系统的影响

（a）Ca-Cr-O$_2$ 系统平衡图；（b）Ca-Cr-O$_2$ 系统平衡图局部放大图

（4）Zn 对 Cr-O$_2$ 系统的影响。Zn 是粉尘被列为有毒固体废弃物的原因之一，目前研究出了许多工艺对粉尘中 Zn 的进行回收利用。Zn 对系统的影响规律如图 4.61 所示。从图 4.61 中看出，在 1300~1600℃ 时，Zn 都以锌蒸气形式存在，随着温度的降低 Zn 逐步和氧结合成为 ZnO，并在 1300℃ 时，反应完成。Zn 和 Cr 间不发生化学反应，也无尖晶石相形成。但有报道表明，电弧炉粉尘中锌以 ZnO 和 ZnCr$_2$O$_4$ 形式存在，这可能是由于挥发性元素均相形核与气相物质碰撞黏附长大形成 ZnO，部分 Cr 元素在高温下也通过均相沉积形成 Cr$_2$O$_3$ 并与部分 ZnO 发生反应形成。

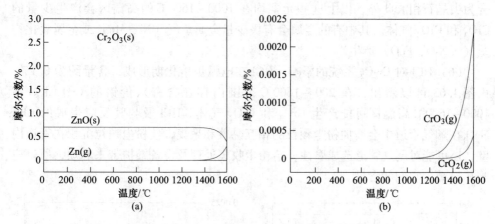

图 4.61 Zn 对 Cr-O₂ 系统的影响

（a）Zn-Cr-O₂ 系统平衡图；（b）Zn-Cr-O₂ 系统平衡图局部放大图

（5）Fe、Mg 和 Ni 对 Cr-O₂ 系统的影响。在 EAF 的粉尘中，Fe 元素含量较高，主要来自炉内钢液的挥发，以及钢渣或钢液的飞溅。Fe 对 Cr-O₂ 系统影响的计算结果如图 4.62 所示。从图中看出在 1500℃ 以上，Fe_3O_4 与 $FeCr_2O_4$ 为主要产物，随着温度不断下降，Fe_3O_4 转变成为 Fe_2O_3。同时，在 1300℃ 以下时，主要以 Fe_2O_3 形式存在。Cr 元素在高温区也几乎全部与 Fe 反应生成尖晶石型的 $FeCr_2O_4$。

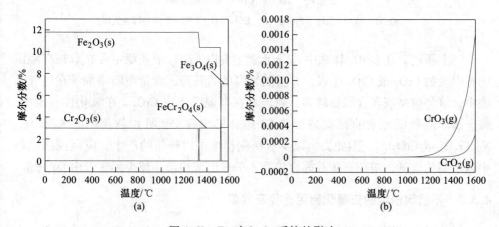

图 4.62 Fe 对 Cr-O₂ 系统的影响

（a）Fe-Cr-O₂ 系统平衡图；（b）Fe-Cr-O₂ 系统平衡图局部放大图

在 EAF 冶炼中，Mg 主要来自被侵蚀的炉衬或造渣剂白云石，而 Ni 元素则主要来自废钢或合金。通过热力学计算，Mg/Ni-Cr-O₂ 系统中，Mg 和 Ni 均与 Cr 结合为尖晶石相。此外，以上这些元素均在 1000~1600℃ 的高温区会产生少量的 CrO_3 和 CrO_2 气体。其中有的金属会有极少量金属蒸气（Ni、Mn）或金属氧化物蒸气（NiO、FeO）产生。

（6）HCl 对 $Cr-O_2$ 系统的影响。HCl 在电弧炉熔化期形成，含量约为 0.1%。由图 4.63 可以看出，在 200~1600℃ 范围内存在含有六价铬的 CrO_2Cl_2。在 1000~1600℃ 高温区可能产生 CrO_3 和 CrO_2 气体。HCl 及与其反应生成的 Cl_2、H_2O 在烟气管道中会增加粉尘颗粒的相互黏着和聚集，使粉尘颗粒沉积在管道内壁，还可能对尾气管道造成腐蚀，给粉尘收集处理及设备维护带来麻烦，所以应当尽量减少它们的含量。

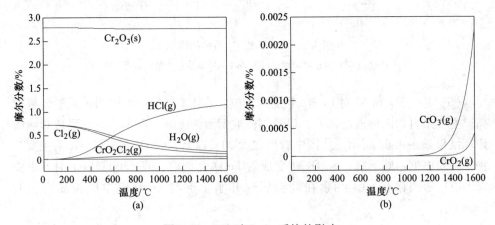

图 4.63　HCl 对 $Cr-O_2$ 系统的影响

（a）$HCl-Cr-O_2$ 系统平衡图；（b）$HCl-Cr-O_2$ 系统平衡图局部放大图

综上所述，在 $Cr-O_2$ 体系中，Cr 元素主要以 Cr_2O_3 形式稳定存在。在高温区均有少量的 CrO_3 或 CrO_2 生成，并且随着温度的升高，含量不断增加。在尾气系统中，氧势越高或者含氧量越多，越容易在高温区生成 CrO_3。在氧化性气氛中，碱金属单质和氯元素的存在易于与 Cr 结合形成含 Cr（Ⅵ）物相，如 $K_2Cr_2O_4$、$Na_2Cr_2O_4$ 或 CrO_2Cl_2。因此，为减少不锈钢粉尘中六价铬的产生，应该控制原料中碱金属的含量，避免石灰石等直接卷入炉气形成粉尘，减少尾气管中 O_2 含量。

4.3.5　不锈钢粉尘的资源化利用途径及展望

目前对不锈钢厂电弧炉粉尘的回收处理工艺主要有火法冶金、湿法冶金、火法与湿法相结合的冶金方法，以及其他材料化再利用技术。火法冶金工艺的典型代表是 Waelz 工艺，自 20 世纪 70 年代就运用于电弧炉粉尘的处理。此外，近年来还发展了直接还原工艺，它可以将粉尘直接加入电弧炉或转炉内还原生成合金海绵铁或直接还原铁（direct reduction iron，DRI）。电弧炉粉尘的湿法冶金工艺最早是采用硫酸浸出的方法，但一直未能推广应用；由于电弧炉粉尘中氯含量较高，人们逐渐认识到采用氯化工艺要优于硫酸工艺，代表性工艺有 ZINCEX 和 EZINEX。表 4.20 列出了世界各地对不锈钢厂粉尘的主要处理方法。

表 4.20 不锈钢厂粉尘的主要处理工艺

工艺名称	类型	发展现状	含锌产品	含铁产品	其他产品
Walze	火法	产业化	氧化锌	金属铁/氧化铁	$PbCl_2$、$CdCl_2$ 烟气
ZTT	火法	产业化	氧化锌	铁石灰	混合盐
MRT	火法/湿法	产业化	高纯氧化锌	金属铁/氧化铁	金属 Pb、Cd
Laclede	火法	产业化	金属锌	氧化铁渣	
EZINEX	湿法	产业化	金属锌	铁氧化物	混合盐
ZINCEX	湿法	新兴开发	金属锌	残渣	铅/镉水泥
Fastmelt	火法	产业化	氧化锌	还原铁	
Oxycup	火法	产业化	—	还原铁	炉渣
Inmetco	火法	产业化	氧化锌	还原铁	
Ausmelt	火法	产业化	氧化锌	残渣	
All Met	火法	新兴开发	金属锌	金属铁/氧化铁	混合盐
IBDR-ZIPP	火法/湿法	新兴开发	氧化锌	生铁	混合盐
IRC	玻璃化	产业化			玻璃颗粒
Super Detox	固化	产业化			固化尘
Rezada	湿法	新兴开发	金属锌	铁氧化物	混合盐及铅/镉水泥
Terra Gaia	湿法	新兴开发	硫化锌	氧化铁	$PbCl_2$、$CdCl_2$ 水泥
MR/Electrothermic	火法	产业化	氧化锌	炉渣/残渣	

4.3.5.1 火法冶金

（1）Waelz 回转窑工艺。Waelz 回转窑工艺是目前处理电弧炉粉尘应用最为广泛的技术，最早可追溯至 1923 年。1973 年，德国将该技术应用于电弧炉粉尘的处理，1986 年，美国的 Horsehead Resource Development 公司应用该技术每天可处理 410t 粉尘。该工艺是将粉尘与焦粉或煤粉混合后装入回转窑内，在 1100~1200℃高温下处理，粉尘中金属被碳还原，非铁金属如 Zn、Pb、Cd 等以及挥发性盐以蒸气形式从料床中排出，并在料床上被重新氧化生成氧化物气体，最后收集分离得到产品，收集得到的初级氧化物一般含 52%~58%的氧化锌。

Waelz 回转窑工艺处理电弧炉粉尘具有处理能力大、技术成熟等优点，但其处理成本高，产品需求源地分布广泛，且能耗也较高。

（2）Inmetco 工艺。Inmetco 技术由国际金属再生公司集团研发成功的，第一个 Inmetco 装置于 1978 年在美国 Ellwood 市投产，这是世界上首例利用冶金废弃物的同时进行 Cr、Ni 等有价金属回收的转底炉。1983 年底，德国 Mannesmann Demag 获得该流程的经营权，该转底炉成功运行 30 多年的实践证明，用该方法生成海绵铁是可行的。Inmetco 工艺流程如图 4.64 所示。Inmetco 工艺主要包括 3 个步骤：原料的入料、储存及造球；RHF 还原；浸没式电炉（SAF）熔融还原。

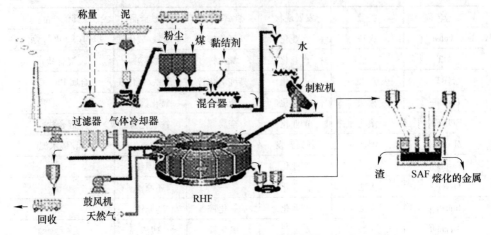

图 4.64　Inmetco 工艺流程图

原料的入料、储存及造球：细粒含铁原料，如几乎不含水分的炼钢粉尘等在喷射履带下从一侧输送，通过空气输送到筒仓储存；酸洗淤泥等料浆状原料经除水后由装料器输送到料仓，经干燥后作为干粉储存；轧钢皮等粒径较大的废弃物，除去水分后进行筛选，规定尺寸以上的轧钢皮经粉碎机粉碎后储存于筒仓中；还原用煤粉和黏结剂同样采用空气输送装置送到筒仓储存，最后对上述储存的原料按规定配比混匀后进行造球。

RHF 炉中金属氧化物的预还原：将前处理成形的球团连续投入 RHF 炉中，炉床上球团铺设厚度为 1~2 层，RHF 炉温保持为 1100~1350℃，在高温下经 10~20min 的还原，得到金属化率较高的还原产物，还原产物通过螺旋排料机连续卸出 RHF 炉。在还原过程中，锌、铅及部分碱、氯化物、氟化物废气一起被排出。

SAF 炉熔融还原处理：通过螺旋排料机连续卸出的高温还原产物由吊车转移到 SAF 上方的保温仓内，随后通过溜槽将还原产物从保温仓的下部连续投入 SAF 内进行熔融还原处理。考虑到 SAF 炉内的终还原和炉渣成分调整，一般在保温仓内同时装入助溶剂和还原用碳粒。经熔融还原得到的铁水和炉渣定期从 SAF 炉侧面的出铁口抽出。

Inmetco 的工艺特点是采用了长寿命的水冷式颗粒抽出螺孔装置，该装置结构简单且具有较高的稳定性。高温还原产物连续排放的情况下，旋转轴被焊接成螺旋状，将颗粒连续刮出的刮板容易磨损，也可能因气体产生腐蚀，和颗粒一起被投入到炉床上的颗粒粉在炉床表面烧结硬化，颗粒排放装置的好坏决定了设备的维护间隔。这种水冷式颗粒抽出螺孔是根据多年的经验进行了各种改进,寿命长达 2 年左右。

大同特殊钢公司于 1996 年从美国 Inmetco 公司引进了转底炉处理废弃物再循环技术,用于处理炼钢粉尘。该设备按照处理年产量 80 万吨的不锈钢制造厂产生的各种废弃物而设计,设计粉尘年处理能力为 5 万吨,于 2004 年开始商业化运行,该工艺出铁时的金属温度为 1440~1540℃,最终得到含有 5%镍、15.2%铬、约 4%碳的生铁。

SAF 炉渣成分、温度的调整及维持是稳定作业的关键点。该工艺 Fe、Cr 和 Ni 的收得率分别为 95%、86% 和 95%。通过采用该设备处理粉尘,截止到 2010 年,从稳定化处理的废弃物中每年回收 1100t 镍和 4300t 铬。此外,得到的 SAF 炉渣满足美国环境保护局 (EPA)TCLP 法关于重金属溶出规定值,可用作路基材料。但是,Inmetco 工艺仍存在诸多缺陷:转底炉还原产物的高温强度低,出料和冷却倒运过程中还原产物的粉碎、开裂等现象严重,还原产物易再氧化;物料在炉底高温区粘接现象使炉底升高导致生产间断;二次燃烧风量难以精确控制;炉料前期处理较复杂,且电耗过高等。

(3) Fastmet/Fastmelt 工艺。Fastmet 是日本的 Kobe Steel 公司及其子公司 Midrex 直接还原公司合作共同开发成功的。第一座商业化 Fastmet 直接还原厂于 2000 年在新日铁投产,年产能力为 19 万吨。Fastmet 工艺使用含碳球团作为原料,该工艺主要步骤为:首先还原用煤粉和黏结剂与含铁原料混合均匀并制成含碳球团,然后将干燥处理后的含碳球团连续均匀地铺设 1~2 层于旋转的炉底上,随着炉膛的旋转,含碳球团被加热至 1100~1350℃,并还原成海绵铁。球团的停留时间一般为 6~12min。最后,海绵铁通过出料螺旋装置连续排出炉外,出炉温度约为 1000℃,将出炉后的海绵铁热压成块并使用圆筒冷却机,进行冷却。Fastmet 工艺要求含铁原料粒度应适宜造球,还原用煤粉要求固定碳高于 50%、灰分小于 10%、硫分低于 1%(干基)。两侧炉壁上安装的燃烧器提供炉内所需要的热量,所用燃料为天然气、燃料油和煤粉。由于煤粉的火焰质量较天然气更为适用,且运行成本较低,因此,多采用煤粉燃烧器提供热量。一般要求燃烧用煤的挥发分含量不低于 30%,灰分在 20%以下。

Fastmelt 工艺与 Fastmet 工艺基本一致,只是在 Fastmet 工艺后续添加一个熔分炉,以生产高质量的液态铁水。Fastmelt 工艺是在 Fastmet 工艺基础上由 Midrex 直接还原公司开发的,其目的是实现渣铁分离,得到的铁水可用于热装炼钢,炉渣可用来制成水泥或其他建材,通过 Takasago 和日本神户钢厂 EAF 的熔炼实践来看,Fastmelt 工艺得到了高度认可。2001 年,一台标准的 Fastmelt 商业装置在日本投入工业应用,其年产约 50 万吨铁水。目前,世界上许多厂家如 U. S. Steel Group、Cyprus Northshore Mining 等也在发展和应用该工艺。Fastmet/Fastmelt 具体的工艺流程如图 4.65 所示。

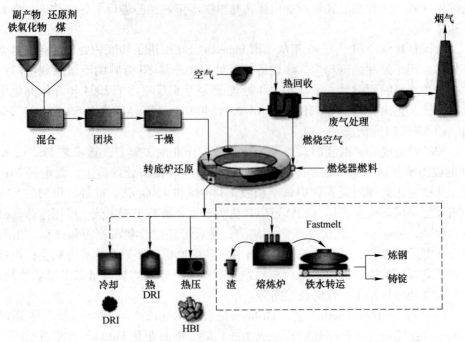

图 4.65 Fastmet/Fastmelt 工艺流程图

Fastmet/Fastmelt 工艺的主要优点包括：流程短、布局紧凑、设备占地面极少；采用含碳球团作为原料，为快速反应创造了条件（反应时间约为 10min）；应用范围广（可还原的粉尘 150kt/y～1Mt/y），具有较大生产能力：可省去传统工艺中的烧结炉和鼓风炉，与 Inmetco 工艺相比，不产生废水和废气等二次污染，可实现清洁生产。但其缺点是部分金属（铬）回收率不高，一般为 70%；操作条件要求较高，对煤粉质量要求较高；工序能耗较大，

（4）Oxycup 工艺。Oxycup 是德国蒂森克虏伯公司结合冲天炉和高炉功能开发的新型竖炉工艺。现役热风富氧 Oxycup 竖炉于 2004 年在蒂森克虏伯钢铁公司的 Hamborn 厂首次投入使用，该工艺经过不断优化，已取得了良好的经济和环保效益。Oxycup 竖炉工艺流程如图 4.66 所示。Oxycup 工艺的主要原料为含铁砖块，它是将含铁废弃物配加碳粉后通过水泥固结而成的自还原炉料。将含铁砖块、焦炭、熔剂和废铁由竖炉上部装入炉内，通过与炉内上升气体的热交换进行预热，作为一种含碳的自还原炉料，含铁砖块在 Oxycup 竖炉中上部发生自还原。富氧热风通过风口吹入炉内后，与竖炉中下部的焦炭层发生反应产生 1900～2500℃的高温，因此，预还原的含铁砖块发生熔分，形成液相金属和熔渣。Oxycup 工艺中焦炭燃烧反应产生的高温 CO 和 CO_2 混合气体在上升过程中为含铁砖块的自还原、炉料的预热和炉料的熔化提供所需的热量。

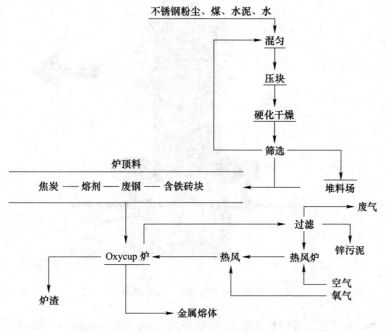

图 4.66 Oxycup 工艺流程图

Oxycup 工艺的还原过程如图 4.67 所示。Oxycup 工艺中风温一般为 650°C 左右，富氧率较高，一般在 30% 左右。炉料中焦炭的主要作用是通过在风口燃烧提供能量，并保证炉内料柱的透气性。Oxycup 竖炉内还原反应主要为发生在含铁砖块内部的直接还原。Oxycup 工艺可处理由钢铁厂产生的含铁废物，包括废铁、冶金粉尘、铁水罐渣壳、转炉溅渣及污泥等。

为回收利用不锈钢粉尘中的铬、镍资源，Oxycup 竖炉工艺于 2011 年在太钢正式投产。太钢 Oxycup 竖炉的含铁砖块由不锈钢粉尘、氧化铁皮、焦粉和水泥组成，砖块制备的碳氧比为 1.2（焦粉），且配加 13% 水泥作为黏结剂。将原料混合均匀后，采用制砖机制成六棱柱状砖块，其强度在 6MPa 以上，可满足 Oxycup 竖炉冶炼要求。

太钢 Oxycu 竖炉生产的铁水中铬含量为 12.1%，铬、镍及铁的回收率分别为 89.5%、97.6% 和 96.8%。Oxycup 工艺充分利用钢铁厂产生的废弃物资源，不仅减轻不锈钢生产对环境的污染，而且降低不锈钢生产成本，推动不锈钢产业的良性循环发展。但是，Oxycup 工艺较复杂，需要富氧设备，且 Oxycup 工艺中含铁砖块的制备较复杂，同时水泥黏结剂的配加导致渣量及冶炼能耗增加。Oxycup 工艺依赖焦炭，而目前焦煤资源日益贫乏，且煤的焦化过程成本高、污染严重。此外，Oxycup 工艺生产的铁水中铬含量较低，而 Si 和 P 含量较高，后期炼钢压力较大。

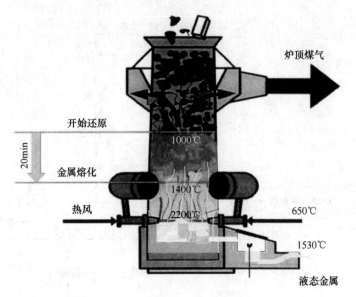

图 4.67　Oxycup 工艺示意图

（5）STAR 工艺。STAR 工艺是日本川崎公司（Kawasaki Steel）利用流化床技术开发的一种能高效回收不锈钢除尘灰的工艺，该工艺于 1994 年在日本投入工业化应用，不锈钢粉尘处理能力为 230t/d，后来该公司又将该技术用于回收含锌电炉粉尘，于 1996 年建成了处理能力为 10t/d 的试验厂，均获得了较好的还原效果。图 4.68 给出了 STAR 工艺示意图。

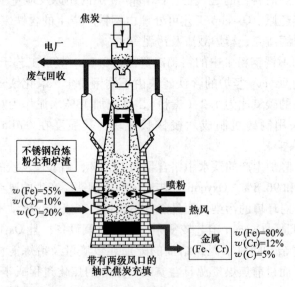

图 4.68　STAR 工艺示意图

该工艺的基本装置是一个内设流态床的鼓风竖炉,竖炉两侧沿垂直方向设有一对风口,分别用于喷吹原料和燃料,还原剂焦炭由炉顶装入炉内,并在下降过程中逐渐熔化形成流态床。该工艺无需造块工序,具有可燃物气化和粉尘冶炼功能,可有效防止二噁英的生成,不产生二次废弃物。利用流态化床技术回收处理不锈钢冶炼粉尘的还有澳大利亚的 FIOR 工艺以及 IRONCARB 工艺。虽然流化床技术处理不锈钢粉尘的金属回收率很高(镍、铁和铬均超过 90%),但其生产和辅助设施过于庞杂、投资和维护费用过于昂贵。

(6)其他火法冶金处理法。Scandust Proces AB 等离子技术处理不锈钢冶炼粉尘是德国于 20 世纪 40 年代开发的。该技术于 1954 年在瑞典首次投入工业应用,利用通电电流在电极(铜合金)产生 3000℃高温,局部能达到 10000℃高温,将通入的燃料气体分子解离成原子或离子,气体原子或离子在燃烧室内燃烧,释放出的火焰中心温度高达 20000℃。不锈钢粉尘与还原剂的混合物在如此超高温下,超过 90%的金属氧化物被迅速还原,并生成金属蒸气。不同的金属蒸气因沸点不同,在冷凝器中逐渐分离,同时产生无毒的熔融体副产品。目前,应用等离子技术相继开发了 MEFOS 工艺和 DavyMckee Hi-PIas 工艺,其技术创新是采用 DC 炉的空心电极等离子加热进行粉尘的直接还原。等离子工艺的主要优点为:流程短、效率高、设备占地面积小、工艺清洁、无二次污染;粉尘与还原剂混合干燥后直接加入等离子炉,无需造块,还原彻底,可实现较低沸点不同金属的分离;可回收利用大量的热量资源等。但是,该工艺同样存在电能消耗大、噪声大、还原剂要求高、电极和耐火材料消耗大等明显缺陷,且难以实现大批量生产。

美国 Bureau of Mines 工艺采用电炉回收利用不锈钢粉尘中的有价金属,生产高镍铬合金。该工艺在不锈钢粉尘、废铁屑中配加碳作为还原剂,充分混合后制粒得到的球团在电炉中进行还原。在该工艺的小规模试验中,有价金属的回收率可达 95%以上。1977 年 Barnards 等在不同容量的电弧炉中配加与上述相似的粉尘颗粒,研究结果显示,在小容量的电炉中,有价金属的还原率达到期望值,但在大容量的电弧炉中,因为炉渣的成分难以控制,铬的回收率不稳定。

日本 Daido Steel 公司于 1997 年将不锈钢粉尘直接返回炼钢熔池,采用 Al 作为还原剂回收利用粉尘中的有价金属,并在 80t 的电弧炉中进行了大规模试验。该方法 Fe 和 Ni 的回收率较高,但 Cr 的回收率不到 60%。这是由于还原过程中渣碱度的降低而使还原出的铬重新氧化,因此进一步提出采用加入石灰提高铬的还原率(85%~90%)。由于粉尘中含有大量的氧化铁,该方法在处理不锈钢粉尘过程中金属铝消耗量大,以铝换铁并不经济。1998 年美国 J&L Specialty Steels 公司与 Dereco 公司合作进行了直接还原工业试验处理不锈钢冶炼粉尘和废渣,即在不锈钢粉尘和废渣中配加 10%的黏结剂、10%的硅铁和粉煤,经充分混合后压团，以装炉量为 7.6% 的量比将球团返回炼钢炉，试验结果显示 Cr 回收率不到 70%，为提高回收率必须增加硅铁的使用量，这又回到了以硅换铁的经济问题。

中南大学提出不锈钢冶炼粉尘直接回收工艺方案，即将不锈钢粉尘配加还原剂碳粉和熔剂后充分混合并制粒，将球粒返回炼钢炉，利用炉中热源直接还原、回收有价金属，并在还原过程末期通过适当调整炉渣成分，添加少量硅钙合金、硅铁或铝以提高铬的回收率。中南大学就该工艺方案与加拿大 McGill 大学进行合作研究，研究成果于加拿大 Sammi Atlas Inc. 公司 Atlass Stainless Steels 厂投入运行，Cr、Ni 和 Fe 的收得率分别为 82%、99% 和 96%。

东北大学基于含铬不锈钢粉尘热压块新型炉料的制备-金属化还原-铁合金颗粒形成-渣金分离新工艺的基础研究，开发了基于金属化还原-自粉化分离的含铬不锈钢粉尘高效利用新工艺（简称 NK 工艺），该工艺推荐流程如图 4.69 所示。所提出的 NK 工艺如下特点：1）该工艺无需黏结剂和任何其他辅助材料；2）含铬不锈钢粉尘热压块（CCSB）制备时热压温度较低，加热及热压设备的寿命长，热源可用废热；3）工艺比较简单，以一步法实现有价金属的还原及分离，且不产生还原产物黏结炉底等问题，还原产物易排出；4）有价金属 Cr 的收得率达到 92%，获得的铁合金颗粒 Cr 含量较高，有害元素 S、P 含量低，特别是 S 含量，为 0.0086%，可用作不锈钢生产的主原料。但 NK 工艺仍处于实验室研究阶段，需采用更大规模的冶炼装置，对基于金属化还原-自粉化分离的含铬不锈钢粉尘高效利用新工艺进行中间试验研究，进一步优化工艺参数。

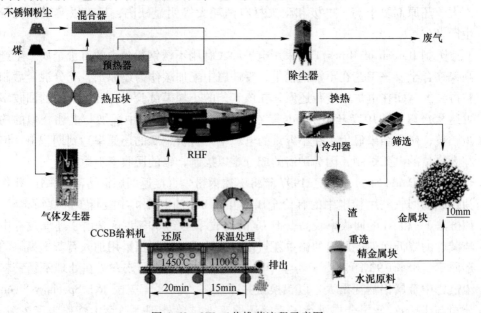

图 4.69　NK 工艺推荐流程示意图

目前，对于不锈钢厂粉尘的处理多采用高温直接还原工艺，但其加热方式是靠传统的对流、辐射、传导来进行热量传递的。由于粉尘粒度细、成分复杂，采用传统方式对粉尘加热过程中易形成"冷中心"问题，而且其传热、传质也不均匀，易造成温度梯度大，热量消耗严重等弊端。微波是一种高频的非电离辐射电磁波，频率在 300MHz~300GHz 范围内，即波长在 100cm~1mm 之间，电磁波谱介于红外辐射（光波）和无线电波之间。微波加热是物料在微波场中利用介质损耗而引起的体加热，它与传统加热方式相比，加热速率快，效率高，加热均匀，且作用于物料的分子或原子水平上。采用微波加热方式来进行碳热还原不锈钢厂粉尘，粉尘在微波场中具有良好的吸波特性，能够实现快速升温，在不到 15min 内其温度就可达 1000℃ 以上，与传统加热方式相比，可以降低还原温度和还原剂用量；微波碳热还原不锈钢厂粉尘的活化能较低（介于 33.98~44.33kJ/mol 之间），较传统方式能降低反应的表观活化能，促进反应进行。

4.3.5.2 湿法冶金

湿法冶金是指将不锈钢厂粉尘在酸性或碱性条件下浸出，浸出液经萃取、沉淀、置换、离子交换、过滤及蒸馏等一系列过程而得到高品位、高回收率的金属。与火法冶金相比，湿法冶金具有工艺流程简单、经济效益显著、废气排放少等优点。由于粉尘中氯含量较高，因此目前多采用氯化浸出工艺，典型代表工艺是 ZINCEX 和 EZINEX。

ZINCEX 工艺为西班牙的 Técnicas Reunidas 公司于 1970 年发明的，此工艺在 20 世纪 80~90 年代得到了进一步发展，随后便投入了工业化生产（已建成了 3 座工业工厂），并在纳米比亚的 Skorpion 锌矿已投产年产 15000t 的 ZINCEX 工艺。目前，该工艺已完成了年处理 8 万吨电弧炉粉尘的工业试验与研究。

20 世纪 90 年代，意大利的 Engitech Impianti 公司研发了 EZINEX 工艺，1993 年完成了年产 500t 锌的电弧炉粉尘的中试试验。EZINEX 工艺步骤主要包括：浸出、渣分离、净化、电解及结晶等。电弧炉粉尘的浸出剂采用以氯化铵为主要成分的废电解液与氯化钠混合液，浸出温度为 70~80℃，粉尘中的 Zn 及其他重金属溶解在浸出剂中，然后通过分离、净化等工艺得到产品。该工艺可靠，无污染，且产生的副产品无毒。

4.3.5.3 联合处理工艺

目前，对于电弧炉粉尘的处理，火法冶金投资大且污染严重，而湿法冶金处理后的粉尘重金属含量依然超标。因此通过联合工艺来处理粉尘可达到减轻环境污染和资源的有效利用。电弧炉粉尘联合处理工艺最典型的是 MRT(HST) 工艺，该工艺采用转底炉对粉尘先进行直接还原焙烧，使铁与锌等其他有色金属分离，得到的直接还原铁则返回到电弧炉中；锌等其他有色金属的初级氧化物则进入含热氯化铵的浸出槽中，进行浸出作业，然后进行固液分离，滤液进一步进行分离回收，最后经沉淀、干燥得到产品。其中转底炉还原焙烧为火法工艺，后序处理则为湿法冶金工艺。MRT(HST) 工艺除获得直接还原铁，还可得到高纯氧化锌、铅、镉、银等产品。

综上所述，上述工艺均存在能耗高、工艺流程复杂的缺点，虽然有价金属元素大体上回收率较高，但 Cr 回收率不稳定，且部分工艺对还原剂质量要求较高，还会产生一定量的废水、废气及废物等二次污染。因此，如何低能耗、高效率利用不锈钢粉尘，同时实现清洁生产、减少二次污染物产生，对不锈钢粉尘无害化、资源化和增值化具有重要意义。

4.3.5.4 材料化再利用技术

黑色陶瓷颜料是陶瓷装饰材料中用量最大的一类颜料，约占所用颜料量的25%，具有优异的热稳定性、化学稳定性和耐候性。在传统的黑色陶瓷颜料生产过程中，为了得到较为纯正的黑色，通常需要加入氧化钴，而氧化钴居高不下的价格严重制约了黑色陶瓷制品的发展。因此，开发无钴黑色陶瓷颜料受到关注。

不锈钢粉尘作为工业固废的一种，含有丰富的 Fe、Cr、Ni 和 Mn 等过渡金属元素资源，且主要以氧化物和尖晶石的形式存在。根据黑色陶瓷颜料呈色机理，在不锈钢粉尘中适量添加 Cr_2O_3、NiO 和 MnO，调整物料中 Fe、Cr、Ni 和 Mn 之间的比例，并采用固相合成法烧制黑色陶瓷颜料。

将颜料用于制备釉砖，并确保所有各釉料烧制至熟化温度点，图 4.70 是由各种透明陶瓷釉粉制备的不同釉面瓷砖的外观。如图 4.70 所示，所制备的颜料分别与普通商用釉、ZnO 基釉和 CaO 基釉混合制备釉面瓷砖时，釉面呈黑色且不开裂，且釉面不从瓷砖本体脱落，这表明颜料具有优异的适应性。此外，颜料的耐水与耐酸碱性优异（如图 4.71 所示），且浸出毒性结果符合国家标准（结果如表 4.21 所示）。

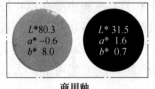
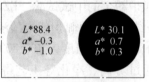

商用釉　　　　　　　ZnO基釉　　　　　　　CaO基釉

图 4.70　颜料应用于陶瓷釉面

表 4.21　毒性浸出实验结果　　　　　　　　　　　　（mg/L）

重金属元素	Cr	Cr^{6+}	Pb	Zn	Cd	As
颜料	2.21	1.46	0.080	0.91	<0.01	<0.01
GB 5085.3—2007	15	5	5	100	1	5

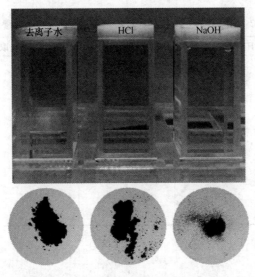

图 4.71　颜料的样品耐酸碱性测试图

4.4　不锈钢酸洗污泥中六价铬的形成及控制

4.4.1　不锈钢酸洗污泥中铬元素的浸出行为

通过使用 HJ/T 299—2007《固体固体废物 浸出毒性浸出方法 硫酸硝酸法》和 HJ/T 300—2007《固体废物 浸出毒性浸出方法 醋酸缓冲溶液法》对不锈钢酸洗污泥中重金属元素的浸出毒性进行测试，并同 GB 5085.3—2007《危险废物鉴别标准 浸出毒性鉴别》和 GB 16889—2008《生活垃圾填埋场污染控制标准》中的标准限值进行比较，结果如表 4.22 所示。

由表 4.22 可知，由于不锈钢酸洗污泥所含金属元素中 Ca 的含量最高，因此 Ca 在 HJ/T 299 和 HJ/T 300 中的浸出浓度分别高达 714mg/L 和 1612mg/L。虽然污泥中含有较高的 Fe，但 Fe 在 HJ/T 299 测试中几乎没有发生浸出，而 HJ/T 300 提取液中 Fe 的浓度为 516mg/L。此外，HJ/T 299 浸出液和 HJ/T 300 浸出液中 Mg 的浸出浓度为分别为 176.8mg/L 和 404mg/L。Al 和 Mn 在 HJ/T 300 浸出液中的浓度满足规定限值。在两种浸出测试中，最为明显的金属元素是 Cr 和 Ni。Cr 在 HJ/T 299 和 HJ/T 300 测试中的浸出浓度分别为 17.49mg/L 和 294mg/L，均超过了限定标准。Ni 在 HJ/T 299 浸出液中的浓度为 1.07mg/L，低于 GB 5085.3 中 5mg/L 的限定值，而 HJ/T 300 中其浓度为 236mg/L，远高于 GB 16889 中的限定标准 0.5mg/L。因此，Cr 和 Ni 导致了不锈钢酸洗污泥对环境的危害，不能直接在任何垃圾填埋场处置。

表 4.22　HJ/T 299 和 HJ/T 300 测试浸提液中元素的浸出浓度　　（mg/L）

元素	HJ/T 299 提取	GB 5085.3 阈值	HJ/T 300 提取	GB 16889 阈值
Al	ND①	NS②	40.5	NS
Ca	714	NS	1612	NS
Cr	17.49	15	294	4.5
Cu	ND	100	8.24	40
Fe	0.003	NS	516	NS
Mg	176.8	NS	404	NS
Mn	ND	NS	75.8	NS
Ni	1.07	5	236	0.5
Zn	ND	100	45.4	100

① 没有检测到。

② 没有标准。

　　采用 pH 依赖性浸出试验对不锈钢酸洗污泥中重金属元素的浸出毒性进行评估。pH 依赖性浸出试验的结果如图 4.72 所示。从图中可以看出，当 pH 为 2 时，Cr 的浸出水平较高，浸出浓度为 238mg/L，这是因为在如此低的 pH 值下，含 Cr 化合物会溶解；当 pH 从 2 增加至 4 时，Cr 的浸出浓度急剧下降为 8.64mg/L。pH 在 4~8 之间时，Cr 的浸出浓度较为稳定；当 pH 值为 8~13 时，污泥中 Cr 的浸出浓度从 22.4 持续增加到 30.4。当 pH 为 8 ~ 9 时，Cr 以 $Cr(OH)_3$ 的形式存在，随着 pH 的增加，出现了 CrO_4^{2-} 和 $Cr(OH)_4^-$ 两种形式。

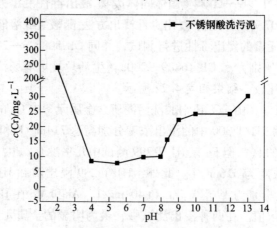

图 4.72　不锈钢酸洗污泥的 pH 依赖性浸出试验

4.4.2　不锈钢酸洗污泥中铬元素的赋存状态

　　不锈钢酸洗污泥的 X 射线衍射结果表明（如图 4.73 所示），污泥的 Cr 主要以金属氧化物的形式存在。采用 BCR（European Community Bureau of Reference）连续提取法对不锈钢酸洗污泥中 Cr 的存在形态进行测定，结果如图 4.74 所示，其中 F0~F4 依次代表水溶性态、酸溶性和碳酸盐结合态、Fe-Mn 氧化物态、有机化合物或硫化物态以及残留态，可知不锈钢酸洗污泥中约 55.21% 的 Cr 分布在 Fe-Mn 氧化物态，其他形态分别占 3.50%（F0）、19.91%（F1）、4.53%（F3） 和 16.85%（F4）。因此，从理论上讲，不锈钢酸洗污泥中的大部分 Cr 都与 Fe-Mn 氧化物结合。相关研究表明，Fe-Mn 氧化物以颗粒之间或表面涂层之间的结块或结核的形式存在于废弃物中，这些氧化物与金属结合，在还原条件下具有很强的浸出潜力。以酸溶性和碳酸盐结合态存在的 Cr 占 19.91%，表明部分 Cr 在污泥表面附着较弱，可以通过离子交换过程获得，且对酸性条件敏感。虽然水溶态的 Cr 占比只有 3.5%，但绝大部分水溶态的 Cr 都含有易浸出且毒性较大的 Cr(Ⅵ)。有机化合物或硫化物态以及残留态中 Cr 的残留量分别为 4.53% 和 16.85%，非常稳定，不易提取。因此，为防止不锈钢酸洗污泥中 Cr 的浸出，有必要将以 Fe-Mn 氧化物态存在的 Cr 转化为有机化合物或硫化物态以及残留态等更稳定的形式。

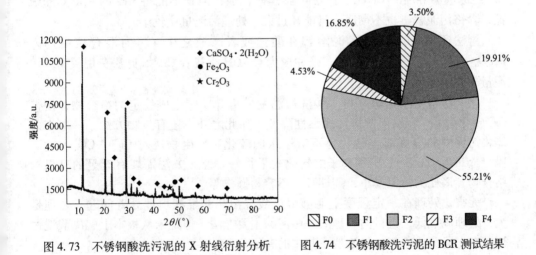

图 4.73 不锈钢酸洗污泥的 X 射线衍射分析　　图 4.74 不锈钢酸洗污泥的 BCR 测试结果

4.4.3 不锈钢酸洗污泥中六价铬的形成机理

不锈钢酸洗污泥中含有晶体 CaF_2、$CaSO_4$ 和 $CaCO_3$，以及非晶态金属氢氧化物。结合废酸处理工艺，可以得出在中和和还原过程中产生了结晶相（CaF_2 和 $CaSO_4$），$CaCO_3$ 是剩余石灰颗粒与大气中二氧化碳的反应产物，而非晶相是在沉淀阶段产生的。

酸洗处理工艺的整体反应可以总结如下：

（1）中和阶段：

$$CaO + H_2O == Ca(OH)_2,\ Ca^{2+} + SO_4^{2-} == CaSO_4;$$

$$H^+ + OH^- == H_2O,\ Ca^{2+} + 2F^- == CaF_2$$

（2）还原阶段：

$$3Fe^{2+} + Cr^{6+} == 3Fe^{3+} + Cr^{3+},\ Ca^{2+} + SO_4^{2-} == CaSO_4$$

（3）沉淀阶段：

$$CaO + H_2O == Ca(OH)_2,\ M^{n+} + nOH^- == M(OH)_n \downarrow$$

$$(M = Cr^{3+}、Fe^{3+} 和 Ni^{2+})$$

4.4.4　不锈钢酸洗污泥中六价铬的控制措施

4.4.4.1　无害化处置技术

无害化处理是含铬固体废弃物处理的基本要求。一般认为，对含铬固体废弃物的处理主要是将六价铬离子还原或络合成三价。其主要处理方式有还原法和络合法，其中还原法又分为高温还原法和湿法还原法。

火法还原是将含铬污泥与还原剂按照一定的比例混合后进行高温还原，使 Cr^{6+} 还原成不溶性的 Cr_2O_3。此法可操作性较强，但是不能将 Cr^{6+} 的含量降的很低，含铬污泥解毒也不彻底，且能耗过大，处理污泥量比较小。

湿法还原法就是将污泥溶解在酸液或者碱液之中。再向混合液中加入 $FeSO_4$、Na_2S 等还原剂使得 Cr^{6+} 还原成为 $Cr(OH)_3$ 或者 Cr^{3+}。此法费用较高，污泥量较大时不易处理。

络合法指使用化学原料与酸洗污泥发生络合反应生成稳定的络合物，使得 Cr^{6+} 转化为 Cr^{3+}，从而使得污泥毒性降低。除此之外，还有生物方法。一些细菌能将污泥中的金属离子转化为不溶于水的硫化物。生物法对 Cr^{6+}、Cr^{3+}、Ni^{2+}、Pb^{2+}、Cu^{2+}、Zn^{2+}、Cd^{2+} 等离子的转化效果很好。但该方法需要有充足的有机物络合物，消耗的污泥量小，周期长，不容易操作等。

无害化处理在一定程度上能够解决酸洗污泥的堆积填埋处置问题，处理量大，处理成本低，是目前处理酸洗污泥的主要方法，但是未从根本上解决酸洗污泥中有害元素的危害，且浪费了其中的有价元素。

4.4.4.2　固化稳定化处置技术

固化稳定化技术是含重金属污泥无害化处理处置的一项重要技术。固化稳定化技术就是将危险固废中的有害元素固定起来从而稳定存在于物质当中。固化稳定化技术的途径有两种，一是用物理的化学的方法使得固废中有害的成分稳定存在于固体物质的晶格结构中；二是通过物理掺杂的方法使有害物质进入某种基体当中而稳定存在不易浸出。按固化处理药剂材料及方式的不同，主要可以分为常规材料固化技术、药剂固化技术及熔融固化技术。

常规材料固化技术是指利用水泥、石灰、沥青、水玻璃等固化剂和重金属污泥混合，将污泥内的重金属等有害物质封闭在固化体内而不被浸出，以达到消除污染的目的。常规材料固化技术中，水泥固化技术最为常用，对污泥中重金属离子固定非常有效。采用不锈钢冷轧脱水污泥作为高碱生料的配料，在适宜的烧成温度下，能够显著改善熟料矿物的形成条件，提高熟料质量。

药剂固化技术是指通过各种类型螯合剂，使污泥中重金属离子胶结固化，以达到安全填埋的标准，并在一定程度上破解了常规材料固化工艺增容比大等难题。采用土壤固化剂代替传统固化基材，常温下对电镀污泥进行固化处理，可取得良好效果。固化块的机械性、抗冻融性、耐干性均能满足护坡砖要求，浸出液中金属离子浓度满足国家标准。

熔融固化技术是利用高温条件，对重金属污泥熔融，使重金属于孰料矿物形成新的晶体结构，从而实现无害化。

常规固化技术具有固化材料易得、操作简便、成本低廉等优势，但固化体增容大，污泥掺量有限，并且由于污泥中成分复杂，易造成固化效果不佳，且固化效果的可靠性、持久性尚需确认。药剂固化技术虽然增容小，但代价成本高，仅作为常规固化方式的补充。熔融固化能耗高、产量小，且作为建材产品的环境安全性还有待进一步评估。总体而言，固化稳定化技术增加了污泥量，且无法彻底消除铬对环境的潜在危害，铬、镍等还易被土壤吸收，填埋每年将浪费约 2 万吨以上的镍和铬资源，同时还浪费近 15 万吨可用作冶金辅料的 CaO 和 CaF_2 资源，占用大面积的土地资源，不符合固废处置的“3R”原则，因而不作为创新发展的主流技术。

由于不锈钢酸洗污泥的处理方式还存在着一些问题，因而从长远来看，应着重于含铬污泥的资源化利用技术的开发。

4.4.5　不锈钢酸洗污泥的资源化利用途径及展望

4.4.5.1　制备建筑用材料

不锈钢酸洗污泥含有 SiO_2、Al_2O_3、CaO、Fe_2O_3、$CaSO_4$ 等组分，和制备建材的原料具有一定的成分相似性，因而，采用不锈钢酸洗污泥制备建材也是大规模工业应用酸洗污泥的重要研究方向。目前的研究主要有制砖、水泥添加料、制备陶粒、陶瓷骨架、微晶玻璃等。

（1）用作制砖原料。将不锈钢酸洗污泥与其他辅助材料（如黏土、粉煤灰、Fe_2O_3 等）按照比例混合，压制成型后在一定的温度下焙烧一定的时间制备烧结砖或者砖坯，可以将不锈钢酸洗污泥中的 Cr^{6+} 和其他的重金属很好地固化而不被水浸出，达到了不锈钢酸洗污泥资源化利用的目的。如在不锈钢酸洗污泥中掺入适量的还原剂，经预热、还原、保温和降温等工艺制备烧结砖，其中还原剂与酸洗污泥质量比（干重）为 1∶（30~1000），还原氛围中 O_2 浓度不大于 6%、CO

浓度不小于 6%，Cr^{6+} 和其他的重金属固化效果良好，Cr^{6+} 的还原效果明显，还原率可高达 99% 以上。

　　将黏土、酸洗污泥和 Fe_2O_3 按 88：10：2 混合，压制成型，焙烧制备砖坯，铬、镍等重金属得到了很好的固化。用酸洗污泥、黏土和粉煤为原料制备砖坯，酸洗污泥、粉煤的掺入量为 8%、4%，950℃ 下保温 4h，烧结砖的各项物理性能和 Cr^{6+} 浸出浓度满足国家标准。

　　（2）用作水泥添加料。不锈钢酸洗污泥在组成上含有较多的钙、铁、铝、硅质成分，从总体上看与水泥主要原料成分的相容性较好，因此将其用作水泥添加料具备一定的可行性。如将不锈钢酸洗污泥和石灰石、黏土、铁尾矿经烘干、球磨、筛分并加化学试剂（碳酸钠、碳酸钾）混合后，在一定的压力下压制成饼在高温硅钼电炉中以 105~250℃/h 的速率升温，在预定烧成温度下保温 1h 后出炉，出炉熟料经风吹急冷，制备得到了符合国家标准的水泥熟料，同时，Cr 和 Ni 等重金属元素得到了很好的固化，流程如图 4.75 所示。

　　污泥替代铁质原料配料总体上能够明显增强水泥生料的易烧性，但由于其组成的复杂性，并不能简单地视为仅有铁质组分的影响，其掺量也并非越多越好。另外，生产水泥时污泥中的 Cr^{3+} 极有可能被氧化成 Cr^{6+} 而存在于建筑构件中，未能从根本上消除重金属离子对环境的危害。

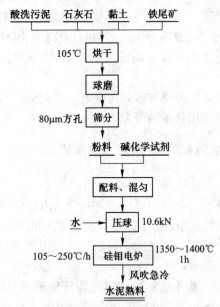

图 4.75　不锈钢酸洗污泥制备水泥熟料工艺流程

　　（3）用作制备陶粒、陶瓷骨架、微晶玻璃的原料。陶粒、陶瓷骨架、微晶玻璃也是重要的建筑材料，采用酸洗污泥配料也是资源综合利用的可行方向。

如将酸洗污泥与其他辅料（黏土、煤矸石、粉煤灰等）以一定的比例混合，经过制球、烘干后在一定的温度下焙烧并保温一定的时间制备陶粒，陶粒的抗压强度好，重金属元素固化效果良好，流程如图4.76所示。

将酸洗污泥、黏土按干料质量比（25~65）：（35~75）配料后加入1%~3%的还原剂（煤/焦炭/粉煤灰），挤压造球后，经回转窑1100~1300℃干燥、焙烧后自然冷却或风冷或水冷可制备符合建筑用的高强度支撑陶瓷料骨。将酸洗污泥、不锈钢渣、废玻璃等按照一定的比例混匀后在高温炉（马弗炉）里熔化（1460℃）并保温1h，最后将所得到的液体铸成预热板，在600℃下退火30min释放其中热应力后冷却至室温，可以获得含铬钢渣微晶玻璃，铬和镍等重金属离子得到高效固化，流程如图4.77所示。制备建材可大规模利用不锈钢酸洗污泥，但建材制备中酸洗污泥中的 Cr^{3+} 有可能被氧化成 Cr^{6+} 存在于产品中，产品在雨水长时间浸泡下可能会污染地下水，若存在于建筑构建中，没有从根本上消除重金属离子对环境的危害，因而酸洗污泥用作建材原料的环境风险应该仔细评估。

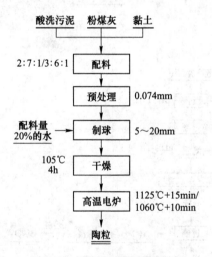

图4.76 不锈钢酸洗污泥制备
陶粒工艺流程

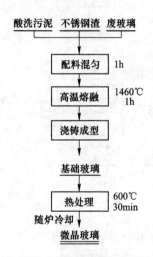

图4.77 不锈钢酸洗污泥制备
微晶玻璃工艺流程

4.4.5.2 制备金属氢氧化物或氧化物

制备金属氢氧化物或者氧化物的主要工艺是湿法浸出，是将不锈钢酸洗污泥通过酸或碱浸泡，使其中的重金属变为离子态，然后通过氧化、结晶、中和沉淀等过程将金属以重金属盐（如 $Fe_2(SO_4)_3$）或者 $M(OH)_m$ 或者氧化物的形式进行回收利用。工艺的优点是设备简单，操作容易；存在的问题是产生大量的废渣、废水，给后续处理造成一定的困难，同时酸或者碱在运输和使用过程中具有危险性，成本高，收益小。

如对酸洗污泥进行打浆、酸浸、碱化处理（工艺流程如图 4.78（a）所示），制备铬镍铁氧体（含 Fe_2O_3 的金属氧化物），回收物中 Fe_2O_3、Cr_2O_3 和 NiO 的质量分数分别为 85%、14% 和 1%；用 H_2SO_4 浸出酸洗污泥中的重金属离子，向滤液中加入 $NaHSO_3$、NaOH 溶液等得到 $Cr(OH)_3$ 和 $Ni(OH)_2$ 产物（工艺流程如图 4.78（b）所示），其中 Cr、Ni 的回收率分别为 93.9%、94.7%；将酸洗污泥经

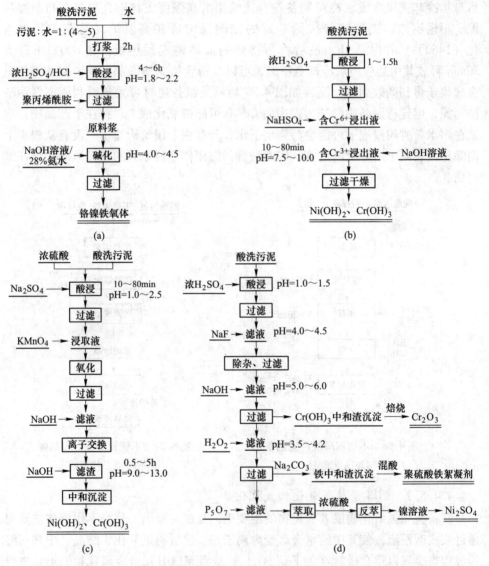

图 4.78　不锈钢酸洗污泥浸取法回收金属

（a）制备铬镍铁氧体；（b）制备铬镍氢氧化物Ⅰ；

（c）制备铬镍氢氧化物Ⅱ；（d）制备铁铬镍化合物

过酸浸、氧化、结晶、离子交换、中和沉淀处理，回收其中的 Cr、Ni 得到 $Cr(OH)_3$ 和 $Ni(OH)_2$，其中 Cr、Ni 的回收率分别为 80%~90%、95%（工艺流程如图 4.78（c）所示）；通过设置多个反应池（工艺流程如图 4.78（d）所示），向每个反应池中投加酸或碱，控制 pH 值，利用无机化合物溶解度的差异分离金属溶液，制备得到 Cr_2O_3、Ni_2SO_4 用于不锈钢冶炼，$Fe_2(SO_4)_3$ 用于絮凝剂制备；将酸洗污泥进行焙烧，用碳酸钠、氢氧化钠、去离子水和玻璃微珠等试剂，浸取酸洗污泥中的铬、铁和锌等金属，铬的浸出率达到 60% 以上，残渣可以制备 Fe_2O_3 基脱硫剂。

回收金属制备合金或金属氧化物、氢氧化物的工艺的优点是：产生的合金、金属氧化物、CaF_2 可用于不锈钢冶炼，节约炼钢原料，实现污泥中 Fe、Cr、Ni 等有价金属综合回收利用。不足是：处理费用高，处理量小，经济效益不高，尤其浸取法使用大量的酸和碱，涉及废酸废碱治理问题，同时产生大量的废水，废渣也需再行治理。

4.4.5.3　制备金属合金或单质

制备金属合金或单质的方法有火法还原工艺、湿法-火法联合工艺、生物淋滤技术等。

火法工艺的典型流程包括两类：一类是还原-磁选工艺，该工艺是将还原剂与酸洗污泥或其他辅料（如电炉粉尘、生石灰、无烟煤、水玻璃等）混合后，或压块，或烧结造球，或直接加入高温炉进行直接还原或感应熔炼，还原产物经磁选进行分离，制得 Ni-Cr-Fe 合金颗粒；另一类是将酸洗污泥与其他辅料及还原剂混合后，在高温炉中（矿热电炉、等离子电弧炉等）熔融还原液态渣铁分离，直接制备 Ni-Cr-Fe 合金熔体铸块。各工艺 Ni、Cr、Fe 元素的回收率均超过了 93.0%、83.0%、90.0%，制备的 Ni-Cr-Fe 合金颗粒或铸块可用作生产不锈钢或铸铁的原料。火法工艺制备镍铬铁合金流程示例如图 4.79 所示。

湿法-火法联合工艺是先通过添加碱液将酸洗污泥调成中性，然后再利用烧结、高温熔分等工艺回收有价金属制备 Ni-Cr-Fe 合金，Ni、Fe、Cr 的回收率分别为 95%、95%、89%，工艺流程如图 4.80 所示。生物淋滤技术是利用溶液中微生物或者其代谢产物的作用将有价金属元素（如镍和铬等）从污泥或矿物中分离浸取、溶解再利用，因耗酸量较少、处理成本较低、浸出率高、安全环保等优点，生物淋滤技术处理不锈钢酸洗污泥具有一定的经济可行性，Ni、Cr 溶出率达 98.0%、75.0% 以上，工艺流程如图 4.81 所示。

总之，将酸洗污泥用于建筑材料的生产，虽然解决了污泥大规模利用的问题，但污泥中有毒组分的环境风险依然未能彻底消除。以金属及其化合物提取为目的的酸洗污泥资源化利用方法，存在着工艺复杂、技术要求高、废水废渣产生量大以及二次污染等问题。

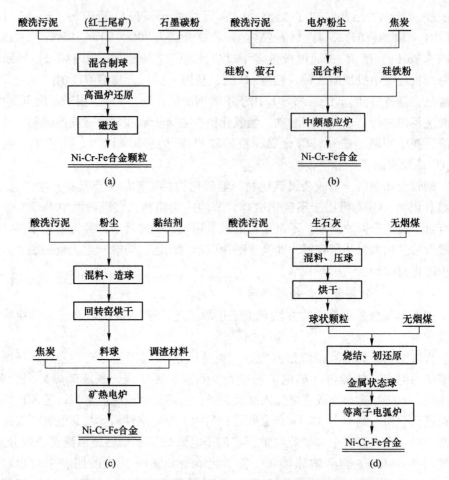

图 4.79 不锈钢酸洗污泥火法工艺制备镍铬铁合金流程示例

(a) 直接还原-磁选工艺制备合金颗粒; (b) 感应炉熔炼制备合金铸块;

(c) 矿热电炉熔分制备合金铸块; (d) 等离子电弧熔分制备合金铸块

4.4.5.4 作为冶金辅料

酸洗污泥产生于冶金企业, 如能将其在冶金企业内部处理, 或作为烧结及球团配料用于高炉生产, 或作为转炉、电弧炉炼钢及 AOD 精炼等环节的造渣剂, 则有望实现酸洗污泥中的贵重金属元素回收与熔剂成分利用、有毒固废环保利用的双重目标, 实现污泥在冶金企业的闭路循环利用。

(1) 作为烧结配料。在铁精矿中配入酸洗污泥后, 随酸洗污泥配加比例的增大, 烧结液相生成温度降低, 液相生成温度区间变宽, 液相流动温度变化不大, 烧结温度易于控制, 适当的酸洗污泥配加比例 (小于 10%) 对烧结液相流动性和液相生成量的影响较小, 这表明配加酸洗污泥作为烧结原料具有可行性。

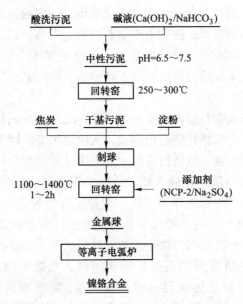

图 4.80 不锈钢酸洗污泥湿法-火法联合工艺制备镍铬铁合金

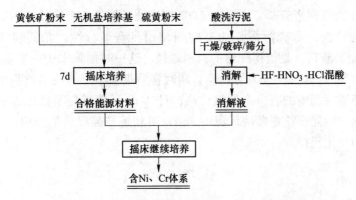

图 4.81 不锈钢酸洗污泥生物淋滤技术回收镍铬

但需注意，酸洗污泥中的 CaF_2 可能与铁精粉中的组分形成 $Ca_4Si_2O_7F_2$，导致烧结矿强度降低、烧结中配入的碳粉对污泥中 $CaSO_4$ 分解或还原、烧结料中水分含量较高导致的烧结过程中酸洗污泥中的 CaF_2 与水发生反应产生 HF 气体污染，以及配加酸洗污泥的烧结矿在高炉冶炼中的增硫等问题。研究表明，当污泥配入比例在 0.05% 以内时，不影响烧结矿和铁水质量，排放的除尘灰、废水、废渣等污染物均满足国标要求，在烧结中配入酸洗污泥的量控制得当，炉渣中氟的浸出率也低于环境标准值。

（2）作为球团配料。将酸洗污泥、铁精粉和黏结剂（水玻璃、黏土、膨润土）按比例混合、造球并焙烧保温制成烧结球，球团的抗压强度、化学成分和主要冶金性能满足高炉要求，按照 10% 进行配料，对高炉顺行无影响。作为球团配料除需关注作为烧结配料考虑的因素外，还应注意球团中如果氟质量分数较高，可能对球团软熔性能和炉衬寿命造成不利影响，同时氟蒸气的逸散对设备有累积性轻微腐蚀。

炼钢生产常加入萤石提高熔渣的流动性，并在 CaO 的作用下除去有害杂质硫和磷。因此，酸洗污泥替代萤石粉剂或石灰粉剂用于炼钢生产具有可能性。但因转炉生产处于氧化气氛，酸洗污泥配入其中仅可利用熔剂成分，其中的有价金属无法还原回收，因而从经济性考虑，该方法不合理。将酸洗污泥烘干，并经搅拌、粉碎、添加黏结剂和制球等工艺，制备成直径为 30~40mm、含水率不大于 3% 的冶炼原料供电炉使用，可实现不锈钢酸洗污泥的有效回用，同时可降低钢厂的能源消耗。将酸洗污泥与常规造渣材料制成混合造渣剂，与废钢一起放入坩埚中，在感应炉中熔炼模拟电弧炉炼钢过程，当造渣剂与酸洗污泥质量比为 1:1 时，硫质量分数能够满足钢液要求，铬、镍等有价元素回收率分别可达 66.04% 和 97.90%。这表明酸洗污泥可用作电弧炉炼钢的原料或造渣剂，但需注意污泥中硫酸钙的反应转化增硫及预脱硫问题。

（3）作为炼钢造渣剂。不锈钢 AOD 精炼处于钢铁生产末端，对其中原辅料的控制极为严格，低硫污泥作为其熔剂使用具有可行性，尤其酸洗污泥作为 AOD 还原期的渣料，是值得探讨的利用途径。这一时期钢水中碳质量分数不高，且渣料中可配入一定的 CaO 及 CaF_2，同时在后期 Cr_2O_3 的还原过程中，加入的硅铁也可还原污泥中的有价金属氧化物，且 AOD 环境避免了已还原的金属铬二次氧化问题。但需要注意酸洗污泥中 Fe_2O_3 对精炼产品质量的影响，以及 $CaSO_4$ 在加入后的变化规律。

参 考 文 献

[1] 2021 年全球不锈钢市场供需现状及发展前景分析 中国为不锈钢主要生产国 [EB/OL]. http://stock.stockstar.com/IG2021082400008247.shtml.

[2] 不锈钢生产工艺概述 [EB/OL]. https://wenku.baidu.com/view/94cb950a7cd184254b3535e4.html.

[3] 不锈钢种类、牌号和产品形式 [EB/OL]. http://www.cssc.org.cn/page148?article_id=63.

[4] 铁素体不锈钢 [EB/OL]. https://baike.baidu.com/item/%E9%93%81%E7%B4%A0%E4%BD%93%E4%B8%8D%E9%94%88%E9%92%A2.

[5] 什么是不锈钢 [EB/OL]. http://www.hzxmbxg.com/a/smsbxg-.html.

[6] 迟泽浩一郎. 不锈钢：耐蚀钢的发展 [M]. 北京：冶金工业出版社，2007.

[7] 陆世英. 不锈钢概论 [M]. 北京：化学工业出版社，2013.

[8] 周建男，周天时. 利用红土镍矿冶炼镍铁合金及不锈钢 [M]. 北京：化学工业出版

社，2016.

［9］ 李小明，刑相栋，吕明．不锈钢酸洗污泥资源化利用［M］．北京：冶金工业出版社，2020.

［10］ 甄常亮，那贤昭，齐渊洪，等．不锈钢渣毒性浸出特征及无害化处置现状［J］．钢铁研究学报，2012，24（10）：1-5.

［11］ 操龙虎．不锈钢渣中铬的富集及稳定化控制研究［D］．沈阳：东北大学，2018.

［12］ 王亚军，李俊国，张玉柱，等．淋溶气氛对 AOD 不锈钢渣中铬动态淋溶的影响［J］．钢铁，2021，56（7）：145-151.

［13］ Pillay K, Von Blottnitz H, Petersen J. Ageing of chromium（Ⅲ）-bearing slag and its relation to the atmospheric oxidation of solid chromium（Ⅲ）-oxide in the presence of calcium oxide［J］. Chemosphere, 2003, 52（10）: 1771-1779.

［14］ 吕岩，杨利彬，林路，等．含铬特殊钢渣中总铬及六价铬浸出特性及影响［J］．钢铁，2019，54（6）：103-108，126.

［15］ 吴春丽，陈哲，谢红波，等．不锈钢渣的资源处置研究进展［J］．材料导报，2021，35（Z1）：462-466.

［16］ 汪正洁，杨健，潘德安，等．不锈钢渣资源化利用技术研究现状［J］．钢铁研究学报，2015，27（2）：1-6.

［17］ 漆启松，徐安军，贺东风，等．碳热还原法回收不锈钢尾渣中铁和铬的试验［J］．钢铁，2017，52（3）：82-87.

［18］ 武绍文，张延玲，张帅，等．铬元素固化机理及利用不锈钢工业含铬固废制备无机材料研究进展［J］．工程科学学报，2021，43（12）：1725-1736.

［19］ Rosales J, Cabrera M, Agrela F. Effect of stainless steel slag waste as a replacement for cement in mortars. Mechanical and statistical study［J］. Construction and Building Materials, 2017, 142: 444-458.

［20］ 云飞．不锈钢渣玻璃陶瓷的制备及热处理制度优化［D］．包头：内蒙古科技大学，2020.

［21］ 许莹，张孜孜，王变，等．不锈钢 AOD 渣固化效果影响因素及其机理［J］．钢铁，2017，52（8）：43-47，80.

［22］ 吴拓．不锈钢工业典型固废中铬的分离回收与还原反应终点控制［D］．北京：北京科技大学，2019.

［23］ 余岳．FeO 调控 $CaO-SiO_2-MgO-Al_2O_3-Cr_2O_3$ 体系中尖晶石晶体析出行为的基础研究［D］．武汉：武汉科技大学，2018.

［24］ 马国军，倪红卫，薛正良．不锈钢厂电弧炉处理技术［J］．特殊钢，2006，27（6）：37-40.

［25］ 马国军，范巍，徐之浩，等．不锈钢厂粉尘中铬及其他元素的分布规律［J］．过程工程学报，2010，10（S1）：68-72.

［26］ 魏芬绒，张延玲，魏文洁，等．不锈钢粉尘化学组成及其 Cr、Ni 存在形态［J］．过程工程学报，2011，11（5）：786-788.

［27］ 彭及．不锈钢冶炼粉尘形成机理及直接回收基础理论和工艺研究［D］．长沙：中南大

学, 2007.

[28] Denton G M, Barcza N A, Scott P D, et al. EAF stainless steel dust processing [C]. M. Nilmani, Rankin, WJ (Ed.), John Floyd International Symposium on Sustainable developements in metals processing, Melbourne, Australia, 2005.

[29] 范巍. 不锈钢厂粉尘的理化特性及其中含铬物相形成 [D]. 武汉：武汉科技大学, 2012.

[30] 马国军, 翁继亮, 薛正良, 等. 不锈钢电炉粉尘的环境浸出行为研究 [J]. 过程工程学报, 2009, 9 (S1)：254-257.

[31] 王梁. 不锈钢粉尘及含铬污泥的回收利用 [D]. 西安：西安建筑科技大学, 2007.

[32] 陈青月, 潘建, 朱德庆, 等. 不锈钢尘泥球团预还原-熔炼回收有价金属 [J]. 中国有色金属学报, 2022, 32 (9)：2726-2740.

[33] 李晰哲 (RI SOKCHOL). 基于金属化还原-自粉化分离的含铬不锈钢粉尘高效利用新工艺基础研究 [D]. 沈阳：东北大学, 2016.

[34] Ma G, Garbers-Craig A M. Stabilisation of Cr(Ⅵ) in stainless steel plant dust through sintering using silica-rich clay [J]. Journal of Hazardous Materials, 2009, 169 (1-3)：210-216.

[35] Ma G. Cr(Ⅵ)-Containing electri furnace dust and filter cake：characteristics, formation, leachability and stabilisation [D]. Pretoria：University of Pretoria, 2007.

[36] Li Z, Zhang X, Ma G. et al. Effect of the Fe/Cr molar ratio and calcination temperature on the preparation of black ceramic pigment with stainless steel dust assisted by microwave processing [J]. Journal of Cleaner Production, 2022, 372：133751.

[37] Su P, Zhang J, Li Y. Investigation of chemical associations and leaching behavior of heavy metals in sodium sulfide hydrate stabilized stainless steel pickling sludge [J]. Process Safety and Environmental Protection, 2019, 123：79-86.

[38] 吴名涛. 不锈钢酸洗废水无害化处置与资源化利用新工艺应用基础研究 [D]. 北京：中国科学院大学 (中国科学院过程工程研究所), 2019.

[39] Li X M, Wang S J, Zhao J X, et al. A review on the treatments and minimization techniques of stainless steel pickling sludge [J]. Advanced Materials Research, 2011, 194：2072-2076.

[40] Singhal A, Tewari V K, Prakash S. Characterization of stainless steel pickling bath sludge and its solidification/stabilization [J]. Building and environment, 2008, 43 (6)：1010-1015.

[41] Yang C, Pan J, Zhu D, et al. Pyrometallurgical recycling of stainless steel pickling sludge：a review [J]. Journal of Iron and Steel Research International, 2019, 26：547-557.

[42] 李小明, 贾李锋, 邹冲, 等. 不锈钢酸洗污泥资源化利用技术进展及趋势 [J]. 钢铁, 2019, 54 (10)：1-11.

5　含铬耐火材料中六价铬的
形成及其控制

目前已开发的含铬耐火材料主要有 MgO-Cr_2O_3 系、Al_2O_3-Cr_2O_3 系、MgO-Al_2O_3-Cr_2O_3 系、Al_2O_3-ZrO_2-Cr_2O_3 系 Cr_2O_3-SiO_2 系和含铬浇注料等。本章主要讨论 MgO-Cr_2O_3 系、Al_2O_3-Cr_2O_3 系和含铬浇注料。MgO-Cr_2O_3 系耐火材料主要应用在水泥、钢铁以及有色金属冶炼等工业领域；Al_2O_3-Cr_2O_3 系耐火材料广泛应用于玻璃熔窑受侵蚀剧烈的部位、滑动水口材料等；含铬浇注料主要应用于炉外精炼吹氩喷枪等设备，其具体应用如表 5.1 所示。需要指出的是，虽然含铬耐火材料是以含 Cr^{3+} 的 Cr_2O_3、$(Al_{1-x},Cr_x)_2O_3$ 固溶体或 $MgCr_2O_4$ 等为原料，但是在含铬耐火材料的制备与服役过程中，Cr^{3+} 可能会被氧化为 Cr^{6+}，因此废弃含铬耐火材料也面临非常严峻的环保问题。

表 5.1　耐火制品的典型应用

工业	设备	部位	材质
炼铁与炼钢	高炉	炉底、预热带、炉缸	MgO-Cr_2O_3 系、Al_2O_3-Cr_2O_3 系
	混铁炉	衬、出铁口	MgO-Cr_2O_3 系
	转炉	修补料	MgO-Cr_2O_3 系、含铬浇注料
	平炉	炉顶、炉墙、出钢口	MgO-Cr_2O_3 系
	电炉	炉顶、炉墙、熔沟、电极套砖	MgO-Cr_2O_3 系、含铬浇注料
	RH 炉	炉衬、喷枪	MgO-Cr_2O_3 系、含铬浇注料
	盛钢桶	衬、水口	Al_2O_3-Cr_2O_3 系
轧钢	加热炉	炉底、下部墙	MgO-Cr_2O_3 系
	均热炉	炉底、炉墙	MgO-Cr_2O_3 系
有色金属冶金	炼铜转炉	衬	MgO-Cr_2O_3 系、Al_2O_3-Cr_2O_3 系
	反射炉	侧墙	MgO-Cr_2O_3 系、Al_2O_3-Cr_2O_3 系
	铅锌熔炼炉	炉衬	MgO-Cr_2O_3 系、Al_2O_3-Cr_2O_3 系
水泥、石灰	回转窑	衬	MgO-Cr_2O_3 系
玻璃	熔窑	蓄热室格子房	MgO-Cr_2O_3 系、Al_2O_3-Cr_2O_3 系
耐火材料	隧道窑	高温带窑衬	MgO-Cr_2O_3 系

5.1　含铬耐火材料

5.1.1　MgO-Cr$_2$O$_3$系耐火材料

MgO-Cr$_2$O$_3$系耐火材料是以 MgO 和 Cr$_2$O$_3$为主要成分，方镁石和镁铬尖晶石为主要矿物组分的耐火材料，由镁砂和铬矿配合生产制成，其组成实际上属于 MgO-Cr$_2$O$_3$-CaO-SiO$_2$-FeO-Fe$_2$O$_3$-Al$_2$O$_3$-Cr$_2$O$_3$七元体系。按照主要化学成分，MgO-Cr$_2$O$_3$系耐火材料制品可分为：（1）镁铬砖：55%≤w(MgO)<80%；（2）铬镁砖：25%≤w(MgO)<55%；（3）铬砖：25%≤w(MgO)，w(Cr$_2$O$_3$)≥25%。按照结合方式，MgO-Cr$_2$O$_3$系耐火材料可分为硅酸盐结合铬镁砖、直接结合镁铬砖、再结合镁铬砖、半结合镁铬砖、熔铸铬镁砖、共烧结镁铬砖和化学结合不烧镁铬砖等。镁铬耐火材料具有耐火度高、高温强度大、热震稳定性优良以及抗熔渣侵蚀性优良和经济性等优点，是许多高温装备炉衬关键部位的主导材料。

镁铬耐火材料主要以镁铬尖晶石或镁铬尖晶石与方镁石共同构成主晶相，常用于砌筑炼铜炉、电炉、回转窑以及玻璃熔窑等高温设备的部件。镁铬耐火材料的生产原料主要包括镁砂、铬矿和合成镁铬砂，有时也会加入少量添加剂。生产过程中，通过配入不同 MgO 含量（一般大于 89%）的烧结镁砂和电熔镁砂，不同 Cr$_2$O$_3$含量的耐火级铬矿、铬精矿，以及烧结或电熔合成的镁铬砂（有时加入少量铬绿），来制备不同种类的镁铬耐火材料。几种典型镁铬耐火材料的物理化学性能如表 5.2 所示。镁铬耐火材料相比于镁砖，其方镁石含量较少，镁铬尖晶石和铁酸镁含量较多，且它们的共熔化合物熔点较低，因此其耐火度在 1850~1960℃之间。镁铬耐火材料中的方镁石晶体与镁铬尖晶石易于形成网状骨架，由于其中充填的低熔点物质较少，因此即使在高温下，低熔点物质软化，网状骨架仍能够支撑载荷。因此，镁铬耐火材料的荷载软化温度较高，通常达到 1550℃以上。耐火度比镁砖稍低而荷重软化温度比镁砖高是镁铬耐火材料的显著特点。镁铬耐火材料中镁铬尖晶石和铁酸镁含量多且线膨胀系数小。同时，镁铬耐火材料的气孔率比镁砖大，所以，镁铬耐火材料的热膨胀性小。镁铬耐火材料中含量较多的镁铬尖晶石是 MgO 和 Cr$_2$O$_3$的复合物，而 Cr$_2$O$_3$是典型的中性氧化物，因此，镁铬耐火材料对碱性、酸性炉渣侵蚀都有较强的抵抗能力。镁铬耐火材料的主要缺点是铬尖晶石吸收氧化铁后，使砖的组织改变，引起"暴胀"，加速砖的损坏。

表 5.2 几种常见的镁铬耐火材料及其特性

性 能		熔铸镁铬耐火材料	硅酸盐结合镁铬耐火材料	直接结合镁铬耐火材料
化学成分（质量分数）/%	MgO	52.52	69.32	82.61
	Cr_2O_3	20.05	10.60	8.72
	SiO_2	2.81	4.33	2.02
显气孔率/%		10	19	12
体积密度/g·cm^{-3}		3.38	2.97	3.08
耐压强度/MPa		92~114	39.8	59.8
荷重软化温度/℃		—	1610	1690
抗热震性（1100℃，水冷循环）/次				>9

铬镁耐火材料主要由方镁石和镁铬尖晶石组成，晶粒间多呈直接结合，硅酸盐相很少。铬镁耐火材料含 18%~30%Cr_2O_3，25%~55%MgO。与镁铬耐火材料相比，铬镁砖含 Cr_2O_3 更高，含 MgO 更低。铬镁耐火材料的典型物理化学性能如表 5.3 所示。铬镁耐火材料主要应用于有色金属冶炼炉（如用在铜镍转炉内衬热应力最大部位），也可用于钢液真空处理装置的内衬和玻璃熔窑蓄热室格子体中。

表 5.3 铬镁砖的典型物理化学性能

性 能	参 数
气孔率/%	15
常温耐压强度/MPa	50~70
1400℃，热态抗折强度/MPa	约 8.6
荷重软化温度/℃	1670~1690
20~1000℃，线膨胀系数/℃	$(1.27~1.32)\times10^{-5}$
抗热震性（1300℃，水冷循环）/次	6~11

铬砖的主要物相为铬尖晶石（$(Fe,Mg)O(Cr,Fe,Al)_2O_3$）。铬砖可用铬矿直接烧制成。将铬矿制成颗粒和细粉，与一定含量的含镁材料和结合剂混合，经成型、干燥后，在1550℃弱氧化气氛下烧成。因为铬矿中 FeO 和 Fe_2O_3 较多，并常有蛇纹石等含镁的硅酸盐为主的脉石将铬矿晶粒包围。而且，在高温下还与复合尖晶石中的铁化合物形成低熔点物质，会恶化制品的耐火性能。为了使脉石转化为镁橄榄石，在铬砖制备时要加入 10%~25%的镁砂。铬砖的典型物理化学性能如表 5.4 所示。铬砖属于中性耐火材料，与酸性或碱性耐火材料的作用都较弱，对碱性熔渣和酸性熔渣都有良好的抵抗能力，主要用于碱性与酸性耐火材料的隔离层以防止酸性耐火砖和碱性耐火砖之间在高温下发生反应，或作为有色金属冶炼炉的炉衬。但不宜用于直接与铁液接触或者气氛性质变化频繁的部位。

表 5.4　铬砖的典型物理化学性能

性　能	参　数
气孔率/%	20~25
体积密度/g·cm⁻³	2.8~3.1
常温耐压强度/MPa	30~60
荷重软化温度/℃	>1500

5.1.2　Al_2O_3-Cr_2O_3 系耐火材料

Al_2O_3-Cr_2O_3 系耐火材料中 Cr_2O_3 含量不高于 40%、剩余成分为 Al_2O_3，其制品为铝铬耐火材料。铝铬耐火材料又名铬刚玉砖，以高铝矾土为原料，细粉中加入铬铁矿或铁合金厂的副产品-铝铬渣。经过合理的粒度级配，在混碾机中加水和纸浆废液进行混合，随后在压砖机上成型，干燥后于 1400℃ 以上的温度下烧成。图 5.1 为 Al_2O_3-Cr_2O_3 二元相图，可以看出随着 Cr_2O_3 含量增加，Al_2O_3-Cr_2O_3 二元系的液相线温度由 2050℃（Al_2O_3 的熔点）一直升高到 2275℃（Cr_2O_3 的熔点），材料的耐火度随着 Cr_2O_3 含量的增加而升高。Cr_2O_3 和 Al_2O_3 都属于刚玉型结构，Cr^{3+} 和 Al^{3+} 的半径分别为 0.0620nm 和 0.0535nm。由于两者的离子半径相差小于 15%，Cr 离子可以连续并无限替换 Al_2O_3 晶格中的 Al，形成无限连续替换固溶体（如图 5.2 所示）。

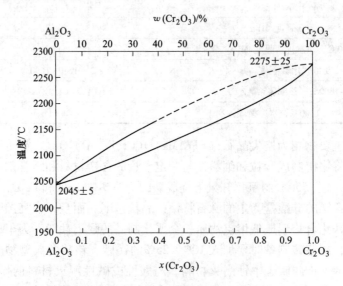

图 5.1　Al_2O_3-Cr_2O_3 二元相图

铝铬耐火材料杂质含量少、高温化学性能稳定、熔点高、硬度大、强度高、

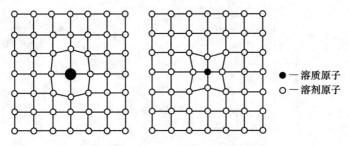

图 5.2 Cr_2O_3-Al_2O_3 置换固溶体模型

具有抗冲刷能力强、抗渗透、耐腐蚀强等特点，相比镁铬耐火材料性能更加稳定。其寿命优于高铝砖，与镁铬耐火材料相当，但价格远低于镁铬耐火材料。因其特有的优良性能，被广泛服役于环境比较苛刻的高温领域。澳斯麦特铜熔炼炉用耐火材料不仅要经受熔体（SiO_2/FeO 系熔渣、铜液、铜锍）的冲刷和气相的侵蚀，还要克服由于喷枪的定期更换而产生的温度波动，服役环境恶劣，现阶段除铝铬耐火材料外，尚未有性能更好的材料可替代。炭黑反应炉超高温（1900℃）区域、还原性气体（C、CO、H_2）及灰分的化学侵蚀区域和频繁温度波动区域等均需要铝铬系耐火材料。此外，铝铬系耐火材料也服役于锌挥发窑、铜转炉和煤气化炉等面临相同处境的区域。

5.1.3 含铬浇注料

自 20 世纪 60 年代初起，随着高氧化铝含量的铝酸钙水泥的出现，传统耐火浇注料在各种高温设备上得以广泛应用。然而，传统耐火浇注料中的水泥含量直接决定其强度，为了获得更高的强度，必须增加水泥用量。这种做法虽然可以改善低温性能，但是会导致用水量增加，进而在加热时产生更多的气孔，对中高温性能造成极大影响。同时，增加水泥用量会使整个体系中 CaO 含量增加，影响耐火浇注料的中高温性能和使用寿命。相较之下，含铬浇注料以含 Cr_2O_3 或含铬刚玉的刚玉质耐火材料为主，可以提高抗熔渣侵蚀性能，延长浇注料使用寿命，在高温领域得到广泛应用。制备 Al_2O_3-Cr_2O_3 质耐火浇注料时，Al_2O_3 和 Cr_2O_3 可按任意比例混合，但由于 Cr_2O_3 粉末难以多量掺入，若需要提高 Cr_2O_3 含量，则必须掺入含 Cr_2O_3 的粒状料。

通过向高纯氧化铝质耐火浇注料中掺入 10%（质量分数）工业 Cr_2O_3 粉末，并采用低水泥技术制备 Al_2O_3-Cr_2O_3 质耐火浇注料。在 1400℃下，不同 Cr_2O_3 添加量的 Al_2O_3-Cr_2O_3 质耐火浇注料的高温抗折强度如图 5.3 所示。可以看出随着 Cr_2O_3 含量的增加，Al_2O_3-Cr_2O_3 质耐火浇注料的高温抗折强度显著提高。这是由于 Al_2O_3 和 Cr_2O_3 之间的反应生成了 $(Al_{1-x}Cr_x)_2O_3$ 固溶体。

图 5.4 为不同 Cr_2O_3 掺入量下 Al_2O_3-Cr_2O_3 质耐火浇注料的性能。可以看出，

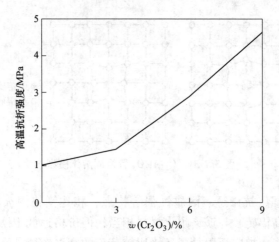

图 5.3   1400℃，不同 Cr_2O_3 添加量 Al_2O_3-Cr_2O_3 质耐火浇注料的高温抗折强度

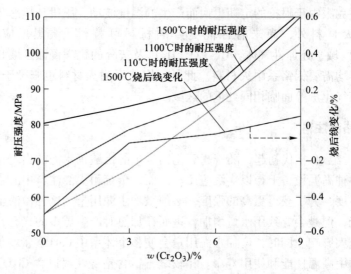

图 5.4   不同 Cr_2O_3 掺入量下 Al_2O_3-Cr_2O_3 质耐火浇注料的性能

增加 Cr_2O_3 掺入量可提高 Al_2O_3-Cr_2O_3 质耐火浇注料的耐压强度，烧后线变化由收缩转变为膨胀，这是因为 Cr_2O_3 粉体能提高流动性和低温强度。刚玉耐火浇注料因其具有较大的晶格和较稳定的组织结构，物质难以迁移，因而烧结困难。添加的 Cr_2O_3 粉体可与 Al_2O_3 能形成缺位型连续固溶体，与莫来石可形成有限固溶体，与杂质成分可形成高黏度的含铬玻璃相，铬刚玉玻璃畸形并使之活化，提高了离子的扩散速度，进而促进 Al_2O_3 和 Cr_2O_3 之间的反应和烧结过程，提高 Al_2O_3-Cr_2O_3 质耐火浇注料的耐压强度。由于 Al_2O_3 与 Cr_2O_3 间反应伴有体积膨胀，所以烧后线随着 Cr_2O_3 含量的增加逐渐变为正值。Al_2O_3-Cr_2O_3 质耐火浇注

料相较于纯刚玉质耐火材料浇注料具有更好性能。这是因为 Al_2O_3 与 Cr_2O_3 能形成连续性固溶体，使得熔渣的黏度增加，从而减少了熔渣的渗透通道，并使浇注料的变质层变薄。

5.2 含铬耐火材料的损毁机理

耐火材料在其恶劣的工作环境下面临着多种类型的损毁，主要包括熔渣侵蚀、熔融金属和熔渣对工作面的磨损、炉渣侵蚀引起的工作层结构性剥落、温度变化导致的热应力内部裂纹以及机械剥落，其中膨胀量超过吸收能力或变形能力是其主要的机械剥落方式。这些损毁类型和机理都可以通过模型来描述，详见表 5.5。

表 5.5　耐火材料的损毁类型、机理及模型

损毁类型	损毁机理	损毁模型
熔损	与炉渣成分（CaO_x、SiO_y、FeO_n、MnO 等）发生化学反应→耐火材料组分溶解析出	反应析出 耐火材料由表面逐渐消失工作面平滑
磨损	熔融金属和炉渣的流动→工作面磨损	磨损 耐火材料由表面逐渐消失工作面平滑
结构性剥落	炉渣侵蚀→工作面变质、致密化→在浸透层产生裂纹→剥落	裂纹 在浸透层产生裂纹表面剥落、工作面凹凸不平
热剥落	温度变化引起热冲击→产生热应力→裂纹→剥落	裂纹 耐火材料内部产生裂纹
机械剥落	膨胀量超过吸收能力以及铁皮变形等→产生机械应力→裂纹→剥落	裂纹 耐火材料内部以及背面等不确定位置产生裂纹，接缝拐角部位产生裂纹

炉渣的侵蚀是影响耐火材料使用寿命的重要因素之一，也是耐火材料损坏的主要原因之一。熔渣对氧化物基耐火材料的侵蚀过程涉及固相反应和与液相的相互作用，这一过程不仅限于材料表面的溶解作用，而且熔渣还能通过气孔或耐火

材料的液相、固相扩散渗入基体中，导致耐火材料表面附近的组成和结构发生变化，从而导致耐火材料的腐蚀和损坏。在耐火材料使用过程中，侵蚀是一种连续损坏的表现，而开裂和剥落则是不连续损坏的表现，这种不连续的损坏可能导致耐火材料局部分离。熔渣对耐火材料的侵蚀过程可分为 4 个阶段：（1）熔渣在耐火材料表面润湿；（2）熔渣通过材料表面和内部气孔开始渗透；（3）化学反应破坏耐火材料键合；（4）熔融的液态渣侵蚀耐火材料成分。

5.2.1 镁铬耐火材料的损毁机理

　　镁铬耐火砖的损毁类型组要包括炉渣侵蚀、结构性剥落和热剥落等，其机理如下：在热端面工作区，炉渣首先溶解耐火材料中的 MgO、SiO_2 和 CaO 等成分，形成硅酸盐化合物、镁铁橄榄石、铁酸镁和硅酸镁等变质耐火层。随着熔渣冲击，这些变质耐火层脱落，导致炉渣渗透到耐火材料的过渡区。在此过程中，由于温度的变化，导致耐火砖产生体积膨胀，从而引起龟裂，加速了炉渣的继续渗透。镁铬耐火砖的损毁机理如图 5.5 所示。

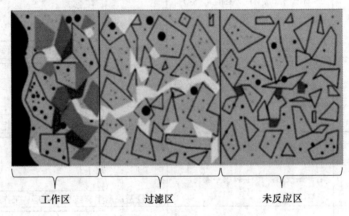

工作区　　　　　　过滤区　　　　　　未反应区

图 5.5　损毁机理示意图

　　图 5.6 显示了镁铬耐火材料在使用后，距热面不同距离的显微结构。如图 5.6（d）所示，炉渣的碱性氧化物能够渗透进入耐火材料未反应区。使用后的镁铬耐火材料在距热面 2~5mm 处会有炉渣渗入（图 5.6（a）~（b））；在距离 5~30mm 处铬铁矿被侵蚀（图 5.6（b）~（c））；在 30~150mm 处有反应物钙镁橄榄石、硅酸盐以及硫酸盐生成（图 5.6（c）~（d））。图 5.6（a）显示了紧邻砖热面处 2mm 薄的反应区域（R），其中 1 是铬铁矿，2 是 MgO，3 是渗透的炉渣；图 5.6（b）显示了距热面 5mm 处的砖微观结构的渗透与侵蚀，其中 1 为被侵蚀的铬铁矿，2 为 MgO，3 是渗透的炉渣；图 5.6（c）显示了距热面约 30mm 处的砖微观结构的渗透与侵蚀，其中 1 是边缘剧烈溶解在 Cr 氧化物（1a）中的铬铁矿的侵蚀，2 为主要的反应产物是钙镁橄榄石，3 是 Na-Ca-Ma-Fe-Al 硅酸盐，4

为富集 CaO 的镁橄榄石，5 为富集磷和铅的 Na-Mg-Ca-Ba 硅酸盐；图 5.6（d）显示了距热面约 150mm 处的砖微观结构的渗透与侵蚀，其中 1 为铬铁矿，2 为侵蚀的烧结 MgO，3 为气孔中充满富集钡的 Na-Ca-Cr 硫酸盐。

图 5.6 距热面不同距离的显微结构

镁铬耐火材料的损毁机理基本都类似，但不同使用部位和工作环境造成的损毁机理存在差异。

（1）水泥回转窑用镁铬耐火材料的损毁。硅酸盐水泥的主要矿物成分为 $CaO \cdot SiO_2$、$3CaO \cdot Al_2O_3$ 与 $4CaO \cdot Al_2O_3 \cdot Fe_2O_3$，水泥窑的关键部位过渡带与烧成带最适宜的耐火材料只能是镁铬耐火材料，如图 5.7 所示。烧成带处于高温化学气氛中，炉料温度为 1400~1500℃，伴随有熔融液体产生，耐火材料通常被原料包覆，再加上窑体的转动，所以窑皮经常剥落。呈熔融状态的水泥原料与砖之间发生反应以及熔融液体渗透到砖内，造成熔损及结构剥落，过渡带也大致如此。

奥地利的 Olbrich、德国波恩耐火公司及雷法公司的 Kuneck 等认为，镁铬耐火材料在水泥回转窑中会受到热应力、机械应力和化学侵蚀等多种因素的影响，其中温度梯度会导致热应力局部集中，容易引起裂纹。机械应力会引起砖与熟料的相对移动导致的磨损，椭圆度引起的窑壳变形，沟槽形成引起的剥落。侵蚀作用包括熔融侵蚀、液相侵蚀、过热负荷、碱盐的渗透、熟料的侵蚀和还原作用引起铁的变价导致结构剥落等。水泥熟料侵蚀引起的结构剥落主要发生在镁铬耐火材料的热端，而水泥熟料液相和碱盐在高温下的侵蚀渠道均为直接结合镁铬耐火材料的开口气孔。

（2）RH 炉用镁铬耐火材料的损毁。RH 炉炉体结构从下往上一般分为浸渍管、环流管、下部槽、中部槽（有些 RH 炉不含中部槽）、上部槽等部分，如图 5.8 所示。RH 炉用耐火材料主要是高密度的烧成直接结合镁铬耐火材料，其中浸渍管、环流管和下部槽因直接与高速钢水、合金及熔渣接触，使用环境最为恶劣，使用寿命也最短。

 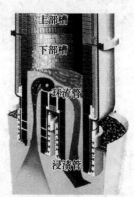

　　　　图 5.7　水泥回转窑示意图　　　　　图 5.8　RH 精炼炉示意图

　　大量研究已经对 RH 炉中使用镁铬材料的损伤机理进行了报道。其中，Mosser 等人认为 RH 脱气过程中镁铬耐火材料的损伤机理主要包括以下三个过程：熔融的硅酸盐或含铝酸盐的渣向气孔中渗透，渗透反应在熔渣和镁铬材料的基质之间进行，且渗透区的热侵蚀也相应发生。另外，致密层的形成容易在非渗透区剥落。此外，尖晶石矿物可以熔解在耐火材料中，也会侵蚀镁铬耐火材料。Dong 等人介绍了 RH-TOB 精炼过程中耐火材料的损伤机理。他们认为，砖中的 Cr_2O_3 能够与 FeO 反应形成高熔点尖晶石，但是 FeO 能够与方镁石晶界中的硅酸盐形成低熔点相，导致方镁石晶粒分离。与此同时，在钢液中，FeO 被 CO 还原形成铁蒸气，然后与氧发生反应产生氧化热，从而促进了 MgO 和 Cr_2O_3 的熔解。RH 设备采用间歇式操作方式，其温度急剧变化会导致耐火材料产生裂纹。严重时会导致材料结构剥落。裂纹的形成反过来又加剧了熔渣的渗透和侵蚀，最终导致材料结构被破坏。

　　（3）炼铜炉用镁铬耐火材料的损毁。镁铬耐火材料在有色冶炼行业高温装备中的应用极为普遍，其中又以铜冶炼行业最具代表性，图 5.9 为当前技术水平较为先进的底吹连续炼铜炉。炼铜炉熔渣量较多，熔渣黏度低，对镁铬耐火材料具有极强的浸润性和渗透性。因此，镁铬耐火材料在炼铜炉上使用时，渗透变质层较厚，容易出现结构剥落。

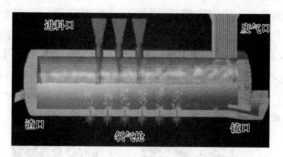

图 5.9　底吹连续炼铜炉示意图

王继宝等学者对 Noranda 炉中后风口区采用电熔再结合镁铬耐火材料进行了结构分析。研究结果表明，铜精矿对镁铬耐火材料的侵蚀主要表现为锍的渗透，其渗透途径主要是沿砖缝、晶界、气孔和微裂纹，渗入的锍破坏了砖体的组织结构。但是，锍并不会与镁铬耐火材料中的氧化物发生反应。在富氧冶炼条件下，工作面处镁铬耐火材料的损毁是由铜渣中的铁氧化物和 SiO_2 与镁铬耐火材料中的低熔物反应生成了熔点更低的液相造成的。随着距工作面距离的增加，镁铬耐火材料的损毁主要表现为锍渗入砖内部，导致砖体的结构剥落和热剥落。

邹兴等发现被吹炼铜用 $FeO\text{-}SiO_2$ 渣对侵蚀后的镁铬耐火材料明显分为挂渣层、侵蚀区和原砖区。其中，挂渣层主要以镁铁橄榄石和镁橄榄石为基体，尖晶石相分布其中；侵蚀区主要为方镁石富氏体和尖晶石相。同时，炼铜炉含有大量的 SO_2 气体。当 SO_2 气体迁移时，它能够发生再氧化反应生成 SO_3，与镁铬耐火材料中的碱性氧化物（MgO、CaO）反应形成低熔点的碱土金属盐类（如 $MgSO_4$、$CaSO_4$ 等）。由于 $MgSO_4$ 的密度（约为 $2.66g/cm^3$）比 MgO 的密度（$3.65\sim3.759g/cm^3$）小，反应后体积膨胀，导致耐火材料开裂和气孔孔径增大，从而加剧了熔渣的渗透和侵蚀，导致耐材强度降低而损坏。

5.2.2　铝铬耐火材料的损毁机理

铝铬耐火材料的损毁类型主要是炉渣的侵蚀。不同碱度和种类的冶金炉渣对铝铬耐火材料产生侵蚀作用的侵蚀机理相似，侵蚀过程中的反应包括两个同时进行的物质迁移过程：一个是铝铬耐火材料中的组分向渣中的溶解；一个是炉渣向铝铬耐火材料中的渗透、扩散。刚玉和铝铬固溶体具有优良的抗渣侵蚀性能，熔渣对铬刚玉砖的侵蚀主要作用在基质部分，包括与基质中组分的反应和向耐火材料内部的渗透。

图 5.10 所示为铝铬耐火材料在使用过程中与渣反应的动力学模型。当熔渣

与铝铬耐火材料接触时，会在工作面表面形成一个边界层。渣中的 SiO_2 首先通过边界层与工作层晶粒间的晶界中的 Fe_2O_3 和 MgO 发生反应，形成低熔点物质镁铁橄榄石和铁橄榄石。由于这两种橄榄石的熔点较低，一旦形成即溶解于熔渣中，因此在渣层中存在较多的镁铁橄榄石和铁橄榄石物相。与此同时，在边界层附近，渣中的 FeO 不断通过边界层向衬砖的工作面内部扩散，并与工作层内部的 Al_2O_3 和 Cr_2O_3 发生反应，在边界层外侧生成一层由具有 $FeCr_2O_4$（熔点2050℃）和 $FeAl_2O_4$（熔点1750℃）固溶体为主的反应层。这一反应层与渣层间起到隔离作用，保护衬砖不直接与渣接触。

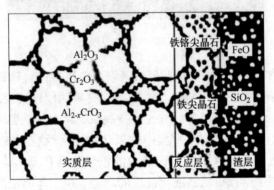

图 5.10　铬刚玉砖与渣反应的动力学模型

　　侵蚀初期，炉渣中的氧化铁含量较多时炉渣中氧化铁、氧化镁等组分与铬刚玉砖中氧化铝、氧化铬组分在工作面处发生反应并生成镁铝铬铁尖晶石层或铁铝铬尖晶石层，尖晶石层的出现堵塞孔隙通道并有效地阻碍了炉渣对耐火材料的侵蚀、渗透。

　　侵蚀后期，此时炉渣的组成和数量已发生较大的变化，炉渣中的氧化钙和二氧化硅通过气孔和空隙熔蚀铝铬耐火材料，形成硅酸盐化合物。铝铬耐火材料骨料边缘和基质中出现明显的低熔相，在工作面处基质中骨料被熔渣包围，气孔贯通，导致铬刚玉砖的强度下降。随着侵蚀的进行，炉渣逐渐被消耗的同时，由于炉渣温度的下降，渗透到基质中的炉渣成分未与基质反应而填充在基质间的空隙和气孔中，使得渗透层中的气孔变小。

　　中钢洛阳耐火材料研究院分别以不同 Cr 含量的 Cr_2O_3-Al_2O_3 电熔颗粒料进行试验，研究发现高 Cr_2O_3 含量的颗粒料在渣面层被侵蚀，主要是渣中的 FeO 和 Al_2O_3 对颗粒料的侵蚀，FeO 与骨料中的 Cr_2O_3 反应，首先形成（Fe，Cr）$_3O_4$ 尖晶石，再与其他物相反应形成了复合尖晶石，当 FeO 耗尽后，渗入到颗粒内的 Al_2O_3 开始和 Cr_2O_3 反应，在颗粒表面形成铝铬固溶体；低 Cr_2O_3 含量的颗粒料在渣面层和渗透层都存在侵蚀，渗透层的侵蚀主要是 CaO、SiO_2 对颗粒料中铝铬固溶体中 Al_2O_3 的熔蚀，形成钙长石、钙黄长石以及玻璃相。

赵鹏达等人通过对澳斯麦特炉现役铝铬质砖进行物理化学性能检测，结合热力学模拟，对比了镁铬和铝铬质耐火材料抗 Cu/Cu_2S 和 FeO/SiO_2 渣的渗透侵蚀能力。发现当熔渣与铝铬耐火材料接触时，在工作面表面形成一个边界层。渣中的 SiO_2 首先通过边界层，与工作层晶粒间晶界中的 Fe_2O_3、MgO 发生反应，形成低熔物镁铁橄榄石和铁橄榄石，由于这两种橄榄石熔点较低，一旦形成即溶解于熔渣中，所以在渣层中存在较多的镁铁橄榄石和铁橄榄石物相；与此同时，在边界层附近渣中的 FeO 则不断通过边界层向衬砖的工作面内部扩散，并与工作层内部的 Al_2O_3 和 Cr_2O_3 发生反应，在边界层外侧生成一层由具 $FeCr_2O_4$（熔点为 2050℃）和 $FeAl_2O_4$（熔点为 1750℃）固溶体为主的反应层，这一反应层起到了隔离作用，保护衬砖不直接与渣接触。

章道运等人分析了澳斯麦特铜熔炼炉渣线部位使用后的铝铬耐火材料。结果表明：在使用过程中，铝铬耐火材料中的 Al_2O_3、Cr_2O_3 与渗入熔渣中的 FeO 反应生成高熔点的铁铝尖晶石和铁铬尖晶石，从而阻止炉渣对耐火材料的进一步侵蚀，延长炉衬的使用寿命；炉渣中的 SiO_2 和 CaO 主要与耐火材料中的 Al_2O_3 反应生成低熔点的硅酸盐相 $Ca(Al_2Si_2O_8)$，会使得耐火材料发生侵蚀，熔渣会更深的渗透到耐火材料内部。

5.2.3 含铬浇注料的损毁机理

炉渣侵蚀和热应力是导致含铬浇注料损毁的主要原因。由于浇注料中含有氧化铬的化合物，这些化合物与高温气氛中的氧、硫等元素反应，形成不溶性的铬酸盐和硫酸盐等化合物，导致浇注料出现明显的腐蚀和磨损现象。此外，高温环境中的碱性气体也会对含铬耐火浇注料造成腐蚀。含铬耐火浇注料的损毁也与其在高温和机械应力下的热应力和热疲劳有关。当浇注料受到高温和机械应力的同时作用时，会引起其内部的应力分布失衡，从而出现开裂和破碎现象。此外，高温下的热膨胀和收缩也会对浇注料造成应力和变形，进而导致损毁。

针对铝铬浇注料在转炉钢包渣线上的应用情况，戴汉莲等人发现使用铝铬浇注料后，损毁主要是通过反应溶解过程发生的。在炉渣中，成分为 CaO 和 MnO 的物质主要渗透进蚀变层，与浇注料中的主要矿物相互作用，形成了新的钙铝黄长石和复合尖晶石相。而成分为 MgO 和 SiO_2 的物质在渗透层中达到最大，即 MgO 和 SiO_2 比 CaO 和 MnO 更深地渗透到了浇注料中。

5.3 含铬耐火材料六价铬的形成与控制

众所周知，人体接触和吸收一定量的六价铬就可导致皮肤病、癌症等严重疾病，使用后的耐火材料中六价铬在雨水作用下溶出后，将会污染土壤和地下水，严重破坏生态环境。一直以来，人们不加区分的认为使用后的含铬耐火材料均含有六价铬，对于含铬耐火材料服役过程中六价铬形成与否、存在形式及其控制方法缺乏足够认识。

5.3.1　含铬耐火材料六价铬的形成

含铬系耐火材料中，温度、碱性氧化物（碱土氧化物）、气氛、铬铁矿相粒度等对 Cr^{6+} 的形成有重要影响。

5.3.1.1　温度

炼钢条件下耐火材料中 Cr^{6+} 的来源主要是 CaO 与 Cr_2O_3 的反应，如式（5.1）所示。未使用的耐火材料中没有已知的其他化合物与 Cr_2O_3 反应生成 Cr^{6+}。

$$Cr_2O_3 + 2CaO + 3/2O_2 \Longrightarrow 2CaO \cdot 2CrO_3 \tag{5.1}$$

CaO-Cr_2O_3 的二元相图可以作为研究 Cr^{6+} 形成的参考。图 5.13 的 CaO-Cr_2O_3 二元相图说明了 Cr^{6+} 的形成。Cr^{6+} 只存在于三个相：$9CaO \cdot 4CrO_3 \cdot Cr_2O_3$、$3CaO \cdot 2CrO_3 \cdot 2Cr_2O_3$ 和 $CaO \cdot CrO_3$。表 5.6 给出了这些相的稳定温度区域和 Cr^{6+} 与总 Cr 的摩尔比。对于 CaO 含量低的耐火材料，在 900～1022℃的温度范围内，只有 $3CaO \cdot 2CrO_3 \cdot 2Cr_2O_3$ 相具有 Cr^{6+}，而在 900℃以下的温度为 $CaO \cdot CrO_3$ 相。图 5.11 中虚线所示为一种典型的归一化成分，只考虑耐火材料中的 CaO 和 Cr_2O_3，随着 CaO 含量的增加，Cr^{6+} 的含量也增加。

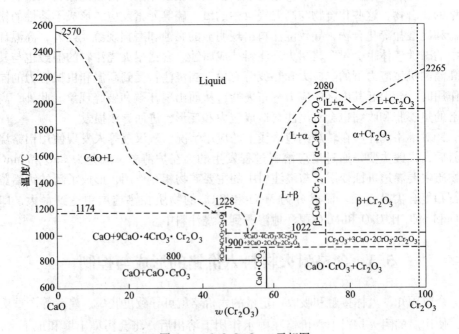

图 5.11　CaO-Cr_2O_3 二元相图

表 5.6 CaO 和 Cr_2O_3 形成的稳定相及其存在的温度范围和所含各类铬的摩尔比

纯稳定相	温度范围/℃	$n(Cr^{6+})/n(总\ Cr)$
CaO	—	0
$9CaO \cdot 4CrO_3 \cdot Cr_2O_3$	1228 ~ 800	0.667
$3CaO \cdot 2CrO_3 \cdot 2Cr_2O_3$	1022 ~ 900	0.333
$CaO \cdot CrO_3$	<900	1
Cr_2O_3	—	0

对于含铬浇注料而言，在温度较低的区域（500℃）因为反应的动力学条件较差，有部分的 Cr_2O_3 还没反应，在温度较高的区域 Cr_2O_3 会与 Al_2O_3 反应形成铝铬固溶体，其中铬是以三价的形式存在的。一旦有六价铬形成，不论其以 $CaCrO_4$ 还是 $Ca_4Al_6CrO_{16}$ 形态存在，都是水溶性的，在水中都会持续的浸出，直到完全浸出为止。在中温区（500 ~ 1300℃）可以形成六价铬相 $CaCrO_4$ 和 $Ca_4Al_6CrO_{16}$，但是在高温区（1500℃）只有三价的 $(Al,Cr)_2O_3$ 和水泥相 CA_6，其机理如图 5.12 所示。

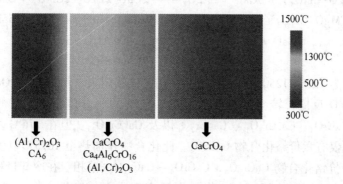

图 5.12 含铬耐火材料浇注料形成 Cr^{6+} 机理图

因为不同阶段生成的含六价铬的相不一样，所以每个阶段发生的反应也不一样。在 500℃ 以下升温的过程中，主要是浇注料水化相的失水过程，如式（5.2）和式（5.3）所示。如果浇注料中不含铬，由室温升温到 1300℃，只会有水泥相 CA 和 CA_2 生成。但是，因为浇注料中含有铬，所以在 500 ~ 700℃ 时，失水的水泥相会与铬发生反应，如式（5.3）所示，生成六价铬化合物 $CaCrO_4$。当升温到 900℃ 时，除了会发生最初阶段的失水反应，还有式（5.4）和式（5.5）发生。在 1300℃ 时，只有式（5.5）和式（5.6）发生。当温度达到 1500℃ 时，就只有式（5.6）和式（5.7）发生。

$$Ca_3Al_2(OH)_{12} = 3CaO \cdot Al_2O_3 + 6H_2O(\uparrow) \qquad (5.2)$$

$$Al_2(OH)_6 = Al_2O_3 + 3H_2O(\uparrow) \qquad (5.3)$$

$$4CaO + 2Cr_2O_3 + 3O_2 === 4CaCrO_4 \tag{5.4}$$

$$16CaO + 12Al_2O_3 + 2Cr_2O_3 + 3O_2 === 4Ca_4Al_6CrO_{16} \tag{5.5}$$

$$Al_2O_3 + Cr_2O_3 === 2(Al,Cr)_2O_3 \tag{5.6}$$

$$CaO + 6Al_2O_3 === CaAl_{12}O_{19} \tag{5.7}$$

温度对六价铬化合物的形成有着显著影响，当含铬耐火浇注料的服役温度为 300~1000℃ 时，形成的主要六价铬化合物为 $CaCrO_4$。当温度提高到 1300℃ 时，六价铬则主要以 $Ca_4Al_6CrO_{16}$ 形式存在。温度进一步升高到 1500℃，部分的 Cr_2O_3 会与 Al_2O_3 反应形成含三价铬的铝铬固溶体。

5.3.1.2　碱性氧化物或碱土氧化物

碱性氧化物（K_2O、Na_2O 和 Li_2O 等）和碱土氧化物（CaO、SrO 和 BaO 等）等都对 Cr^{3+} 的氧化有促进作用。含铬耐火材料和含这些氧化物的熔渣接触时，如果氧气充足则极易形成 Cr^{6+}。在 CaO 存在的条件下，镁铬耐火材料中的部分 Cr^{3+} 在一定温度下会转化为 Cr^{6+}，如式（5.8）、式（5.9）所示，铝铬耐火材料在 CaO 存在的条件下，反应化学式如式（5.7）、式（5.10）、式（5.11）所示：

$$3(MgO·Cr_2O_3) + 3CaO + 3/2O_2 === 3CaO·2CrO_3·2Cr_2O_3 + 3MgO \tag{5.8}$$

$$5(MgO·Cr_2O_3) + 9CaO + 3O_2 === 9CaO·4CrO_3·4Cr_2O_3 + 5MgO \tag{5.9}$$

$$2CaO + SiO_2 + Al_2O_3 === 2CaO·Al_2O_3·SiO_2 \tag{5.10}$$

$$2CaO + SiO_2 === 2CaO·SiO_2 \tag{5.11}$$

在温度为 1230~1250℃ 时，烧成带采用的镁铬耐火材料中的 Cr_2O_3 很容易与熔渣中的 CaO 反应，转变为六价铬。由图 5.11 可见，体系内存在的化合物有 $CaCr_2O_4$、$CaCrO_4$、$Ca_5Cr_3O_{12}$、$Ca_3Cr_2O_8$ 以及 $Ca_5Cr_3O_{13}$。但在 776℃ 以下稳定存在的化合物仅有六价铬化合物 $CaCrO_4$。此化合物在加热至 1073℃ 以上时将发生反应生成三价铬化合物 $CaCr_2O_4$，$CaCrO_4 \rightarrow CaCr_2O_4 +$ 液相。在冷却过程中，当温度降至 1022℃ 以下时，$CaCr_2O_4$ 将发生反应生成六价铬化合物，如式（5.12）所示。

$$4CaCr_2O_4 + 3O_2 === 4CaCrO_4 + 2Cr_2O_3 \tag{5.12}$$

5.3.1.3　气氛

在氧化条件下，铬酸盐的阴离子在碱性熔体中稳定，而在酸性熔体中分解形成三价铬离子。在还原条件下，随着硅酸盐熔体碱度的下降，三价铬被还原为二价态，氧化铬原料或含铬耐火材料中的 Cr^{3+} 通常均可以稳定存在，难于转变为 Cr^{6+}。在不同气氛下 $CaO-Cr_2O_3$ 系（见图 5.13），熔点为 2170℃ 的化合物 $CaCr_2O_4$ 与 CaO 及 Cr_2O_3 的共熔点分别为 1930℃ 和 2100℃，通常条件下它可以与 CaO 稳定共存。在 600~1100℃ 时形成六价铬化合物 $CaCrO_4$，当温度高于 1000℃ 时，三价铬化合物 $CaCr_2O_4$ 也将逐渐产生。因此在温度高于 900℃ 时，如式（5.13）所示的反应会从左向右进行。

$$4CaCrO_4 + 2Cr_2O_3 \Longrightarrow 4CaCr_2O_4 + 3O_2 \qquad (5.13)$$

换言之，$CaCrO_4$ 和 Cr_2O_3 反应形成 $CaCr_2O_4$，同时在加热过程中伴随有氧气的放出。冷却过程中会发生逆反应，三价铬化合物 $CaCr_2O_4$ 与氧气反应形成六价铬化合物 $CaCrO_4$ 以及 Cr_2O_3。但在氧气分压高的气氛下，无论何种组成，六价铬化合物 $CaCrO_4$ 在低温下比较稳定。

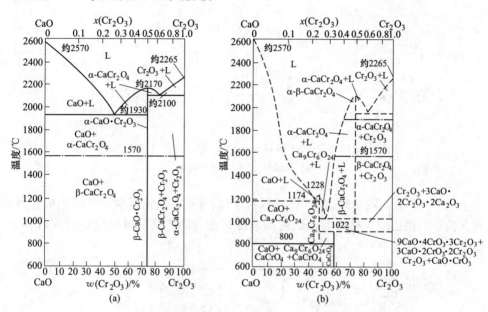

图 5.13 不同气氛下 $CaO\text{-}Cr_2O_3$ 系相图

(a) 低氧（还原气氛）条件下；(b) 空气条件下

5.3.1.4 铬铁矿的粒度

如图 5.14 所示，铬铁矿的相尺寸对 Cr^{6+} 的形成将产生影响。随着铬铁矿颗粒尺寸的减小，Cr^{6+} 含量呈上升趋势。粒度的减小增加了铬铁矿与铝酸钙渣和硅酸钙渣的反应面积。因此，在高温和侵蚀性条件下，矿渣会侵蚀镁铬耐火材料，并与铬铁矿颗粒发生反应。随着炉渣的冷却，在动力学层面，体积较小、比表面积较大的铬铁矿颗粒与铝酸钙炉渣反应有利于 Cr^{6+} 的形成。当使用熔融颗粒时，铬铁矿主要与铝酸钙和硅酸钙相接触。因此，用熔融颗粒替代铬铁矿相颗粒将降低铬铁矿相与硅酸钙相接触的表面积，并导致整体 Cr^{6+} 生成量减少。

5.3.1.5 冷却速度

Cr^{6+} 的形成过程中，冷却速率是一个非常关键的参数，因为 Cr^{6+} 的形成温度相对较低（低于 1228℃）。在铝酸钙和硅酸钙渣中，冷却速率对 Cr^{6+} 的形成有着显著的影响，具体如图 5.15 所示。当镁铬耐火材料的使用寿命结束时，其耐火材料会被更换，并对附着在其表面的熔渣进行冷却处理，此时熔渣会与铬铁矿反

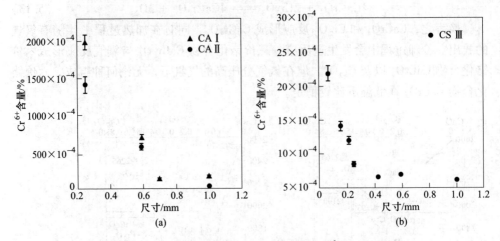

图 5.14　不同铬铁矿颗粒尺寸的不同渣对 Cr^{6+} 形成的影响

（a）铝酸钙渣；（b）硅酸钙渣

应生成 Cr^{6+}。较高的冷却速率可以限制 Cr^{6+} 的形成，从而减少 Cr^{6+} 的生成含量。在更换炉内镁铬耐火材料时，炉内快速冷却也有助于降低废旧镁铬耐火材料中 Cr^{6+} 的含量。

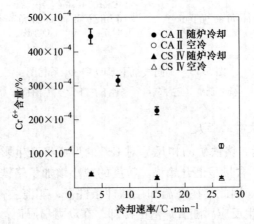

图 5.15　冷却速率对铝酸钙和硅酸钙渣中 Cr^{6+} 形成的影响

5.3.2　含铬耐火材料中六价铬的控制

依据上述对 Cr^{6+} 生成条件的分析，可从控制与其他成分的共存、控制温度、控制气氛等方面控制 Cr^{6+} 的生成。

（1）适当添加一些酸性氧化物。含有变价金属元素 Fe、Ti 和 Cr 的氧化物具有一个共同点，即高价的氧化物如 Fe_2O_3、TiO_2 和 CrO_3 呈酸性，而低价的氧化物则呈碱性。酸性氧化物和碱性氧化物可以自发地发生中和反应，从而促进酸性氧化物的稳定性。在含铬耐火材料中，适当添加酸性氧化物如 SiO_2、B_2O_3 或 Fe_2O_3，可以降低酸性氧化物 CrO_3 的稳定性，从而抑制六价铬 CrO_3 的形成。山口明良的研究报告表明，当三价化合物（如 $CaCr_2O_4$）与 SiO_2 或 TiO_2 共存时，可以抑制 $CaCr_2O_4$ 转化为 $CaCrO_4$。因此，在含铬耐火材料的设计和制备中，控制添加酸性氧化物的含量和探究与其他化合物共存的效应是降低 Cr^{6+} 含量的有效途径。

M. Nath 等人对 TiO_2 对 Al_2O_3-Cr_2O_3 耐火材料烧结致密化行为和热力学性能的影响进行了研究。发现在 Al_2O_3-Cr_2O_3 体系中引入 0~3%（质量分数）的 TiO_2，可以通过异价置换及阳离子空位扩散机制增强 Al_2O_3 与 Cr_2O_3 的固溶，促进材料的烧结。随着 TiO_2 添加量的增加，试样的衍射峰更加尖锐，衍射峰强度显著增加，且不会产生 Cr^{6+} 化合物，只存在单相的铝铬固溶体相。此外，TiO_2 还能对 Cr^{6+} 产生一定的降价还原作用。在 Al_2O_3-Cr_2O_3 系中引入酸性氧化物，不仅可以抑制 Cr^{3+} 转化为 Cr^{6+}，还能促进 Al_2O_3 与 Cr_2O_3 的固溶，实现 Cr^{6+} 向 Cr^{3+} 的转变。

（2）控制温度阻止六价铬化合物产生。如果金属元素与氧能形成一系列的氧化物，在一定高温下其高价氧化物会分解为低一级氧化物，例如式（5.14）~式（5.16）：

$$3TiO_2 \Longrightarrow Ti_3O_5 + 1/2O_2 \qquad (5.14)$$

$$Fe_3O_4 \Longrightarrow 3FeO + 1/2O_2 \qquad (5.15)$$

$$2CrO_3 \Longrightarrow Cr_2O_3 + 3/2O_2 \qquad (5.16)$$

高价氧化物只有在特定的温度范围内才能稳定存在。一旦温度超过这个范围，高价氧化物就会分解成相应的低一级氧化物，只有低价氧化物才能维持相对稳定的存在。图 5.13（b）清晰地展示了在空气中的 CaO-Cr_2O_3 相图，可以明显地从图 5.13（b）看出，当温度在 600~1100℃ 范围内时，六价铬氧化物，如 $CaCrO_4$、$3CaO \cdot 2CrO_3 \cdot 2Cr_2O_3$、$9CaO \cdot 4CrO_3 \cdot 3Cr_2O_3$ 等，都能够存在。然而，当温度超过 1100℃ 时，高价铬化合物已经不能存在，只有低价铬化合物，如 $CaCr_2O_4$，才能在此温度下保持相对稳定的存在。这一发现对于认识高价铬氧化物的热稳定性具有重要意义，并且在高温材料的开发和制备中具有重要的实际应用。

（3）还原性气氛。在还原气氛下，Cr^{6+} 易还原为 Cr^{3+}，如果金属元素与氧能形成一系列氧化物，其高价氧化物容易被还原为低价氧化物。当有过剩固体碳存在时，六价铬化合物在不太高的温度就可被还原为低价氧化铬，如式（5.17）所示：

$$2CrO_3(l) + 3C(s) \Longrightarrow Cr_2O_3(s) + 3CO(g) \qquad (5.17)$$

可以利用已有的 CO、Cr_2O_3 以及 CrO_3 的标准生成自由能 $\Delta_f G_{CO}^{\ominus}$、$\Delta_f G_{Cr_2O_3}^{\ominus}$ 以及 $\Delta_f G_{CrO_3}^{\ominus}$，求得式（5-17）的标准反应自由能 $\Delta G_1^{\ominus}$：

$$\Delta G_1^\ominus = -373370266 - 373.5T \tag{5.18}$$

类似地可以求得 $\Delta G_2^\ominus$ ：

$$2CrO_3(g) + 3C(s) =\!=\!= Cr_2O_3(s) + 3CO(g) \tag{5.19}$$

$$\Delta G_2^\ominus = -863660 - 155.7T \tag{5.20}$$

式（5.17）和式（5.19）的标准反应自由能与等式的右边两项皆为负数，这说明从化学热力学角度讲，式（5.17）和式（5.19）在任一温度下皆能自发地向右进行。即只要能克服化学反应动力学上的障碍，在固体碳过剩存在时就可以使得高价铬还原为低价铬，甚至金属铬或碳化铬，Cr^{6+} 的危害也就消除了。

若在空气氛围中将含高价铬的固体料埋于焦炭，当温度高于 1000℃ 时，气氛中 CO 的体积分数为 35%，N_2 的为 65%，几乎无 CO_2。在这种条件下 CO 气体更易渗入含六价铬固体料的气孔中，并发生如式（5.21）和式（5.22）所示反应：

$$2CrO_3 + 3CO =\!=\!= Cr_2O_3(s) + 3CO_2(g) \tag{5.21}$$

$$2(CaO \cdot CrO_3) + 3CO =\!=\!= CaCr_2O_4 + CaCO_3 + 2CO_2 \tag{5.22}$$

将含铬残砖和适量的焦炭混合后在适宜温度下进行还原处理，可以有效地将残砖中的六价铬还原为低价铬。同样地，对于生产含铬耐火材料的生产厂，如果材料中存在高价铬，可以采用还原气氛的处理方法，以消除其中的 Cr^{6+}，从而满足环保要求并确保产品质量。

5.4　含铬耐火材料的回收利用

耐火材料是高温工业重要基础材料，我国是世界最大的耐火材料生产国。耐火材料在使用过程中，经常由于工作面的侵蚀或剥落而被废弃。据不完全统计，每年产生的用后耐火材料超过 800 万吨。这些用后的耐火材料很少被科学、高效利用，大多被就地掩埋或降级使用，造成资源浪费和环境污染，其中亦包括有大量的含铬耐火制品，预估我国用后耐火材料综合利用率不到 30%。

我国财政部、国家税务总局于 2008 年 12 月 9 日下发通知，对掺兑废料的质量分数不低于 30% 的耐火材料等特定产品实行免征增值税政策。2017 年 10 月 30 日，国家工业和信息化部印发了《产业关键性技术发展指南（2017）》，提出优先发展的产业关键性技术 174 项。原材料工业 53 项，选入了耐火材料制造技术和用后耐火材料再生利用技术。可见国家非常重视用后耐火材料的循环利用问题，有关单位应该大力宣传国家优惠政策，相关企业应该积极响应国家的号召，努力做好耐火材料循环利用工作。近年来，国内外各大钢厂和大部分耐火材料厂都十分重视用后耐火材料的回收及再利用，不断开展各方面研究及应用工作。

尽管含铬耐火材料会引起 Cr^{6+} 危害，但由于其优良的抗侵蚀性，目前仍在广泛应用于玻纤、石化等行业，具有不可替代的位置。废弃的含铬耐火材料的回收利用不仅能减少环境污染，而且还可以获得一定的经济效益。含铬耐火材料的回收利用主要有以下几个方面：作为原料生产新耐火材料；用于镁质喷涂料；回收有价金属等。

5.4.1 生产耐火材料

将用后含铬耐火材料处理制成粉体，将其部分代替新原料制备含铬耐火材料，也取得了很好的效果。在德国，1985 年已经开发出一种将废镁铬耐火材料通过粉碎和水洗相结合再加工成耐火原料的方法。截至 1999 年，日本已经将废镁铬耐火材料成功回收为炼钢炉的浇注料。后来开发了一种处理含铬耐火材料的工艺，即将富含 Cr_2O_3 的废耐火材料和黏土在电弧炉中熔化，形成 Cr_2O_3-Al_2O_3 混合晶体，可作为耐火材料的原料。另外，在致密铬生产中引入一定量的废弃含铬耐火材料，不但可以降低污染、节约成本，还可改善砖的热震稳定性。

伊朗 ISCC 成功地利用回收的镁铬耐火材料生产浇铸车轮和出钢槽用耐火材料，表现出良好的使用效果。他们以铜冶炼业中使用的阳极炉和铸造轮废弃的镁铬耐火材料为原料，将试样的热表面剪开并粉碎至一定粒径，再与高铝水泥混合制成耐火浇注料。尽管回收的镁铬耐火材料中含有少量金属铜、矿渣等杂质，但制备出的浇注料具有良好的粒径分布和颗粒堆积，施工性能和力学性能也很好。该耐火浇注料已应用于伊朗某冶炼厂的 3 号阳极炉内衬，服役 8h 后无严重侵蚀，性能良好。

盛卓以不同配比的废镁铬耐火材料代替菱镁矿，在相同条件下制备干式振动混合料，所得产品满足质量要求，产品性能与标准样品接近，抗渣性较好。罗旭东等人研究添加用后铬刚玉耐火材料可提高镁铬浇注料的烧结性能，发现使用后的铬刚玉耐火材料添加量越大，浇注体的冷压强度越高。在镁铬浇注料中，随着原位反应合成尖晶石，浇注料试样的表观孔隙率增大，堆积密度减小。用后铬刚玉耐火材料添加量为 10%（质量分数）时，镁铬浇注料的抗热震性能最佳，热震后 CCS 保留率为 93.8%。镁铬浇注体具有良好的抗渣性，主要是由于侵蚀层结构稳定均匀。

水泥工业所产生的用后镁铬耐火材料，可以在还原气氛下成功将砖内六价铬还原成三价铬，以减少其危害，并加工成再生料，通过添加适量添加剂生产出适用于水泥窑温度较低部位的镁铬耐火材料。日本对 AOD 炉用后的再结合镁铬耐火材料/半再结合镁铬耐火材料进行粉碎和处理，可生产出镁铬耐火材料。这种循环利用的方式不仅可以降低成本，而且可以减少对环境的污染。

5.4.2 生产喷涂料

RH 真空精炼炉和回转窑的废镁铬耐火材料可以有效地应用于 RH 喷涂料、

填料砂和中间包涂层,产生良好的效果。通过对废料进行分选和粉碎,将其制成不同颗粒大小的产品,可以替代中等级氧化镁和铬铁矿粉,生产出镁铬涂装和镁夯实混合料。废料还可以被用于生产捣料和钢包底部的干式捣料,这对于提高生产效率和节约矿物资源具有积极意义。

宝钢利用废镁铬耐火材料,制作出电弧炉用耐火材料,并在电弧炉喷涂料中添加 20% 废镁铬耐火材料,从而改善电弧炉的使用寿命。此外,再生废镁铬耐火材料也可以用于生产出钢口捣打料、钢包底干式捣打料。将再生废镁铬耐火材料替代镁砂可以保证产品性能的稳定性,同时也具有良好的抗渣性能,这有助于实现循环经济和环境保护的目标。

王昌宝等人采用废镁铬耐火材料作为主要原料,添加 Al_2O_3 超细粉作为黏结剂,适量的 $Ca(H_2PO_4)_2$ 作为烧结促进剂,制备了 RH 浮潜耐火材料。他们研究了 Al_2O_3 微粉和 $Ca(H_2PO_4)_2$ 添加量对再生耐火材料性能的影响,并在工业应用中得出,最佳的 Al_2O_3 超细粉添加量为 4%, $Ca(H_2PO_4)_2$ 添加量为 2.5% ~ 3%。这种制备方法制造出来的喷砂耐火材料易于施工,具有良好的应用效果。

另外,李志辉等人通过对还原转炉喷淋料中使用过的镁铬浇注料进行还原处理,将 Cr^{6+} 还原为无害的 Cr^{3+},当添加 20% 铝和 3% 硅粉时,成品的性能最佳。这种方法可以有效地降低 Cr^{6+} 的含量,改善喷淋料的性能。

5.4.3 其他回收工艺

其他处理工艺包括回收含铬耐火材料中的有价金属、在电弧炉中通过高温合成新材料、制备电熔颗粒以及通过将含铬的废耐火材料加工制备耐火泥等。

罗正波等人认为用于有色金属冶炼的含铬耐火材料,在使用后会有大量的有价金属,其中主要包括 Pb、Bi、Ni、Cu 和 Sb 等,可通过重选、浮选等手段将其分离,分离后的有价金属可返回冶炼流程,其工艺流程如图 5.16 所示。该方法于 2017 年 12 月在郴州某厂被应用到实际生产中,生产数据表明,废弃含铬耐火材料经过重选和浮选之后,有价金属回收率较高。铅、银、金均能达到 97% 以上,其他的元素,例如铋、铜、锑,也能达到 90% 以上。能很好地将废弃镁铬耐火材料中的有价金属回收。

利用合成材料的原理,结合化学和高温物理方法,加入一些材料,可以制备出新的材料。此外,也可以从废旧的耐火材料中提取纯物质,例如从用后的镁铬耐火材料或高铬砖中,通过提纯反应提取金属铬。将残存的耐火材料加工成微粉甚至纳米粉也是可行的。高铬砖和致密氧化铬砖中氧化铬含量高 (>90%),因此回收和利用非常方便且有很高的价值。将用后高铬砖破碎后的细粉添加到氧化铬火泥中,可以降低火泥在烧结过程中的收缩率。此外,高含量的氧化铬废砖可重新作为原料进行电熔制备氧化铬电熔颗粒料。

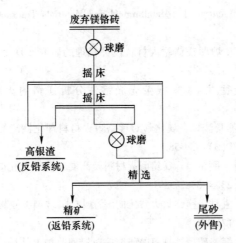

图 5.16　回收废弃镁铬耐火材料中有价金属工艺流程

　　玻璃工业中使用过的氧化铬耐火材料也可以成功用作冶炼铬金属的原料。在这个过程中，用过的耐火材料被粉碎，作为代替铬矿石的原料投入电炉中。在1600℃的高温条件下，氧化铬被焦炭或煤还原，省去了昂贵的球团和预还原过程。产生的矿渣被冷却、粉碎和筛选，可用作建筑填料或骨料的无害副产物。

　　将渣沟浇注料与废镁砖混合并破碎后，可以适当添加到镁铬耐火材料、镁砖或镁质挡渣堰板的原料中，也可以加工成细粉用于生产耐火泥。武钢就是通过将用后镁砖和镁铬耐火材料破碎后适量配加到生产原料中，也可以适当地配加到镁质挡渣堰板原料中，生产出优质的耐火材料。废镁铬耐火材料可以被粉碎，与原始材料按少量比例混合，作为玻璃生产的原料。这样可以消除填埋的成本，同时对玻璃质量没有不利影响。在日本，从水泥窑或玻璃炉中回收的镁铬耐火废料也已成功回收利用。

参 考 文 献

[1] 何晴. Ausmelt 炉内衬用铬刚玉质耐火材料的研究与制备 [D]. 武汉：武汉科技大学，2017.

[2] 李龙，于景坤，邹宗树. 含铬耐火材料及其在冶金中的应用 [J]. 中国冶金，2008（6）：11-16.

[3] 姚晨臣. 含铬耐火材料在不同应用中铬价态变化的分析 [D]. 郑州：郑州大学，2014.

[4] 陈肇友. 抑制含 Cr_2O_3 耐火材料中六价铬化合物形成的途径 [C]. 全国耐火材料青年学术报告会，中国金属学会，2010.

[5] Haldar M K, Tripathi H S, Das S K, et al. Effect of compositional variation on the synthesis of magnesite-chrome composite refractory [J]. Ceramics International, 2003, 30 (6): 911-915.

[6] Lee Y, Nassaralla C L. Formation of hexavalent chromium by reaction between slag and

magnesite-chrome refractory [J]. Metallurgical and Materials Transactions B, 1998, 29 (2): 405-410.

[7] 云斯宁. ISA/Ausmelt 炉用镁铬耐火材料侵蚀机理的研究 [D]. 西安：西安建筑科技大学, 2003.

[8] 陆晓明, 邰力, 金德龙. X 射线荧光光谱法分析镁铬耐火材料 [J]. 耐火材料, 2006 (3): 231-233.

[9] 石辛未, 王福明, 熊曙波. 金属铬粉对镁铬耐火材料理化性能的影响 [J]. 有色金属科学与工程, 2016, 7 (3): 54-58.

[10] 钱凡, 段雪珂, 杨文刚, 等. 镁铬耐火材料及高温装备绿色化应用研究进展 [J]. 材料导报, 2019, 33 (23): 3882-3891.

[11] 曹变梅, 王杰曾, 袁林. 镁铬耐火残砖的解毒 [C]. 玻璃工业与耐火材料行业发展交流会论文集, 2005: 171-176.

[12] 段少鹏, 刘会林. 镁铬砖侵蚀现象的研究—对铅回收炉上使用后的残砖分析 [J]. 耐火与石灰, 2017, 42 (6): 29-32.

[13] 霍素真. 耐火材料中的六价铬 [J]. 国外耐火材料, 1994 (2): 45-49.

[14] 姚晨臣, 王亚娟, 杨晓, 等. 水泥回转窑和 RH 炉用镁铬残砖中铬价态分析 [J]. 耐火材料, 2014, 48 (4): 272-274.

[15] 李国华, 陈树江, 田琳. 水泥窑用后镁铬砖在转炉喷补料中的应用 [C]. 第六届国际耐火材料会议论文集, 2012: 93-94.

[16] 曹变梅, 王杰曾, 袁林, 等. 水泥窑用镁铬砖中 Cr^{6+} 化合物的化学性质和解毒 [J]. 水泥, 2004 (05): 8-11.

[17] 张丹丹, 李志坚, 赵义, 等. 用废镁铬砖生产镁铬砖的试验研究 [C]. 2013 年耐火材料综合学术会议（第十二届全国不定形耐火材料学术会议和 2013 年耐火原料学术交流会）论文集, 2013: 81-83.

[18] 李志辉, 陈树江, 徐娜, 等. 用后镁铬砖的无害化处理 [C]. 第十二届全国耐火材料青年学术报告会, 2010.

[19] 杨晓峰, 王建东, 高心魁, 等. 锌浸出渣与镁铬砖的反应机理 [C]. 全国耐火材料综合学术年会, 中国金属学会, 2004.

[20] 张丹丹, 李志坚, 魏宇希. 再生废镁铬砖生产镁铬砖的试验研究 [J]. 硅酸盐通报, 2014, 33 (2): 372-376.

[21] Wang X H, Zhao P D, Chen J W, et al. Corrosion resistance of Al-Cr-slag containing chromium-corundum refractories to slags with different basicity [J]. Ceramics International, 2018, 44 (11).

[22] Nath M, Tripathi H S. Thermo-mechanical behavior of Al_2O_3-Cr_2O_3 refractories: Effect of TiO_2 [J]. Ceramics International, 2015, 41 (2): 3109-3115.

[23] 赵文厚. 铬铝尖晶石耐火材料及其在重金属冶炼炉窑的应用 [J]. 锡业科技, 2002, 3 (4): 3.

[24] 杜凤, 赵丽. 铝铬渣（砖）化学分析方法硫酸亚铁铵滴定法测定酸溶铬, 全铬量 [J]. 中国化工贸易, 2020 (24): 128-129.

[25] 王莹莹，张玲，张国栋，等．铝铬渣对高炉出铁沟用耐火材料性能的影响 [J].冶金能源，2017，36（6）：48-53.

[26] 刘昭．铝铬渣对锑冶炼炉用铝铬砖性能的影响 [D].郑州：郑州大学，2015.

[27] 刘昭，袁林，叶国田，等．铝铬渣对锑冶炼炉用铝铬砖性能的影响 [J].世界有色金属，2015（4）：16-20.

[28] 赵鹏达．铝铬渣资源化及无害化应用基础研究 [D].武汉：武汉科技大学，2020.

[29] 徐腾腾，李亚伟，徐义彪，等．危废焚烧炉用 Al_2O_3-Cr_2O_3-ZrO_2 砖抗渣侵蚀性及六价铬形成研究 [J].硅酸盐通报，2019，38（10）：3273-3277.

[30] 王相辉．冶金渣对铬刚玉质耐火材料的侵蚀性研究 [D].武汉：武汉科技大学，2019.

[31] 高振昕．再结合铬铝砖的显微结构 [J].耐火材料，2011，45（5）：321-326.

[32] Wu Y J, Song S Q, Xue Z L, et al. Effect of temperature on hexavalent chromium formation in $(Al, Cr)_2O_3$ with calcium aluminate cement in air [J]. ISIJ International, 2019, 59 (7): 1178-1183.

[33] Mao L Q, Deng N, Liu L, et al. Effects of Al_2O_3, Fe_2O_3, and SiO_2 on Cr(Ⅵ) formation during heating of solid waste containing Cr(Ⅲ) [J]. Chemical Engineering Journal, 2016, 304: 216-222.

[34] Song S, Garbers-Craig A M. Formation leachability and encapsulation of hexavalent chromium in the Al_2O_3-CaO-Fe_2O_3-Cr_2O_3 system [J]. Journal of the European Ceramic Society, 2016, 36 (6): 1479-1485.

[35] Wu Y J, Song S Q, Garbers-Craig A M, et al. Formation and leachability of hexavalent chromium in the Al_2O_3-CaO-MgO-Cr_2O_3 system [J]. Journal of the European Ceramic Society, 2018, 38 (6): 2649-2661.

[36] Wu Y J, Song S Q, Xue Z L, et al. Correction to: Formation mechanisms and leachability of hexavalent chromium in Cr_2O_3-containing refractory castables of electric arc furnace cover [J]. Metallurgical and Materials Transactions, 2019, 50 (3): 1528-1528.

[37] 吴映江．铝酸钙水泥结合含铬刚玉浇注料中六价铬的形成及浸出研究 [D].武汉：武汉科技大学，2019.

[38] 贾红玉，刘敬东，窦连生．安钢用后耐火材料资源化利用途径探讨 [J].河南冶金，2014，22（6）：17-19.

[39] 吴占德．炼钢感应炉耐火材料内衬的回收及再利用 [J].耐火与石灰，2020，45（3）：37-43.

[40] 钟黎声．水泥窑用后镁铬砖在镁质浇注料中的回收利用 [D].西安：西安建筑科技大学，2009.

[41] 李光辉．日本耐火材料的回收利用 [J].耐火材料，2001（2）：75.

[42] 徐平坤．耐火材料循环利用的意义与发展 [J].再生资源与循环经济，2018，11（5）：24-28.

[43] 张丽．用回收废弃镁铬砖生产耐火浇注料的新途径 [J].国外耐火材料，2006（2）：12-14.

[44] 李志辉，李静，栾旭，等．水泥窑用后镁铬砖在转炉喷补中的应用 [C].中国硅酸盐

学会，中国金属学会，中国硅酸盐学会，中国金属学会，2012.

［45］王建军，张继龙，李占伟，等. 炼铁行业用后耐火材料的综合再利用［C］. 全国耐火材料产品与技术交流会暨全国耐火材料节能减排与环保技术问题解决措施研讨会，中国耐火材料市场杂志社，2010.

［46］徐延庆，范志辉，耿可明，等. 含铬耐火材料环境问题及其污染控制［C］. 国际耐火材料学术会议，中国金属学会；中国硅酸盐学会，2007.

［47］赛音巴特尔，余广炜，冯向鹏，等. 钢铁行业用后耐火材料回收利用技术概况［C］. 2010 中国环境科学学会学术年会论文集（第四卷），2010：277-281.

［48］Mithun N，宋生强，李亚伟. 废弃物熔融炉用含铬耐火浇注料抗渣机理及六价铬形成研究［C］，2017·武汉耐火材料学术年会摘要集，2017：35.

［49］杨先平，崔海波. 废弃耐火材料的回收利用［J］. 砖瓦世界，2019（2）：51-52.

［50］丁忠山，牛金强，何国柱，等. 废镁铬砖在镁质涂抹料中的再生利用研究［J］. 现代冶金，2011，39（2）：9-11.

［51］罗正波，张圣南，肖斌，等. 从废弃镁铬耐火材料中回收有价金属生产实践［J］. 湖南有色金属，2019，35（3）：17-19.

［52］戴淑平，严新林，于景坤，等. Al_2O_3 对镁铬耐火材料致密化的影响［J］. 材料与冶金学报，2003（4）：262-265.

［53］邹明，张帮琪，李旭，等. Al_2O_3-Cr_2O_3 材料与 ISA 炉熔渣的相互作用［J］. 工业炉，2008（2）：37-39.

［54］于仁红，王宝玉，黄兴远. Ausmelt 炼锡炉炉渣对镁铬耐火材料的侵蚀［J］. 有色金属（冶炼部分），2008（4）：8-11.

［55］刘缙，廖桂华，张新爱，等. Cr_2O_3 对 MgO-Al_2O_3 系浇注料性能的影响［J］. 耐火材料，2003（4）：208-210.

［56］Chen Z. Dissolution Kinetics of magnesitic-dolomite and magnesite-chrome refractories in secondary steelmaking slags［J］. China's Refractories，2007（1）：3-10.

［57］Gan H，Lu X，Buechele A C，et al. Corrosion of chromium-rich oxide refractories in molten waste glasses［R］. The Catholic University of America（US），2002.

［58］Halvard E N，William R K，James P. Impediments to refractory recycling decision-making［J］. Resources Conservation and Recycling，2001，31（4）：317-326.

［59］Guo Z Q，Zhag H. Investigation and application of Cr_2O_3-Al_2O_3-ZrO_2 refractories for slagging coal gasifiers［J］. 中国耐火材料：英文版，1997，6（4）.

［60］Bai Y，Hongbin X U，Zhang Y，et al. Synthesis and characterization of ultra-fine Cr_2O_3 from hydrogen reduction of K_2CrO_4［J］. Journal of Wuhan University of Technology-Mater Sci Ed，2008，23（2）：181-183.

［61］Lee Y，Nassaralla C L. Minimization of hexavalent chromium in magnesite-chrome refractory［J］. Metallurgical and Materials Transactions B，1997，28：855-859.

［62］Tateda M，Fujita M. Penetration analysis of elements and bioleaching treatment of spent refractory for recycling［J］. Journal of Environmental Sciences，2007（9）：1146-1152.

［63］Guo Z Q，Ping Z F，et al. Production and properties of Cr_2O_3 raw material for refractories［J］.

中国耐火材料：英文版，1995，4（1）：30-35.

[64] Conejo A N, Lule R G, Lopéz F, et al. Recycling MgO-C refractory in electric arc furnaces [J]. Resources Conservation and Recycling, 2007, 49（1）：14-31.

[65] Othman A G M, Nour W M N. Recycling of spent magnesite and ZAS bricks for the production of new basic refractories [J]. Ceramics International, 2004, 31（8）：1053-1059.

[66] Buhr A. Refractories for steel secondary metallurgy [J]. Refractories, 1999, 6（3）：19-30.

[67] 金鹏. RH-TOB 炉外精炼过程中直接结合镁铬砖的损毁机理 [J]. 耐火与石灰，2007（3）：4.

[68] 关岩，葛施文，张玲，等. ZrO$_2$ 添加剂对镁铬砖抗渣侵蚀性的影响 [J]. 鞍山科技大学学报，2004（1）：17-19.

[69] Guo M, Parada S, Jones P T, et al. Degradation mechanisms of magnesia-carbon refractories by high-alumina stainless steel slags under vacuum [J]. Ceramics International, 2006, 33（6）：1007-1018.

[70] 桂明玺. 铬系耐火材料的有用性和存在的问题 [J]. 耐火与石灰，2005，30（4）：57-58.

[71] Akira Y. Characteristics and problem of chrome-containing refractory [J]. China's Refractories, 2007（3）：3-7.

[72] Petkov V, Jones P T, Boydens E, et al. Chemical corrosion mechanisms of magnesia-chromite and chrome-free refractory bricks by copper metal and anode slag [J]. Journal of the European Ceramic Society, 2006, 27（6）：2433-2444.

[73] 曲宝晖，冯笑梅，黄丽香. 炉外精炼还原型渣对电熔再结合镁铬砖侵蚀的研究 [J]. 鞍钢技术，2005（2）：39-42.

[74] 冯士昌. 铝-铬耐火材料的特征和性能 [J]. 国外耐火材料，1993，18（1）：45-51.

[75] Qi X Q, Chen R P. Discussion on wear mechanism of high chrome brick used in coal slurry gasifier [J]. China's Refractories, 2004, 13（2）：24-28.

[76] 张静玉，陆纯煊. 镁铬质耐火材料与水泥熟料的反应产物 3CaO·3Al$_2$O$_3$·CaCrO$_4$ 的研究 [J]. 硅酸盐学报，1990（1）：83-90.

[77] 朱新伟，刘小云. 镍铁合金炉炉衬用含铬耐火材料抗渣侵蚀性能的研究 [J]. 南方金属，2009（5）：6-9.

[78] Xu Y Q, Geng K M, Li H X, et al. Study on microstructure and slag corrosion mechanism of high chrome bricks for gasifier [J]. China's Refractories, 2006.

[79] Zhao H, Yubao B I, Liu X, et al. Development and application of high-performance magnesia-chrome bricks for RH degasser [J]. 中国耐火材料：英文版，2002，11（4）：5.

[80] 新民. 使用铬矿选矿废料作耐火原料 [J]. 国外耐火材料，1994（11）：30-33.

[81] 毛一平. 用碳还原法除去用后镁铬耐火材料中的六价铬 [J]. 国外耐火材料，2000（3）：52-55.

[82] 曲雪松. 在碱性耐火材料生产中利用加工废料生产镁铬砖 [J]. 国外耐火材料，2000（4）：14-17.

[83] 尹洪基，耿可明，徐延庆. 致密 Cr$_2$O$_3$ 耐火材料及其应用 [J]. 玻璃，2007（1）：

29-33.

[84] 王长宝，高山，张宁国. 废旧镁铬砖制备 RH 浸渍管喷补料的研究 [J]. 中国资源综合利用 2014，32（7）：18-21.

[85] 卓胜. 废镁铬砖细粉在炼钢中包环保型干式振动料中的应用 [J]. 天津冶金，2015（1）：20-21.

[86] 罗旭东，张国栋，曲殿利，等. 铝铬渣对用后镁铬砖制备镁铬浇注料性能的影响 [J]. 硅酸盐通报，2012，31（5）：1332-1336.

[87] Li Z H，Li J，Luan X，et al. The application of magnesia-chrome bricks used in cement kilns in converter gunning materials [J]. Proceedings of the Sixth International Refractory Conference. 2012：80-82.

6 焊接烟尘及其控制

焊接作业是工业中应用广泛的工艺之一，其作业场所存在电焊烟尘、锰、铬、其他无机化合物、噪声以及臭氧、氮氧化物等职业性有害因素，因其对人群的健康有较大影响而受到关注，反映的相关职业病有尘肺病、锰中毒、气管炎、咽炎、白细胞降低和电光性眼炎等，电焊烟尘及气体的联合作用致使癌症发病率逐年上升。电焊烟尘的危害已经是一个不可忽视的现实，尤其是不锈钢的焊接，因其烟尘中含有六价铬而备受关注，对其治理虽已逐步展开，但目前仍是劳动人员保护与环境污染控制的一大难题。

6.1 焊接方法的种类

常见的焊接方法有焊条电弧焊（shielded metal arc welding，SMAW）、熔化极气体保护焊（gas metal arc welding，GMAW）、药芯焊丝电弧焊（flux-cored arc welding，FCAW）、钨极惰性气体保护电弧焊（tungsten insert gas welding，TIG）、熔化极惰性气体保护焊（metal inert-gas welding，MIG）、熔化极活性气体保护焊（metal active-gas welding，MAG）、埋弧焊（submerged arc welding，SAW）等。在焊接作业中最常使用的焊接方法主要有以下几种。

焊条电弧焊：焊条电弧焊是最常见、最普及的焊接方法，手工焊条电弧焊由焊接电源、焊接电缆、焊钳、焊条、焊件和电弧构成回路，焊接时使焊条和工件接触产生电弧，在一定的电弧电压和焊接电流下，电弧会燃烧产生高温，将固态金属焊条和焊件局部熔化变成液态。局部熔化的焊条和焊件金属会熔合在一起形成熔池，在接下来的焊接过程中，电弧随焊条不断向前移动，熔池也随之移动，熔池中的液态金属逐渐冷却结晶，完全凝固后形成焊缝，两焊件便被焊接在一起。

气体保护焊：以外加气体作为电弧介质并保护电弧及焊接区的电弧焊方法，称为气体保护焊，FCAW、TIG、MIG 和 MAG 都属于气体保护焊。在气体保护焊焊接时，保护气体从焊枪喷嘴中连续不断地喷出，将空气与焊接区隔绝，形成局部气体保护层，使电极端部弧柱区和熔池金属处于保护气罩内，从而保证焊接过程的稳定性，并获得质量优良的焊缝。

埋弧焊：这种焊接方式产生的电弧在焊剂层下燃烧并进行焊接，由于焊接时看不到弧光，所以这种焊接方式被称为埋弧焊。它是在手工电弧焊基础上发展起来的一种高效率的自动焊接方法，将焊丝送入颗粒状的焊剂下，与焊件产生电弧，使焊丝和焊件熔化形成熔池，熔池金属进一步结晶成为焊缝。部分焊剂熔化形成熔渣，并在电弧区域形成封闭空间，液态熔池凝固后成为渣壳覆盖在焊缝金属上面。随着电弧沿焊接方向移动，焊丝不断地被送入并熔化，焊剂也不断地散布在电弧周围，从而使电弧埋在焊剂层下并燃烧，这一系列过程都是由控制系统操作自动完成的。

6.2　焊接烟尘的形成及特点

6.2.1　焊接烟尘的形成机理

现在普遍认为焊接烟尘的产生是一个过热—蒸发—氧化—凝聚的过程，如图 6.1 所示。在高温电弧的作用下，金属焊材和非金属物质被熔化，并产生高温高压蒸气向四周剧烈喷射扩散，当蒸气进入空气中迅速冷却并氧化，一部分凝结成固体微粒，这种由气体和固体微粒组成的混合物就是焊接烟尘。在焊接过程中，电弧中心区域温度较高，此处的液态金属与非金属物质会熔化蒸发，从而产生高温蒸气，并保持一定的粒子浓度，当高温蒸气位于电弧边缘的低温区时，会被快速氧化且冷凝生成"一次粒子"，一次粒子基本呈球状形态，直径在 $0.01 \sim 0.4 \mu m$ 范围内，主要以 $0.1 \mu m$ 为主。随着温度的降低，一次粒子会在自身静电和磁性的作用下经过聚合形成"二次粒子"，并通过一定的方式进行向空气中扩散。

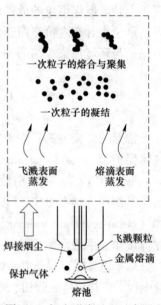

图 6.1　烟尘形成过程示意图

随着人们对焊接烟尘的认识加深，一些学者对焊接烟尘的形成机理进行了进一步研究。学者施雨湘对焊接烟尘的形成机理进行了更加深入的研究，对于蒸气与烟尘的转变过程，提出焊接烟尘的气溶胶机理，指出电弧附近焊接气溶胶粒子的形核机制分为均质形核和非均质形核，焊接电弧的粒子形核区模型如图 6.2 所示。通过直接采样电镜观测法及 DMPS 法，系统地研究了一次粒子的谱分布、形貌成分及结构特征，结果表明，Fe_3O_4 晶体主要由 $0.01 \mu m$ 尺寸的焊接气溶胶粒子组成，而 $0.1 \mu m$ 尺寸的烟尘粒子具有尖晶石型和氟化物型两类晶体结构，它们均以蒸气→粒子转变的异质凝结机制形成，$1 \mu m$ 尺寸以上的烟尘颗粒主要以气泡→粒子转变机制形成。同时提出焊接电弧粒子形核区模型，对分析焊接气溶胶粒子的形成过程有重要意义。

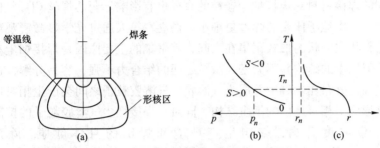

图 6.2　焊接气溶胶粒子形核区示意图

（a）电弧形核区；（b）蒸气压-温度曲线；（c）电弧径向温度分布

T_n—形核临界温度；T—温度；p_n—平衡蒸气压；p—蒸气压；

r_n—形核区临界半径；r—距电弧中心距离；S—过饱和度

6.2.2　焊接烟尘的特点与形貌

焊接烟尘的粒度很小，主要是由 $0.01 \sim 5\mu m$ 左右的球状颗粒聚集而成，在焊接操作过程中，焊接烟尘通常漂浮在距地面 $3 \sim 5m$ 的位置。由于焊接烟尘的黏性较大，因此这些球状颗粒物在空气中浮游时，常会聚集在一起形成相互连锁的树枝状颗粒。根据相关数据，手工电弧焊的烟尘粒径通常在 $0.1 \sim 1.25\mu m$ 之间，自动埋弧焊如采用"氟碱型"焊剂时其烟尘粒径在 $2\mu m \sim 0.28mm$ 之间，CO_2 气体保护焊烟尘平均粒径约为 $0.03\mu m$。焊接烟尘的温度相对较高，因为焊接过程是通过电能加热，使焊接金属部分达到液态或接近液态，所以即使通过空气及排风管道的稀释后，焊接烟尘的温度也能达到 $40 \sim 80°C$。

研究人员通过观察焊接烟尘颗粒的形貌特征，发现焊接烟尘的颗粒分为一次粒子和二次粒子，在焊接过程中由蒸气冷凝并氧化形成的是一次粒子，通常呈球形或链状；而二次粒子是由大量的一次粒子通过碰撞和聚集形成的，通常为链状或网状结构。高书俊通过透射电镜观察焊接烟尘获得了一次粒子和二次粒子的形貌，如图 6.3 所示。

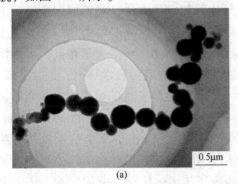
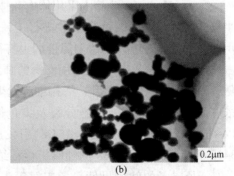

图 6.3　焊接烟尘的微观形貌

（a）一次粒子；（b）二次粒子

不同的焊接材料对焊接烟尘颗粒的直径也有影响。药芯焊丝 CO_2 气体保护焊形成的烟尘二次粒子比实芯焊丝更细小。杨立军等人通过光学显微镜观察到焊接烟尘以棉絮状或网状的形式聚集在一起,其聚集的主要原因是焊接烟尘本身具有铁磁性,但烟尘的结构并不紧密,微粒之间的结合力不强,容易分解,这是由于焊接烟尘颗粒分布在空气中并成为气溶胶,气溶胶粒子之间会产生相对运动而凝聚,最终形成了相对蓬松的烟尘结构。同时,焊接烟尘气溶胶粒子的扩散会形成叠加,导致浓度升高,影响生产环境和焊工的身体健康。除此之外,K. R. Carpenter 等人通过 TEM 观察发现焊接烟尘有单独粒子也有多粒子附聚物,但大部分是以多粒子附聚物的形式存在,且在 TEM 高倍镜下观察到焊接烟尘颗粒菱形的形态和晶格边缘,晶格间的间距是 0.48nm。通过对焊接烟尘微观形貌的分析,使焊接烟尘的形成机理不断被完善,为进一步定量研究焊接烟尘的形成过程奠定了基础。

焊接过程中烟尘的扩散是一个复杂的运动过程,在高温下电弧产生焊接烟尘的同时,其周围的气体也会膨胀而载着烟尘粒子上升。焊后烟尘颗粒在扩散过程中通过聚集与熔合的方式长大,熔合过程是由几个原生粒子熔合成单个大粒子的过程,其特征是熔合后的单个大粒子的总表面积小于一次粒子的表面积之和,且粒子之间无边界;相较于熔合过程,聚集过程是由几十甚至上百个一次粒子聚集在一起,这些粒子靠表面黏性聚集在一起,粒子之间有明显的边界。无论是粒子聚集或熔合,均会导致焊接烟尘中粒子大小、形状及数量浓度的变化。

6.2.3　焊接烟尘中 Cr(Ⅵ) 的危害

在焊接过程中会产生大量的焊接烟尘,这些颗粒中含有许多对人体不利金属元素,其中 Cr 元素对人体的危害最大。焊接烟尘中的 Cr 主要以 Cr^{6+} 的形式存在,Cr^{6+} 会以颗粒的形式悬浮在作业空间中,并以金属氧化物的形式存留,具有成分复杂、黏性大及粒径不统一的特点。

James M. Antonini 等人采用体内和体外生物测定的方法,对不同烟尘类型下小鼠体内肺细胞中的特征参数进行了研究,肺细胞内焊接烟尘参数如表 6.1 所示,在三种方法中,不锈钢焊接烟尘特征参数尤为突出,Cr^{6+} 含量最高,可溶性占比最高。S. S. Wire 等人采用海狮的肺细胞进行生物遗传病学研究,试验发现,随着 Cr^{6+} 质量浓度的上升,海狮细胞发生分裂及染色体突变的概率增大,当质量浓度为 $10\mu g/cm^2$ 时,细胞分裂及染色体突变的概率达到了 39% 和 56%。Beate Pesch 等人分析了焊接烟尘中 Cr^{6+} 引发肺癌的风险,分析了 2 个病例,并对照 3418 例肺癌病例和 3488 例健康男性,结果表明,肺癌患者体内 Cr^{6+} 的浓度均显著高于所参考的健康男性。考庆君等人研究了 $K_2Cr_2O_7$ 对小鼠的影响,研究表明,随着 Cr^{6+} 质量浓度增加,小鼠的体重下降,在高浓度时小鼠肝脏明显肝窦充血、瘀血、渗血，这可能导致坏死性疾病。

表 6.1 肺细胞内焊接烟尘的参数

焊接烟尘	化学成分（质量分数）/%	Cr^{6+}（$\mu g/g\pm SE$）	可溶性/不可溶性比例
GMA-SS	Fe57.2，Cr20.3，Mn13.8，Ni8.51	2600±120	2
GMA-MS	Fe82.8，Mn15.2，Cu1.84，Al0.17	未检测到	0.6
Ni-Cu WF	K29.9，Al20.7，Ni13.4，Cr0.47	425±35	0.4

M. Gube 等人分析了 Cr 作为防锈剂时对焊工的危害，虽然焊接作业人员不能判断样品中 Cr 的含量，但如果长期暴露含 Cr^{6+} 的烟尘中，也会出现职业性哮喘、眼睛刺激和损伤、耳膜穿孔、呼吸困难、肾损害、肝损害、肺充血、皮肤刺激、腹痛和糜烂等危害。为了减少焊接烟尘中的 Cr^{6+}，目前常从改善焊接工艺和焊接材料入手，焊接工艺包括焊接方法，焊接热输入及焊接参数；焊接材料包括焊条药皮的成分、焊丝钢带、药粉化学成分和保护气体成分等。

6.2.4 焊接工艺对发尘量的影响

根据焊接方式的不同，其在焊接过程中产生的烟尘量也不同。与其他焊接方式相比，SMAW 焊接时产生的烟尘量最大，根据一些学者的研究结果，不同焊接方式按烟尘发尘量由多到少的排序为：SMAW>GMAW>MIG/MAG>TIG/氧乙炔焊>SAW。

通过选择不同的焊接方法来降低焊接烟尘的产生量存在一定的局限性，一般来说，焊接过程中产生的烟尘量还与焊接电流与电压有关，随着焊接电流与电压的增大，发尘量也随之增大。例如使用 MIG 或者 MAG，发尘量随电弧长度的增加而增多；脉冲过渡比短路过渡的发尘量多，而喷射过渡的发尘量最大。此外，不同的焊接方法焊接不锈钢时也会产生不同的有毒物质，如 MIG，大部分 Cr 以毒性较小的 Cr^{3+} 的形式存在，容易被氧化成 Cr^{6+}；而使用 SMAW 焊接不锈钢时，Cr 则以 Cr^{4+} 的形式存在。C. S. Yoon 等人研究了 CO_2 气体保护下不锈钢药芯焊丝焊接时烟尘的生成率和浓度，如表 6.2 所示，随着热输入值的增加，烟尘生成率、总 Cr 生成率、Cr^{6+} 生成率、总 Cr 质量浓度和 Cr^{6+} 质量浓度均会随之增加。

表 6.2 不同焊接热输入条件下的焊接烟尘生成率及浓度

热输入值/$kJ \cdot min^{-1}$	低输入值 (154.2~165.6)	中输入值 (259.5~280.2)	高输入值 (409.2~423.3)
烟尘生成率/$mg \cdot min^{-1}$	189~344	389~698	682~1157
总 Cr 生成率/$mg \cdot min^{-1}$	3.83~8.27	12.75~37.25	38.79~76.46
Cr^{6+} 生成率/$mg \cdot min^{-1}$	0.46~2.89	0.76~6.28	1.70~11.21

热输入值/kJ·min⁻¹	低输入值 (154.2~165.6)	中输入值 (259.5~280.2)	高输入值 (409.2~423.3)
总 Cr 质量浓度/%	1.57~2.65	2.57~8.13	5.45~8.04
Cr^{6+} 质量浓度/%	0.19~0.93	0.15~1.08	0.21~0.91

6.2.5　焊材对发尘量的影响

在焊接过程中使用的焊接材料的不同，其产生的烟尘量也会有很大差别，焊接材料对焊接粉尘发尘率的影响，通常用 FFR 表示。根据大量的研究结果，发现随着焊丝中 Fe 含量的增多，FFR 也呈现逐渐增加的趋势；随着氧化性气体的增多，FFR 也会逐渐升高。焊丝是影响焊接烟尘产生量的最大原因，由焊丝产生的焊接烟尘占焊接过程中产生的焊接烟尘的 90%，如果母材中没有高挥发性的元素，那么焊接烟尘中只有一少部分来自母材。在生产实践中药芯焊丝的发尘率显著较高，即使是经过一些环保处理后，其发尘率还是比实芯焊丝要高很多，而出现此种现象的主要原因就是药芯焊丝中存在大量的合金元素，这些合金元素在焊接过程中的反应物就是烟尘的主要成分。药芯焊丝的种类繁多，不同的药芯焊丝中含有的微量元素也不同，而药芯焊丝中铁与无机物的含量越少其发尘率也越小。

焊丝的种类也会影响到焊接发尘率，其与保护气体的使用成本之间有密切关系。保护气体是影响焊接烟尘发尘率的关键因素，保护气体种类不一样，其物理性质也有不同程度的差别，进而会影响到电弧的稳定性，随着电弧不稳定性升高，焊接烟尘的发尘率也会呈增加的趋势。为了合理地控制发尘率，要对颗粒过渡形式进行有效调节，因为不同的保护气体会产生不同的过渡形式，为降低发尘率应该尽量减少颗粒的过渡形式。

6.3　焊接烟尘的危害

在焊接作业过程会产生大量对人体有害的烟尘及有毒气体，其中较大一部分焊接烟尘以颗粒的形式悬浮在空气中并随之扩散；另一部分的有毒气体则会存在于空气中，一旦人体吸入含有这些物质的空气，就会产生各种不适。焊接过程中产生的烟尘颗粒主要以金属氧化物的形式存在，其特点是成分复杂、黏性大、温度高且粒径不统一，但其都对人体有较大的危害，表 6.3 所示为焊接过程中常见的金属氧化物颗粒及其危害。焊接作业过程中产生的大量烟尘不仅会导致环境空气质量严重不达标，还会导致焊接作业工作人员吸入大量的颗粒，对他们的身体健康造成一定的影响。

表6.3 焊接烟尘中颗粒危害

物质	来　源	危　害
氧化铁	来源于填充材料和母材	长期吸入导致铁尘肺或铁沉积病
氧化铝	来源于铝基材料的焊接过程	尘埃沉积在肺中引发铝土尘肺病
氧化锰	来源于含锰焊材的焊接过程	对呼吸道有刺激作用引发肺炎，长期接触会损害神经系统
氟化物	碱性焊条或涂层的焊丝	对胃黏膜有刺激，会引起骨损伤
钡化物	含钡的焊接填充材料	有毒性，导致人体组织缺钾
氧化镍	纯镍或镍基合金的焊材	鼻黏膜损伤以及肺癌，一类致癌物

　　根据焊接烟尘粒径的不同，其对人体产生的危害也不相同。相关研究表明，在空气中直径 $10\mu m$ 以上的烟尘颗粒被人体吸入后大部分会沉积在鼻咽部，直径小于 $10\mu m$ 的烟尘颗粒会被人体吸入，$2\sim10\mu m$ 的烟尘颗粒人体吸入后可以自行排出，但小于 $0.5\mu m$ 的烟尘颗粒会沉积在肺中，较难被排出。朱珍文等人通过研究 TiO_2 颗粒在实验小鼠肺中的残留时间，探究了不同尺寸 TiO_2 颗粒对人体的危害，表6.4为不同粒径 TiO_2 在鼠肺组织中若干天的残余量（μg）。根据试验结果可知，烟尘颗粒的尺寸越细小，其穿透性越强，越难以被排出体外，同时烟尘颗粒聚集体会在人肺泡内分散形成更细小的初级颗粒，加剧对人体的伤害。

表6.4 不同尺寸 TiO_2 在鼠肺组织中的含量 （μg）

时间/d	TiO_2-D($0.03\mu m$)	TiO_2-F($0.25\mu m$)
1	347.7±13.1	324.3±6.1
29	202.8±23.0	172.8±12.1
59	140.9±22.6	128.5±16.6

　　焊接烟尘颗粒中不同的金属氧化物会对人体产生不同的危害。J. A. Roth 等人研究发现，如果焊接工作人员长期接触焊接烟尘并吸入过量的锰，会对人体健康造成不良影响，包括对肺、肝、肾和中枢神经系统的损害，而且男性工人不育的风险更高。更严重的是，如果长期暴露在锰浓度超过 $1mg/m^3$ 的环境中，会导致与帕金森疾病相似的锰中毒风险增加。M. F. Lauryn 等人研究发现，Fe_2O_3 是唯一一种促进肺肿瘤的金属氧化物，焊接烟尘中引起肺部炎症的金属氧化物的趋势为 $Fe_2O_3 > Cr_2O_3 + CaCrO_4 > NiO$。其中，$Fe_2O_3$ 对肺的毒性效应是长期有效的，$Cr_2O_3 + CaCrO_4$ 对肺的毒性效应是急性的。

　　焊接过程中除了会产生许多有害的烟尘颗粒之外，还会产生许多有害气体，这些气体中含有一氧化碳、氮氧化物、臭氧、光气、氟化氢等有害成分。表6.5列举了部分焊接烟尘中对人体产生危害的有害气体。

表 6.5　焊接烟尘中的有害气体及危害

有害气体	来　源	危　害
一氧化碳	焊剂或保护气二氧化碳燃烧分解产生	头痛，头晕，神志不清，窒息
一氧化氮	电弧产生的紫外线作用于空气中氮气所产生	刺激眼睛、呼吸道，导致肺充血
臭氧	电弧产生的紫外线与空气中氧气作用产生	呼吸道感觉干燥，引起头痛、疲倦、肺充血、肺病变
光气	由含氯化物溶剂、聚四氟乙烯、表面涂层等分解产生	刺激呼吸道、鼻、眼睛，具有毒性，导致肺水肿
氟化氢	焊条药皮和焊剂	刺激眼、鼻、喉，肺充血，骨骼改变

6.4　焊接烟尘的控制与处理

　　为净化焊接工作环境，保护焊接工作人员的身体健康，应从源头减排、加强防护和技术创新多方面进行综合治理，确保焊接产生的有害物质浓度在允许浓度范围内，目前常见的治理措施主要有个人防护、焊接工艺及焊材的优化、通风排烟三种。

6.4.1　个人防护

　　焊接作业人员在工作中会长期暴露在高浓度的焊接烟尘环境中，因此为了确保身体健康，焊接作业人员在焊接过程中应要做好个人防护，除了穿戴焊接工作服、焊接手套以外，还应佩戴通风除尘面罩、口罩和其他呼吸保护设备，以减少焊接烟尘对个人的危害。焊接工作人员在进行焊接作业时，应尽可能采用自动化焊接工艺，规范机械化设备的操作能力，使焊接人员远离焊接烟尘聚集区，降低职业病发生概率，同时可以提高焊接生产效率和焊接效率。此外，企业应制定相关的管理制度和操作规程，以确保员工的职业健康，定期对焊接工人进行培训，并要求他们在工作时佩戴防护设备；同时加强对劳动防护用品的管理，定期检查换新，保证其性能符合国家行业标准。

　　在焊接过程中，焊接烟尘颗粒的粒径约为 $10^{-3} \sim 10^{2}\,\mu m$，具有很强的穿透性，目前没有很好的呼吸保护设备对所有烟尘颗粒实现良好的过滤效果。同时，个人防护设备对有毒气体的防护效果较差，不能仅靠个人防护做到烟尘颗粒和有毒气体的防护，要从源头处减少焊接烟尘颗粒的危害。

6.4.2　焊接工艺及焊材的优化

　　焊接工艺和焊接材料优化主要是通过降低焊接烟尘的发尘量和烟尘中有毒物

质含量来治理烟尘。影响焊接烟尘发尘量的因素很多，目前国内外对焊接发尘量的研究主要集中在两方面：一是研究不同焊接方法及工艺参数对发尘量的影响，二是研究焊丝、药皮及保护气的成分对发尘量的影响；焊接烟尘中的有毒物质主要是各种金属元素，其中 Cr^{6+} 的危害最大，因此，研究如何降低焊接烟尘中 Cr^{6+} 的含量是治理烟尘的一个重要途径。

6.4.2.1　焊接工艺的优化

优化焊接工艺以降低焊接烟尘的发尘量是控制烟尘的一个重要途径，其主要是通过降低焊接烟尘的产生速率和烟尘中有毒物质含量来治理烟尘。焊接工艺主要包含焊接方法的选择和焊接参数的设置，不同焊接方法的发尘量不同，即使采用相同的焊接方法，其发尘量也会随着焊接电流和电压等参数的改变而变化。为了减少焊接烟尘的发尘量，大量学者对焊接方法与焊接参数进行了优化改进。

朱珍文等人在研究药芯焊丝焊接工艺时，发现了基于脉冲电流控制熔滴的方法，开发了一种先进的纯二氧化碳气体保护电弧焊接工艺，在焊接时首先使用大脉冲电流熔化焊丝，然后在熔滴过渡阶段减小电流，以保证熔滴能够以恒定尺寸平滑地转移到熔池中，此种操作实现了金属熔滴的定期形成和分离，可以将发尘量降低 50%。Scotti 等人通过控制变量法研究了弧长、熔滴直径和短路电流对 GMAW 发尘量的影响，结果表明在短路过渡时，熔滴直径、短路电流和弧长其中单一因素的增加均会导致发尘量的增加，较高的短路电流会使得熔滴进入熔池过程中液桥表面金属蒸发更加剧烈，进而增大发尘量，当它们共同作用时，发尘量的增加更加明显。卜智翔等人以实芯焊丝的 CO_2 气体保护焊为研究对象，把焊接电流、焊接电压和焊接速度作为试验的三因素，以焊接发尘率和发尘量为试验指标，进行了正交试验。通过对正交试验数据进行方差分析和极差分析，结果表明焊接烟尘形成速率的主要影响因素是焊接电流和焊接电压，焊接速度对焊接烟尘形成速率影响不显著。

大量研究结果表明，焊接烟尘的发尘量与焊接工艺参数相关，因此可以通过选择有利于健康和环境的工艺参数来控制发尘量。然而，焊接工艺与焊接质量之间存在耦合作用，以牺牲焊接质量与效率为代价，来实现减少焊接烟尘的目的，这在实际应用过程中具有很大的局限性。随着高效焊接方法（双丝/多丝焊、激光-电弧复合焊）在工程领域的广泛应用，其焊接规范要求更高使得控制治理焊接烟尘变得更加困难。

6.4.2.2　焊接材料的优化

在焊接过程中，焊材会在高温的作用下产生各种金属氧化物颗粒，其中夹杂着各种致癌物，焊接作业人员过量吸入会诱发各种疾病。因此通过开发绿色焊材，实现对焊材的优化，从源头有效控制烟尘的有害成分。国内外对于绿色焊材的研究主要集中在三个方面：（1）通过改变焊材药皮的成分，降低材料的发尘量；（2）通过调整焊芯中重金属元素的含量，降低焊接过程中烟尘重金属元素的含量；（3）通过焊材去合金化治理焊接烟尘。

对于焊条来说，其药皮成分、药粉的化学组成及焊丝钢带对发尘量都有影响，且影响因素相对复杂。焊条药皮中起发尘作用的主要是萤石和水玻璃，其反应产物占总烟尘量的 50% 以上，含 K、Na 元素的物质均会增大发尘量，而硅钙合金和镁粉可以抑制产尘量。蒋建敏等人研究药芯焊丝发现，通过降低铁粉在药芯中的含量能够使焊接过程中的发尘量降低 33%~47%。T. H. North 等人通过将含有 Mn 的复合颗粒加入药芯中，以此来防止 Mn 的氧化，让更多的 Mn 留在焊缝中，可以显著减少烟尘中 Mn 元素的含量。J. H. Dennis 等人在药芯焊丝中添加活性元素（Zn、Al 和 Mg），通过优先氧化活性元素，可以显著减少焊接烟尘中 Cr^{6+} 的含量。

为了降低焊接烟尘中有害成分的影响而采用焊材去合金化的方法往往与焊接结构所需的力学性能和耐蚀、耐磨性能等要求相矛盾。目前所使用的母材合金化程度非常高，从低碳钢到低合金钢，再到高熵合金，合金化程度越来越高，同时在焊接材料（基材+焊丝）中添加 Mn、Cr、Ni、Mo 和 Co 等合金元素可有效地提升焊接构件的力学性能和耐蚀性能，延长使用寿命的同时扩宽金属材料的应用领域，因此在实际生产中，通过焊材去合金化来治理烟尘通常是不能被接受的。

6.4.2.3　焊接烟尘中 Cr(Ⅵ) 的控制

焊接烟尘及烟尘中 Cr(Ⅵ) 的危害已受到人们的高度注视，因此提出了降低焊接烟尘危害和降低烟尘中 Cr(Ⅵ) 质量分数的各种方法。目前最简单通用的降低 Cr(Ⅵ) 危害的方法是稀释空气法，即增大焊接工作处的空气流动、添加烟尘净化装置和应用能捕获来源的净化装置，但是该类方法会受到工作环境严格的限制。

经过大量的研究，科学家研制出了新型的无 Cr 不锈钢焊材，通过采用 Ni-Cu 合金来代替 Cr-Ni 合金体系。研究表明，当采用 Ni-7.5Cu 合金时能使不锈钢的耐蚀性能达到最好，同时如果在焊材中添加金属 Ru，可有效改善焊接工艺性能。因为这种不锈钢焊材中没有添加 Cr，烟尘中的 Cr 全部来自焊接母材，因此能使焊接烟尘中 Cr^{6+} 的质量分数从 2.6% 降低到 0.020%~0.097%，但是由于我国是一个 Ni 资源匮乏的国家，使用此方法会显著增加焊接成本。

K. M. Yu 等人将 TMS（SiO_2 的前驱化合物）添加到保护气体中，TMS 在电弧高温时会分解生成 SiO_2，这个过程减少了 Cr^{6+} 的生成，同时生成的 SiO_2 会将焊接烟尘包裹住，从而阻隔了焊接烟尘和身体的直接接触，可以有效降低 Cr^{6+} 的毒性。I. Tetsunao 等人通过将药芯焊丝中 K_2O、Na_2O 的含量控制在 0.4% 水平以下，把 SiO_2 的含量提高到 2.5% 以上，同时加入 0.005%~0.10% 的聚四氟乙烯、氟化石墨和全氟聚醚，来降低电弧周围活性氧并提供稳定的电弧，研制出能降低烟尘中 80%~92% Cr^{6+} 的新型焊丝。由此可见，降低焊材成分中 K 和 Na 氧化物的比例、选择合适的焊接参数、降低焊接电弧周围的活性氧和隔绝焊接烟尘与人体直接接触等，是开发新型的低 Cr^{6+} 焊材的关键。

焊接材料的成分会直接影响焊接烟尘中 Cr^{6+} 的含量。Dennis 等人研究表明，含有 10%Cr 的金属芯焊丝中加入 1%Zn 比加入 1%Mg 和 1%Al 的焊接烟尘中 Cr^{6+} 的含量低。栗卓新等人发现在焊丝中添加一定数量的 Zn-Zr 合金添加剂可减少烟尘中 30%~50% 的 Cr^{6+}。B. R. Vishnu 等人研究了一种低烟尘的新型不锈钢耗材，采用纳米化合物替代改性方解石作为助熔剂既提高了电弧稳定性，又能显著降低焊接烟成生成率和 Cr^{6+} 浓度。D. B. Odonnell 等人发现采用成分为 0.5%~12.5% CeF_2 和 2%~25%（CeO_2+ZrO_2）药皮，可提高不锈钢耗材的电弧稳定性并降低烟尘中 Cr^{6+} 浓度低。图 6.4 是 J. Matusiak 等采用 GMAW 焊接铁素体不锈钢时，得到的不同保护气下烟尘中 Cr^{6+} 在焊接烟尘的质量分数，可以看出保护气体氧化性强弱直接影响烟尘中 Cr^{6+} 的质量分数，当焊接电流增加时，由于焊接温度升高促进 Cr 向 Cr^{6+} 的转变，使 Cr^{6+} 的质量分数升高。

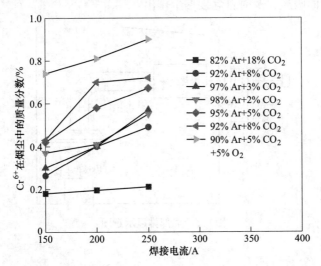

图 6.4 焊接电流和保护气体对 GMAW 不锈钢焊接烟尘中 Cr^{6+} 质量分数的影响

6.4.3 通风排烟

当前治理焊接烟尘的最主要措施是通风排烟，是目前生产中最有效的治理手段，常见的有点排烟、局部排风和全室空气净化等方式，主要采取的方法为：在焊接工位上加装局部排烟装置或使用吸烟焊枪，控制焊接烟尘和有害气体进一步扩散，从源头进行治理；通过厂房全面通风及置换通风来改善焊接车间的工作环境。

6.4.3.1　点排烟

点排烟指以焊接电弧区为中心，通过大风量低压系统、小风量高压系统以及移动式焊接烟尘净化机等方式，对其周围的焊接烟气进行直接排除。值得注意的是，采用点排烟方式对焊接烟尘进行治理时，应当控制好机组排风量和排风速度，风量过大会破坏保护气氛而影响焊接质量，风量太小则会无法将焊接烟尘有效排出，因此点排烟方式下排放焊接烟尘时，要确保风量适宜，从而在保证焊接质量的同时准确排出焊接烟尘。

6.4.3.2　局部排风

局部排风指以焊接点为主要的排风对象，采用吸尘罩、吸吹式等方式直接将焊接烟气从焊接点吸走，保证焊接烟气可以得到及时的处理。图 6.5 为吸尘罩从焊接作业区吸走焊接烟尘气体，并将收集到的烟尘经过降尘处理后再排至室外的示意图。一般情况下，局部排风方式在焊接工件较小、焊接工位固定以及车间工位上空无吊车的情况下具有良好的适用性；吹吸式在局部排风中的应用，能够实现一面吹风一面吸风，及时将焊接烟尘排出。

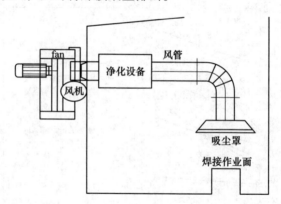

图 6.5　局部排风示意图

6.4.3.3　全面通风

全面通风也叫稀释通风，是指通过门窗和房顶，用洁净空气稀释室内被污染的空气，从而降低室内空气中有害物质的浓度，确保室内空气环境符合空气质量标准，其原理如图 6.6 所示。全面通风仅适用于有害物质浓度较低的环境，一般作为局部通风除尘的辅助方法。

全面通风是解决车间焊接烟尘污染的有效措施，但目前国内尚无适合焊接烟尘的静电净化机组和经济型的集中式高效过滤装置和设备供应，随着焊接烟尘净化技术的发展，以及新产品的开发，采用有效的全室空气净化方式将会得到进一步推广。

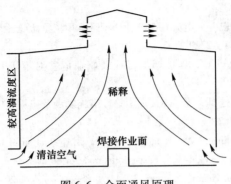

图 6.6 全面通风原理

参 考 文 献

［1］栗卓新，白建涛，Tillmann W. 不锈钢焊接烟尘中 Cr(Ⅵ) 的研究进展 ［J］. 北京工业大学学报，2014 (11)：1751-1758.

［2］白建涛，栗卓新，李杨，等 . 不锈钢药芯焊丝中铁粉/长石对焊接烟尘中 Cr(Ⅵ) 的影响 ［J］. 焊接学报，2015，36 (4)：35-38，55.

［3］栗卓新，高丽脂，李国栋 . 不锈钢焊接烟尘中 Cr(Ⅵ) 及环保型焊材的研究进展 ［J］. 中国材料进展，2013，32 (4)：249-253.

［4］任效乾，王荣祥 . 焊接烟尘的危害及其防治措施 ［J］. 矿山机械，2000，28 (6)：68-69.

［5］陈德山，杨婉欣，张子龙，等 . 移动式焊接烟尘净化器对焊接烟尘净化效果评价 ［J］. 世界有色金属，2020 (24)：8-9.

［6］蒋建敏，李现兵，王智慧，等 . 焊接烟尘发尘机理及其影响因素 ［J］. 焊接，2006 (1)：7-11.

［7］刘志云，贾艳艳，张玉洁 . 焊接烟尘浓度分布规律实验研究 ［J］. 科学技术与工程，2014，14 (17)：178-181.

［8］王旭 . 焊接烟尘治理技术分析 ［J］. 建筑工程技术与设计，2018 (29)：322.

［9］任效乾，王荣祥 . 焊接烟尘的危害及其防治措施 ［J］. 矿山机械，2000，28 (6)：68-69.

［10］郭君，丁永秀 . 焊接烟尘的影响及控制 ［J］. 湖南农机，2012，39 (9)：45，47.

［11］徐文汉，叶明强 . 焊接烟尘的危害及治理技术（一） ［J］. 电焊机，2005，35 (6)：70-72.

［12］刘歆，鲍鸿春 . 焊接烟尘的危害与处理 ［J］. 科技资讯，2010 (11)：156-156.

［13］朱珍文，石玕，顾玉芬，等 . 焊接烟尘的危害及综合治理研究现状 ［J］. 电焊机，2022，52 (5)：1-12.

［14］席保龙，张峻铭，邓小龙，等 . 焊接烟尘中铬元素含量的研究与进展 ［J］. 电焊机，2022，52 (5)：47-54.

［15］鲍升凯，卜智翔，王若玺，等 . 焊接材料对形成焊接烟尘影响的研究进展 ［J］. 焊接，2018 (10)：20-25.

［16］翁羽，刘振峰，巩斌 . 焊接烟尘对环境影响的评价与治理 ［J］. 环境科学与技术，

2019（S1）：73-76.

[17] 樊丁，杨文艳，肖磊. 大电流 GMAW 焊接飞溅和烟尘的形态及相结构分析［J］. 材料导报，2019，33（16）：2729-2733.

[18] 袁恬，于成科，曲建涛. 焊接烟尘特征及职业危害对策研究［J］. 现代职业安全，2022（11）：42-45.

[19] 邵戗，万升云，葛佳棋，等. 焊接烟尘治理措施发展及应用分析［J］. 轨道交通装备与技术，2023（1）：62-64.

[20] Antonini J M, Badding M A, Meighan T G, et al. Evaluation of the pulmonary toxicity of a fume generated from a nickel-copper-based electrode to be used as a substitute in stainless steel welding［J］. Environ Health Insights, 2014, 8（Suppl 1）：11-20.

[21] Wise S S, Holmes A L, Wise J P, et al. Particulate and soluble hexavalent chromium are cytotoxic and genotoxic to human lung epithelial cells［J］. Mutation Research／Genetic Toxicology and Environmental Mutagenesis, 2006, 610（1）：2-7.

[22] Beate P, Benjamin K, Hermann P, et al. Exposure to welding fumes, hexavalent chromium, or nickel and lung cancer risk［J］. American journal of epidemiology, 2019, 188（11）：1984-1993.

[23] 考庆君，吴坤，邓晶，等. 三价铬和六价铬对大鼠长期慢性毒性的比较［J］. 癌变. 畸变. 突变，2007，19（6）：474-478.

[24] Gube M, Brand P, Schettgen T, et al. Experimental exposure of healthy subjects with emissions from a gas metal arc welding process-part Ⅱ: biomonitoring of chromium and nickel［J］. Int Arch Occup Environ Health, 2013, 86：31-37.

[25] Yoon C S, Paik N W, Kim J H. Fume generation and content of total chromium and hexavalent chromium in fluxcored arc welding［J］. Annals of Occupational Hygiene, 2003, 47（8）：671-680.

[26] Dennis J H, French M J, Hewitt P J, et al. Control of exposure to hexavalent chromium and ozone in gas metal arc welding of stainless steels by use of a secondary shield gas［J］. Annals of Occupational Hygiene, 2002, 46（1）：43-48.